四川大学哲学社会科学出版基金资助
四川新华文化公益基金会出版资助项目

中国符号学丛书　　◎　　丛书主编　赵毅衡　唐小林

符号与传媒
Semiotics & Media

第一性初无定质
第二性不期而遇
第三性思而永存
万物皆符号

皮尔斯与中国古典美学

C. S. Peirce and Chinese Classical Aesthetics

王俊花　著

四川大学出版社

责任编辑：王天舒
责任校对：吴近宇
封面设计：米迦设计工作室
责任印制：王 炜

图书在版编目(CIP)数据

皮尔斯与中国古典美学 / 王俊花著. —成都：四
川大学出版社，2017.12
（中国符号学丛书 / 赵毅衡，唐小林主编）
ISBN 978-7-5690-1506-5

Ⅰ.①皮… Ⅱ.①王… Ⅲ.①美学史-研究-中国-
古代 Ⅳ.①B83-092

中国版本图书馆 CIP 数据核字（2017）第 324336 号

书　名	皮尔斯与中国古典美学 Piersi yu Zhongguo Gudian Meixue	
著　者	王俊花	
出　版	四川大学出版社	
地　址	成都市一环路南一段 24 号 (610065)	
发　行	四川大学出版社	
书　号	ISBN 978-7-5690-1506-5	
印　刷	郫县犀浦印刷厂	
成品尺寸	170 mm×240 mm	
插　页	1	
印　张	14.25	
字　数	249 千字	
版　次	2018 年 4 月第 1 版	
印　次	2018 年 4 月第 1 次印刷	
定　价	49.00 元	

◆ 读者邮购本书，请与本社发行科联系。
　电话:(028)85408408/(028)85401670/
　(028)85408023　邮政编码:610065
◆ 本社图书如有印装质量问题，请
　寄回出版社调换。
◆ 网址:http://www. scupress. net

前　言

　　皮尔斯是符号学之父，他所创立的符号学和现象学在世界范围内有着越来越大的影响。现象学是符号学的基础，只有理解皮尔斯现象学的三位一体，即第一性、第二性和第三性的不可分解，才能理解皮尔斯符号学的三位一体的种种三分。本书采用皮尔斯现象学和符号学的独特视角，选取儒、道、禅三家及艺术史上几部代表性的经典，深入剖析各家所独具的现象学和符号学内涵。

　　具体而言，本书由以下七个部分组成。

　　第一章　以三为体，以阴阳为用——《易经》与皮尔斯现象学

　　《易经》不仅为群经之首，也堪称世界难解之谜。长期以来，《易经》一直被误读为二元论哲学，这种局面的形成与《易经》的现象学内涵一直被有意无意地遮蔽有着直接的关联。好在近些年来思想界已经逐步打破了这种禁锢，一定程度上还原了其本然的面目。对照皮尔斯现象学，征引古文献及考古发现，我们将发现《易经》是先民关于不可还原、不可分解的三位一体的现象学哲学的表征。还原《易经》三位一体的现象学本来面目，将对中国的哲学史、美学史、文学史、艺术史的价值重估乃至整个中华民族的历史阐释产生不可估量的影响，也将对世界哲学美学乃至自然科学的范式重建产生举足轻重的影响。

　　第二章　如何言《诗》方得通论——《诗经》与皮尔斯

　　《诗经》注疏汗牛充栋，方玉润仍感慨"古今说《诗》之难得通论也如此"，并且说"讲学家不可言《诗》，考据家亦不可言《诗》"，那么我们究竟应该如何言《诗》？本书将试以《关雎》为鹄的，运用皮尔斯符号学及连续主义理论，一探心灵连续性的秘密，揭示人格同一的核心要素，奠定"同心"的交流本体地位，求索美的永恒性。

第三章　孔子与皮尔斯——"知者乐水，仁者乐山"的现象学和符号学解读

现象学是哲学和全部科学门类的基础，可作为解读孔子思想的一把钥匙。子曰："吾道一以贯之。""一以贯之"的这根线索究竟在哪里呢？运用现象学的视角，就是要把这条若隐若现、明灭不定的线索给挖掘出来，让孔子的哲学体系重现灵魂、圆满和生气。"知者乐水，仁者乐山"其实是孔子全部哲学教义的总纲，是孔子有关存在（being）的现象学隐喻。"知者乐水，仁者乐山"完美地阐释了皮尔斯有关第一性、第二性和第三性的现象学神髓，完整地透露了孔子有关宇宙人生的消息，是孔子全部哲学大厦的基础，是孔子思想人格的大脑和心脏，是贯穿孔子自然与社会、道与德的观念的血脉，是像似符号、指示符号和象征符号交互作用的完整的符号过程。

第四章　庄子与皮尔斯现象学——《逍遥游》与《齐物论》的现象学解读

用皮尔斯现象学来解读庄子，将展现出"being"幽深的现象学和连续主义内涵。《逍遥游》的意旨根本无关乎"小大之辩"，而是试图彻底摆脱"exsisting"的现实存在的限制，而臻于"being"的完整的存在方式。庄子的哲学观，历来被视为极端相对主义，尤以《齐物论》为代表。这种看法其实源自郭象、成玄英诸公对庄子的误读。庄子的哲学在本质上是超越二元论的。如果说《逍遥游》一意于第一性的质的无限洄溯、无限倒退、无限回归的话，那么《齐物论》则专注于探索第一性呈现的途径，即连续主义。

第五章　《声无哀乐论》与皮尔斯现象学

《声无哀乐论》是中国美学史上的一篇旷世奇文，但对文本的解读则仁者见仁、智者见智。事实上，《声无哀乐论》的美学及哲学内涵远未揭露出冰山一角，其在中西美学史及哲学史上也远未得到它自身应得的地位和尊重。本书以皮尔斯现象学和符号学为参照，细绎《声无哀乐论》所揭示的深刻的第一性、第二性、第三性范畴内涵以及符号在美感中的作用，从而解蔽《声无哀乐论》，彰显《声无哀乐论》的独特的质，重估《声无哀乐论》在中西美学史及哲学史上的价值和贡献。

第六章　《坛经》与皮尔斯符号学——《坛经》的符号学解释

惠能与神秀的顿渐之争，其实质是一场有关符号性质的争论，长期以来却没有得到符号学理论解析。"不是风动，不是幡动，仁者心动"所强调的是第三性的要义。禅宗"不立文字"的教义，并非弃绝符号，恰恰相反，正是将了证符号的表象功能强调到了极致，但这种符号并非索绪尔意义上的狭义的符号，而是皮尔斯意义上的广义的符号，具体到宗教，即皮尔斯所说的有关"生命之道的戒律"。

第七章　郭熙的符号三角

钱锺书先生是第一个发现皮尔斯符号学与中国古典哲学美学的内在联系的人，但似乎应者寥寥。其实中国历史上有众多很明确的有关符号三角的描述，远远不止钱先生所提到的几处。郭熙《林泉高致·山水训》中所说的"身即山川而取之"是对符号三角关系的典型陈述。"真山水"是郭熙对美符号三角关系中"对象"的美学概括。"林泉之心"是创作符号三角中符号的助产士，也是解释项即画作诞生的前提。"山欲高，尽出之则不高；水欲远，尽出之则不远"的美学命题，揭示了绘画艺术的符号学真谛。最后，分析了"远"的符号学解释："远"首先是一种像似符号，其次是一种指示符号，最后是一种象征符号。

是时候回到"以三为体"了。"以三为体"不是皮尔斯或中国古圣先贤的个人发明，而是尊重和再现了人类头脑（不仅是西方人，中国人亦然）倾向于三分这样一个事实。"以三为体"奠定了古代和现代、西方和东方、自然与人类符号过程无限衍义的基础。

目　录

绪　论

第一节　穷天地之不至，显日月之不照——皮尔斯之谜

皮尔斯是一个天才，既拥有天造之才，就难免恃才傲物，由此晚年内外交迫，困顿失所。皮尔斯曾经不无惋惜地批评一些伟大的思想家在构筑其宏伟的哲学玄思大厦时遗忘了深刻的第二性，而他本人则在现实生活中因不屑而体验了尤为刻骨铭心的第二性。

首先，皮尔斯生前身后，屡屡为人所误解。抛开种种细节不谈，单是称谓就让人头疼。首先是他自己的名字。据他本人讲，"Peirce 这个名字，仅仅是 Peter 的一个变体，被给予数不清的互不相干的卑微个体"[①]。"Peirce"正确的发音，应该读如"/pə:s/"，这声音英美人听起来像钱袋，中国人听起来也不那么上口。最权威的陆谷孙主编的《英汉大词典》中，也将此词读作"/piəs/"[②]，大陆学者"皮尔斯""皮尔士"混叫不止，与此不无关系。子路曰："卫君待子而为政，子将奚先?"子曰："必也正名乎!"[③]孔夫子所言"名"当然广矣大矣，然则姓名无论如何总也归于"名"下，一见面就叫错别人的名字，总归大煞风景，对生者死者均为大不敬。

其次是符号学本身。皮尔斯虽被视为符号学之父，但人们对他的符号学术语的拼写和发音却存仁智之见。一般认为，"符号学"的拼写为"semiotics"，发音为"/semiˈotiks/"。终其一生致力皮尔斯研究的学者，也是《皮尔斯文

---

①　Brent, Joseph, *Charles Sanders Peirce: A Life*, Revised and Enlarged Edition, Indiana University Press, Bloomington and Indianapolis, 1998, p. 30.

②　陆谷孙主编：《英汉大词典》（下卷），上海：上海译文出版社，1991 年，第 2464 页。

③　（宋）朱熹：《四书集注》，长沙：岳麓书社，1987 年，第 206 页。

集》的编撰者——费什，则大不以为然。他从语源学的角度考证认为，皮尔斯符号学的大部分术语来源于拉丁文，拼写和发音都不成问题，只有这个学科本身以及它所研究的对象，他使用了两个希腊术语的英文形式，致使拼写和发音都成了棘手的问题。对于"δημειωδις"、符号行为、符号操作或运转、符号-解释，或从符号做出推断的行为，皮尔斯使用了两个英文形式："semiosis"和"semeiosy"。关于前者皮尔斯告诉我们，"e"和第一个"i"发长音，重音落在"o"上（CP5.484）。可是，皮尔斯没有告诉我们"semeiosy"的重音放在哪里，但是费什认为皮尔斯会把它放在第二个音节上，读作"my"。至于"semiosis"的复数形式，皮尔斯使用"semioses"（CP 5.489）。对于符号过程的"δημειωτικη"、门类，或科学，或学说，或一般理论，皮尔斯使用了"semeiotic"，不常用"simeiotics"或"semiotic"，很少用"semeotic"，从来不用"semiotics"。为了告诉我们他所选择的形式如何发音，他把它标记为"sēmeio'tic"（MS318：52）。他所持的如此拼写和发音的理由有两个。第一是没有任何理由把逻辑写作"logics"，或把修辞学写作"rhetorics"，同样，也没有任何理由把符号学写作"simeiotics"或"semiotics"。第二是拼写和发音都是语源学的标志；也就是说，应该清清楚楚地标明它来源于希腊语"δημεῖον"（符号），而不是来源于拉丁文"semi-"（半）。"semeiotic"不存在半途而废，它的所有关乎符号，它关乎所有的符号。"semeiotic"中的"o"应该发长音，因为它之后有一个希腊字母"omega"，而不是一个"omicron"①。所以，除引述之处，费什坚称只使用"semeiosis"和"semeiotic"，并邀请读者跟他一起大声读"See my o, sis"和"See my o tick"，且声称他从不相信皮尔斯会把后者读作"semmy-AHT-ick"。为加深读者的印象，他甚至还虚构了一个顽皮的小男孩与他的姐姐做互动游戏的一系列画面："See my O, sis!"（semiosis）、"See my O, see!"（semiosy）、"See, my O sees!"（semioses）、"See my O tick! Hear the clock tick, but see my O tick!"（semeiotic）。托马

---

① "omega"为希腊语的第二十四个字母，相当于英语的长"o"；"omicron"为希腊语的第十五个字母，相当于英语的短"o"。

斯・A. 西比奥克和 L. 罗密欧也做过符号学语源探讨①。

第三是实用主义。皮尔斯对实用主义（pragmatism）一词在他的同道及文学杂志中的不严谨使用深感不满。实用主义三剑客皮尔斯、威廉・詹姆士、约翰・杜威其实是三驾马车各行其道。皮尔斯终生的好友威廉・詹姆士将"实用主义"（pragmatism）的发明权赋予了皮尔斯，但二人在实用主义旨趣上大异其趣，在哲学、心理学、宗教学等各个方面都存有很严重的分歧②。身为皮尔斯的学生，杜威可谓春风得意，并后来者居上，但皮尔斯对其不无微词③。杜威的实用主义哲学，他本人自称为"工具主义"，后人称之为"工具主义""实验主义""经验主义""机能主义""自然主义"等。仅仅从称谓上也足见二人哲学思想之判若鸿泥。皮尔斯为了摆脱同道及文学掣肘之烦，不得不吻别自己的孩子"pragmatism"，因为它已经被无情滥用，而重新自创了一个新词来命名他自己的实用主义，这就是"pragmaticism"。皮尔斯不无苦涩地调侃："这个词奇丑无比，不会遭人绑架。"④

第四是现象学。皮尔斯为自己的现象学进行了专门命名。绍特在《皮尔斯的符号理论》中引证施皮尔格尔贝格 1957 年和 1965 年及克劳泽 1977 年有关皮尔斯现象学与大陆现象学的讨论说："'现象学'（phenomenology）一词由兰伯特于 1764 年首创，后来经康德，再后来由黑格尔使用。胡塞尔在印刷品中首次使用这一术语是在他 1900 年 1 月出版的《逻辑研究》（*Logische Untersuchungen*）第二卷中，早于皮尔斯一年。但是不能确定皮尔斯是否读过这本书，也没有证据表明两位哲学家是否互通声气。当皮尔斯首次使用'phenomenology'一词时，他提到了黑格尔。那是在 1902 年。1904 年，他转而使用'phaneroscopy'。使用'phaneroscopy'这一术语会很方便地将皮尔斯的探究理论与胡塞尔及其门徒的'phenomenology'版本区别开来。"⑤ 皮尔

---

① Fisch, M. H., *PEIRCE, SEMEIOTIC, AND PRAGMATISM: Essays by Max H. Fisch*, Edited by Kenneth Laine Ketner and Christian J. W. Kloesel, Indiana University Press, Bloomington, 1986, PP. 321—355.

② CP5.3，皮尔斯在《哲学与心理学辞典》中对詹姆士的《相信的意志》《哲学观念与实践效果》有过点名批评。CP8，55—90，皮尔斯对威廉・詹姆士《心理学原理》的评论；249—315，致威廉・詹姆士的数封信。

③ CP8，188—190，皮尔斯对杜威《逻辑理论研究》的评论；239—244，皮尔斯致杜威信.

④ EP2：335.

⑤ Short, T. L., *Peirce's Theory of Signs*, Cambridge University Press, 2007, PP. 60—61.

斯认为，现象学是一门观察科学，不受制于实在，不拘时，不拘地，只关注形式本身。

最后是美学。皮尔斯对美学有自己的一套看法。他认为，美学的传统定义"美学即有关美（beauty）的理论"太偏狭，严重损害了这一科学。皮尔斯说，"美"的概念仅仅是这一科学的产物，是企图抓住美学想要阐明白的东西的一次非常不够好的尝试。伦理学追问所有的努力应该指向什么目的。这一问题的解答明显依赖于另一个问题，这就是：抛开努力不谈，我们会喜欢怎样的体验。但是为了说清楚纯粹的美学问题，我们应该把它排除掉——不单单是有关"努力"的一切思虑，而且是有关"作用"与"反作用"的一切思虑，包括我们所接受的"欢愉"的一切思虑，一言以蔽之，属于"自我"与"非我"对抗的一切东西。我们的语言中还找不到一个合适的词来概括。希腊语〔kalos〕，法语"beau"，只是勉强凑合，远未直击要害。"fine"是蹩脚的替代。"beautiful"则更坏，因为存在（being）的一种方式即〔kalos〕本质上依赖于一种根本不美的质。然而，也许"不美之美"的措辞算不上糟糕透顶。而且，"beauty"太肤浅了。如果使用〔kalos〕一词，美学的问题是这个样子的：在呈现的瞬间，〔kalos〕是一种什么样的质？（2.199）① 皮尔斯为"美学"拟定了一个专门术语："esthetics"，有别于通行的"aesthetics"。（1.574）② 至于皮尔斯的"esthetics"在他的思想和整个美学传统中居于什么样的位置③，尚有待专家学者做进一步的探讨。

---

① Peirce, C. S., *Collected Papers of Charles Sanders Peirce*, Volume Ⅰ－Ⅵ, edited by Charles Hartshorne and Paul Weiss, Cambridge, Harvard University Press, 1931－1935；Volume Ⅶ－Ⅷ, edited by Arthur W. Burks, Cambridge, Harvard University Press, 1958.

② Peirce, C. S., *Collected Papers of Charles Sanders Peirce*, Volume Ⅰ－Ⅵ, edited by Charles Hartshorne and Paul Weiss, Cambridge, Harvard University Press, 1931－1935；Volume Ⅶ－Ⅷ, edited by Arthur W. Burks, Cambridge, Harvard University Press, 1958.

③ Parret Herman, *Peirce and Value Theory*：On Peircean Ethics and Aesthetics, John Benjamins Publishing Company, Amsterdam / Philadelphia, 1994.

第二节　三分非三分，浑然忘其真——皮尔斯研究现状

一、国外研究现状

对皮尔斯手稿的整理研究迟迟没有起步，直到 1923 年才出版了由莫里斯·拉斐尔·科恩编辑的第一本哲学文集《偶然性、爱与逻辑》，文集后附有约翰·杜威写的《皮尔斯的实用主义》。1931 年出版了《皮尔斯文集》第一至第六卷，1958 年又出版了第七至第八卷，简称"CP"，目前有电子版可供查阅。后续出版的皮尔斯文集主要有 *CN*、*EP*、*HP*、*NEM*、*PMSW*、*PPM*（*HL*）、*RLT*、*SS*、*W*、*CLL*、*LI*、*PSWS*、*PWP*、*SIL*、*SW* 等。美国得克萨斯理工大学于 1971—1972 学年成立了实用主义研究学院，是美国最早的皮尔斯生平和作品研究中心，宗旨是促进皮尔斯生平和作品研究，扩大他的持久的跨学科的影响。美国印第安纳大学 1976 年专门启动了一个"皮尔斯编辑工程"（Peirce Edition Project），按编年史体例编排，由马克思·H. 费什担任主编。这是目前工程最为浩大、搜罗最全面的皮尔斯出版项目，1981 年至今已出版七卷（Volume Ⅰ、Ⅱ、Ⅲ、Ⅳ、Ⅴ、Ⅵ、Ⅷ）（第一、二、三、四、五、六、八卷），计划出版三十卷。

西班牙那瓦拉大学 1994 年成立了皮尔斯研究会，旨在推动皮尔斯作品在西班牙语世界的研究，相信他的思想可以为 21 世纪的文化、科学及哲学问题提供关键的洞察。芬兰赫尔辛基形而上学俱乐部 2001 年 2 月开辟了 COMMENS 网站，可以方便查找皮尔斯哲学和符号学的数字资源。

伯特兰·罗素《西方哲学史》提及皮尔斯并有引述，但未辟专章介绍。塞缪尔·斯顿夫《苏格拉底到萨特：哲学史》在"实用主义"一节对皮尔斯的生平、意义理论、信仰的作用、方法要素做了详细评介。西比奥克是皮尔斯符号学研究的先驱和主将，他的著作不胜枚举，如 *The Play of Musement*，*A Sign is just a Sign*，*The Sign of Three*，*Global Semiotics* 等，他在理念上也提出了不少新的看法，如生物符号学（bio-semiotics）概念等。费什的结集《皮尔斯、符号学与实用主义论文集》集其一生研究精华，对皮尔斯生平、交游、著述以及皮尔斯从唯名论向唯实论的转变、希腊哲学对其晚年哲学的影响

做了深入研究，并对莱布尼茨、黑格尔的理论体系与皮尔斯的哲学体系做了对比，对皮尔斯符号学的一般理论也做了专门探究。热拉尔·德勒达勒《皮尔斯的符号哲学》，集五十余年研究精华，对皮尔斯符号学作为新的哲学范式、皮尔斯符号学的概念和应用、比较符号学以及比较形而上学进行了全面研究。哥伦比亚大学哲学系杜格拉斯·亚瑟·格林李于 1964 年提交了博士论文《皮尔斯的符号理论》，这是见于博士论文中的最早系统论述皮尔斯符号理论的研究成果。约瑟夫·布伦特早在 1960 年就完成了有关皮尔斯的传记论文，但由于哈佛大学哲学系直到 1991 年年底才许可作者接触四箱皮尔斯生平材料以及引用皮尔斯的书信集及其他重要材料，导致事隔 32 年之后才终于得以出版《皮尔斯传》(Charles Sanders Peirce: A Life)。作者自言想营造"一种强烈的皮尔斯在场感觉"，因而引用了大量的第一手资料，这一点使得这部传记具有恒久的超常魅力。肯尼斯·莱恩·凯特纳的传记小说《他的玻璃般的本质：查尔斯·桑德斯·皮尔斯自传》（1998）补充了大量第一手资料，很有参考价值。约翰·迪利的《符号学基础》几乎就是皮尔斯符号学的专论，并在皮尔斯符号学和西比奥克符号学的基础上又提出了一些崭新的概念。绍特的专著《皮尔斯符号理论》是迄今最为全面系统的评述皮尔斯符号理论的著作，不仅梳理了皮尔斯符号学的哲学渊源，而且剖析了皮尔斯符号学的发展阶段和不断完善的过程，解析了皮尔斯符号学与皮尔斯现象学的关系，辨识皮尔斯的符号定义及分类的价值，指出皮尔斯符号学事实上超出了人类思维意识的樊篱，扩及整个宇宙进化过程。客观性的结构存在于无限延展的科学共同体之中，而不存在任何不证自明的直觉。《皮尔斯符号学说：理论、应用与联系》是 1989 年哈佛大学举办的皮尔斯 150 周年诞辰纪念大会的论文结集，汇集了全世界最杰出的皮尔斯研究专家的学术成果，前五部分集中探讨皮尔斯符号学，第六部分讨论符号学与美学，第七部分研究哲学、语言学与符号学，第八部分论述符号学与解释学。约翰·K.谢里夫的《意义的命运》分两大部分，第一部分讨论"结构主义文学理论中意义的命运"，第二部分论述"意义是一种三元关系"，也就是说第二部分是皮尔斯符号理论专论，作者把艺术、批评、理论分别归于"可能性符号""事实符号""理性符号"，视野之宏阔是前所未有的，后来者恐怕也很难超越这一格局，同时也是把皮尔斯现象学与符号学结合为一体的经典范例。以上只是择其要者简述之。

1996 年至 2005 年，共出版皮尔斯研究专著 96 部；2006 年至 2015 年，共出版皮尔斯研究专著 114 部，目前总计有杂志系列 30 种，中心学会等 53 个。皮尔斯符号学更能切合艺术的本质和成长的需要，这已逐渐成为学界的共识。皮尔斯符号学近年来也在逐步向其他人文社会学科渗透，比如心理学、社会学、传播学、广告学、影视学等，各个门类都在大力汲取皮尔斯符号学的基本思想。

二、国内同行研究现状

赵元任先生早在 1926 年上海《科学》杂志上就提出"符号学"之名。中国符号学诞生伊始，可谓这里的黎明静悄悄。直至 20 世纪 80 年代，国内学者的符号学研究热情逐步高涨，各种研究机构亦如雨后春笋。中国语言与符号学研究会成立于 1994 年 5 月，迄今已举办了十二届，地点分别在苏州大学、山东大学、西南大学、解放军外国语学院、南京师范大学、中国海洋大学、南通大学、南京师范大学、苏州大学、南京师范大学、天津外国语大学、东北师范大学。四川大学文学与新闻学院于 2008 年 12 月成立了符号学－传媒学研究所，创建"符号学论坛"网站，出版《符号与传媒》半年刊及"中国符号学丛书""符号学译丛"等。南京师范大学外国语学院于 2007 年 4 月成立了国际符号学研究所，创办了国内唯一的一本英文版符号学杂志《中国符号学研究》，开设了专门的网站。华裔学者李幼蒸先生更成立了首个个人符号学网站。近年来皮尔斯符号学的研究尤其成为热点。钱锺书先生在《管锥编》之《全晋文》卷九七中对皮尔斯的三价符号说与陆机《文赋》的"文意物"论做了对比，并征引了古今中外的相关论述，但在很长时间内并未引起学界对皮尔斯的关注。郝长墀先生翻译了科尼利斯·瓦尔的《皮尔士》；涂纪亮、周兆平精选翻译了皮尔斯的 28 篇重要论文，以《皮尔斯文选》之名于 2006 年 12 月出版。这两部书至今也是研究皮尔斯的最重要的参考文献。涂纪亮先生在他的专著《从古典实用主义到新实用主义——实用主义基本观念的演变》《美国哲学史》中对皮尔斯哲学及符号学做了系统评述。郭鸿在《现代西方符号学纲要》（2008）、《索绪尔语言符号学与皮尔斯符号学的两大理论系统的要点》（《外语研究》2004 年第 4 期，总第 86 期）中对索绪尔符号学与皮尔斯符号学的哲学基础及要义做了简要分析。国内学者对皮尔斯符号学推广力度最大的要数四川大学符号学－传媒学研究所的赵毅衡先生,他的专著《符号学:原理与推演》(2011)对符号的构成、符号过程、任意性与理据性、符号表意等做了精彩的阐述和推演,对皮尔斯三价符号关系及钱锺书先生的评述做了重点推介和再评述;他与胡易容合著的《符号学－传媒学词典》也为皮尔斯专设了大量词条。赵毅衡先生甚至呼吁"富于符号学思维传统的中国,在今日已经成为符号学大国,已到了建立中国符号学学派的时候"。新生代的研究者也渐渐崭露头角。如华东师范大学的张留华,他的着眼点在于皮尔斯哲学的逻辑面向;上海交通大学的汪胤,其着力点则在于皮尔斯的现象学诠释及其融通;南京师范大学的季海宏在他的博士论文《皮尔斯符号学思想探索》中指出,从某种程度上说,皮尔斯符号学观点克服了索绪尔结构主义符号学的缺点,表现出极大的包容性、开放性、人文性、历史性和解释能力,最后一章用皮尔斯符号学对文学与非文学的关系、文学性、陌生化、文学作品表现手法、文学创作－批评－理论之间的关系进行了阐释;四川大学的赵星植的译著《皮尔斯:论符号》是皮尔斯论符号手稿集成的第一个中译本,且收录了李斯卡的专著《皮尔斯符号学导论》,可谓皮尔斯研究的"及时雨"。

第三节　本书因缘

一、皮尔斯为何会与中国古典美学结缘

深入探究皮尔斯符号学是重估中国古典美学的需要,是建立中西汇通的美学体系的迫切要求,也是改逃避为直面、积极回应传媒时代挑战的途径之一。美学应该作为时代的前导与风向标,更应成为人类的精神伊甸园。人类的精神伊甸园永远在不断构筑、不断拆毁、不断重建,但正如皮尔斯所指出的,人类是一个共同体,科学家是一个共同体,人类思维必须依赖符号,须臾不可分离,因此符号是人类精神伊甸园的主人。离开符号,思维与精神将沦为虚空;离开符号,人类的自我也将无处现身、无处安置。传媒时代符号的作用体现得更为重要,因为传播的要义就在于符号链的无限延伸。不仅如此,皮尔斯符号学还指示了一切的可能性和未来性,是人类消除怀疑、确立信念的必然过程;从连续性上看,也必将超越人类文化的狭隘视域,而涵盖整个宇宙史的变迁。

二、用皮尔斯符号学阐释中国古典美学的革故鼎新

一则改直观为符号。皮尔斯不厌其烦地反复论证,不存在所谓的直观,即不存在直接被超验对象决定的认知,任何知识都必须依赖在先的知识,依赖从符号中做出的推理;我们也不具有一种直观的自我意识,因为自我意识很容易成为推论的结果;我们更不拥有一种把各种不同的认知中的主观要素区别开来的直观能力;我们也不具有任何内省的能力,我们关于内心世界的全部知识都是由对外界事实的观察中推演出来的;没有符号我们就不能思考,因为所有的思想都是通过符号表达出来的。

二则改二元分裂为三元连续。以索绪尔为代表的符号学以二元分裂的哲学为基础,其要核和归宿是语言学。以皮尔斯为代表的符号学则以不可分解、不可还原的三元关系为旨归,突破语言学的牢笼,还符号学以广阔的天地,从而也还美学以自由的形式和无限的空间。

三则改评点为形式。中国古典美学的传统样式是评点,随意性极强,而系统性不足;伦理性有余,美感不足;内容庞杂,形式告退。运用皮尔斯符号学,可以以一驭万,以简驭繁,重新发掘中国古典美学以三为体的形式特质。

四则改模糊语言为逻辑范畴,改世俗为哲学。黑格尔曾经抱怨:“中国人的文字,由于它的文法结构,有许多的困难,特别是这些对象,由于它们本身抽象和不确定的性质,更是难于表达,中文的文法结构有许多不确定的地方。”“中国的语言是那样的不确定,没有连接词,没有格位的变化,只是一个一个的字并列着。所以中文里面的规定(或概念)停留在无规定(或无确定性)之中。”中国古典美学内涵极其丰富,本身很具体,很确定,是诗性的,但表现形式却是“非逻辑”“非哲学”的,最典型的譬如形形色色的模糊语言。我们若要抽绎出中国古典美学的脉络,开发其资源,挖掘其宝藏,辨别其精髓,非借助明确的逻辑语法不可,而皮尔斯正提供了这样一个逻辑利器。

五则改猜谜为科学,改各行其是、“一盘散沙”为科学的共通共识。以往的美学研究深陷二元分裂的泥潭,主观说、客观说、主客观调和说打得不亦乐乎,而且往往以“直观”或主客交融之名阻断思辨之路。皮尔斯符号学以及现象学、实用主义哲学告诉我们,主客观之战可以休矣,三价符号关系才是联结第一性、第二性、第三性或者符号、对象、解释项的最初、中间及最后依据。

美的效果是人人可以观察的，美学术语是可以建立一门人人得以遵从的伦理学的。美学也终将告别各立山头、各自为政的混乱局面，逐步成为共通共识的成熟规范的科学探究共同体。

三、众里寻他千百度，蓦然回首，那人却在灯火阑珊处

促成一桩好"姻缘"当然是件好事，但山重水复，困厄迷茫自也难免。

其一，文本龃龉。皮尔斯的符号学思想始终处于变动不居的状态，正如他的传记作者约瑟夫·布伦特所指出的："对于他所坚信重要的一切，皮尔斯几乎都写过不止一个版本。这在其通信与其哲学与科学作品中都一无二致。"这对所有的皮尔斯研究者都是严峻的考验。皮尔斯生前虽然出版了一些单篇的论文，但这些论文体例不一，或为真正的学术性专论，或仅仅是为字典撰写条目，或仅仅是为糊口而编写的杂评随感，甚至有些还有助手的参与。这些都需要后来者做出自己的甄选。皮尔斯的手稿数量庞杂，字迹或极其精工或极尽潦草，章法结构或逻辑谨严或兴之所至，这些都有赖于学者的洞鉴。

其二，资料欠缺。皮尔斯手稿的编辑工作进展异常缓慢，很多学者哀叹有生之年恐怕难窥皮尔斯手稿的全貌和真颜。目前学者们所依据的主要版本仍是20世纪30年代及50年代编纂的《皮尔斯文集》，而这个文集缺陷明显：一是没有按照年代编排；二是编辑屡屡参以己见，打乱重组；三是还有相当数量的手稿没有来得及整理，或未曾进入视野；四是前后编纂体例不一。

其三，误解重重。对于皮尔斯的三元符号关系，存在着形形色色的误解。比如，把符号与符号载体混为一谈；把符号三元关系还原为两个二元关系；把符号的对象误解为客观物理对象；把符号的解释项直接等同于解释者；把皮尔斯的符号等同于索绪尔的语言符号；把皮尔斯的对象与解释项等同于索绪尔的所指的分解；把皮尔斯的三元符号关系人为割裂，只强调一点而不及其余；将两大符号学系统做比较，有论者认为索绪尔理论所缺少的是符号所指示的对象，有论者认为索绪尔理论所缺少的是符号的解释项。这些都需要做进一步的澄清。

其四，忽略原典。把皮尔斯的符号学用之于美学研究本来就是富于挑战的尝试，而将皮尔斯的符号学验之以中国古典美学研究更须谨慎从事。可惜的是，很多论者根本不读皮尔斯的原著，只四处搜罗几本通用教材上的浮泛介

绍，或转引他人的论述，随意揉捏成篇。偶尔看到一两篇将皮尔斯符号学运用于古典美学的解析，结果也不免让人乘兴而来、败兴而归。或则勉强比附，或则浮光掠影。有的论者用符号学的新视角去看中国传统园林，这本来是颇有意思的一件事，但可惜的是，论者连索绪尔和皮尔斯的基本术语也搞不清，各种互相矛盾的观念交错使用甚至张冠李戴，各种风马牛不相及的流派充斥其间，你方唱罢我登场，大有"六经注我"的派头，如此，居然还侈谈什么传统－现代的转换机制。事实上，这远不是一个领域存在的问题，而是普遍存在于学界。

其五，科学与人文的对峙由来已久。这有可能成为皮尔斯符号学研究的最大障碍。传统认为，科学是理性思维，人文是形象思维；或者科学依靠逻辑，人文端赖直觉。所以有不少人文学者固执地认为艺术不是符号，艺术与符号无涉。事实上这只是一种先入为主之见，经不起理论和实践的检验。

其六，大符号的概念人类尚未自觉。人类每每以天之骄子自居，以自我为中心，其他族类则只是满足人类各类欲望的工具。他们视木石为无生命，视百虫为低等，视符号为人类的专利。某种意义上可以说，我们都是笛卡儿的血亲。没有大符号的自觉，人类将永远迷失自我；没有大符号的自觉，美学将永远迷失自我。

虽然迷雾遮眼，荆棘丛生，但前行之路还是要开拓的。皮尔斯与中国古典美学的"联姻"，虽是天作之合，但也尚须机缘之和合。也就是现在人们常讲的在对的时间、对的地点找对人做对事。守株待兔等不来机缘，先驱者的开拓创造了机缘。

首先是赵元任先生、钱锺书先生的奠基与三分观念的重见天日。赵元任先生第一个为中文符号学命名，可谓中国符号学之父。真正为皮尔斯符号学研究奠基的则首推钱锺书先生。钱锺书先生在《管锥编》之《全晋文》卷九七中对皮尔斯的三价符号说与陆机《文赋》的"文意物"论做出了对比，并征引了中国古代哲学及艺术中的三分现象与皮尔斯及其追随者的"符号三角"理论。筚路蓝缕，诚为可贵。虽然钱先生的比较还存在一些问题，但他的启示作用是深远无穷的。

继之而起的，也是以"一分为三"名家者——庞朴先生。出版于1995年的《一分为三：中国传统思想考释》收录了庞朴先生1990年以后写成的有关中国辩证思想的单篇论文，其涉及范围为先秦时代的华夏地区。出版于 2003 年的《一分为三论》为其续编，再次伸张"中国文化体系有个密码，就是'三'"。庞朴先生的研究方法与研究视角对后学不无启发，但他的归宿止于黑格尔的正反合理论，却又是值得商榷的。

赵毅衡先生是形式论研究的中流砥柱，也是皮尔斯研究的布道者。他屡屡呼吁：依然坚持索绪尔－巴尔特体系，已经严重妨碍中国符号学的发展，是时候回到皮尔斯了。他说："一百多年前皮尔斯在孤寂中写下的笔记，许多观点让我们惊艳如初见。他开创出的可能性远远没有穷尽，许多论辩正在等待我们追寻的眼光。今天，我们的努力有个明确的目标：回到皮尔斯，是为了走向符号学运动更加广阔的前景。"①

杜勤的《"三"的文化符号论》也极富启发性。杜勤首先做了"三"的文字学考察；再次从方位观念中的中心地位出发，论述了"三"在中国古代思想中的机能构造；其次从宇宙观的角度出发，论述了"中"的象征性文化内涵，考证了"中"与方法论原则，分析了易卦三位一体的尚中及"中"与中庸的关系；然后考察了卜辞、《易经》所见宇宙观的形成和发展，兼及鼎三足的象征性文化内涵；接着论述了神话传说中的三极结构；最后论述了日本文化中"三"的位相，对比了老庄的"无"与中空构造论。杜勤采取的主要是文献学和文化人类学相结合的方法，资料翔实，旁征博引。

西比奥克等诸多符号学大家亦大声疾呼。在西方学界对皮尔斯的研究中，有一个人的名字不能不提，那就是西比奥克。西比奥克终生不遗余力地传播皮尔斯符号学，并培养了一大批忠实的追随者，从而把皮尔斯的符号学思想及他个人的引申传播到世界各地。西比奥克 1943 年进入印第安纳大学，长期担任该校语言与符号研究中心主席一职，1991 年退休，并曾长期担任《美国符号学学会会刊》主编。他还是好几部系列丛书和几部开创性大百科全书的编辑，包括《符号学之门》（100 卷以上）、《语言学的流行趋势》以及《符号学大百科辞典》。西比奥克甚至还提出"原子能符号学"的问题。西比奥克是个"大拿"型的组织人才，创立组织数百个国际性会议和机构，在诸如美国语言学

---

① 赵毅衡：《皮尔斯：论符号》（序），赵星植译，成都：四川大学出版社，2014 年，第 1～11 页。

会、符号研究国际协会、美国符号学会中起着举足轻重的作用。他创建了有关符号学的个人图书馆，囊括了 4000 种以上的图书和 700 种以上的杂志，现保存在爱沙尼亚塔尔图大学符号学系。美国符号学会设立了最高奖"西比奥克奖"（Sebeok Fellow Award），大卫·萨文、约翰·迪利、保罗·布伊萨克、耶斯波·豪夫梅耶、卡莱维·库尔、弗洛伊德·梅里尔、苏珊·彼得雷里、门加德·劳赫就是历届获得者。

最后是符号本身的包容性。皮尔斯符号学将向我们证明，思维是连续的，思维是有规律的，思维是共通的，任何思维脱离了符号均无以生存，艺术思维概莫能外。一首诗、一支曲子，是有时间跨度的，是连续的，是旋律，而不是孤立的一个个生字和一个个互不关联的音符，这些都要依赖符号来呈现。符号本身虽是第三性最突出的代表，但其自身也包含了对第一性和第二性的联结，因而符号不同于理念，而是现象的同义词。

中国古典美学本身具有"以三为体"的形式特质。"三"是人类共通的思维方式，"三"不能被化简为"二"，而任何比"三"更大的数字关系则都能以"三"为基础构建出来，这不仅可由皮尔斯定理证明，也可以由中国古典美学的本然状态来证明。对于中国古典美学来说，"以三为体"是地地道道的土产，"非由外铄我也，我固有之也"，不是臆造，不是玄思，不是内省，不是强加，不是标新立异，不是崇洋媚外，不是追逐时髦，非傍人篱壁拾人涕唾得来者，而是自家闭门凿破此片田地，时间上、境界上绝不输于西方。

以上简述的几个方面足资证明：皮尔斯符号学的人文研究不仅是可行的，而且是势在必行的；借助皮尔斯符号学重估中国古典美学的方案不仅行得通，而且大有可为，这将由无数代中外人文学者的共同努力来证明。

第四节　皮尔斯与中国古典美学

就好比钻石虽然是在地球深处高温、极高气压和还原环境即缺氧环境中自然结晶形成的，但钻石矿床的探寻、开采则必须借助一定的科学方法和钻探工具，开采之后，也尚需设计标线、劈钻、锯钻、车钻、磨钻、清洗分级等多重复杂工序才能重现钻石本身的形态、大小、纯净、色泽、透明度等品质，即通常所说的 4C 标准：Carat Weight（钻石重量）、Color Grade（钻石颜色）、

Clarity Grade（钻石净度）、Cut Grade（钻石切工）。中国古典美学"以三为体"的质虽然是本有的，但必须借助皮尔斯符号学这一科学的方法和工具，切割琢磨，方能重现中国古典美学炫目的光彩。皮尔斯曾经自言："要创建一栋亚里士多德式的哲学大厦，更确切地说，搭好一个体系完善的理论框架，在漫漫的未来，人类理性的全部工作，无论哪个哲学流派或类别，无论数学，无论心理学，无论自然科学，无论历史，无论社会学，无论可能出现的任何分支，都只是为它添砖加瓦。"(1.1)① 皮尔斯的哲学体系非常庞大，任何一个人文学者或科学工作者在它面前都会自感学力不足。基于深入探究和重新评估中国古典美学的研究目标，我们选取皮尔斯现象学和符号学作为研究工具，因为符号学是皮尔斯全部哲学大厦的基石，而现象学则是符号学的基石，所以现象学可谓皮尔斯全部哲学大厦的基石的基石；而在中国古典美学的选择上，我们也不可能面面俱到，而只能撷取源头之水，无暇观后世之大波大澜，这些也只能以俟来者②。

皮尔斯的符号理论不同于以索绪尔为代表的语言学符号理论模式。皮尔斯所谓的"符号"，是普遍适用于大千世界中一切符号现象的，不限于人类语言乃至人类文化。也就是说，皮尔斯的符号，是自然符号与非自然符号的全部，是人工符号与非人工符号的全部，是语言符号与非语言符号的全部，是艺术符号与非艺术符号的全部，是文化符号与非文化符号的全部，是人类符号与非人类符号的全部，是想象符号与非想象符号的全部，是实体符号与非实体符号的全部。无论中文，还是西文，"符号"乃至"符号学"的称谓也许出现很晚，但符号现象乃至符号学原理的运用却是古已有之，不待理论的阐明而自发自生。如果放之于自然界，符号现象更是随处随时比比皆是。中西学界也逐渐认识到，中国的符号传统很悠久，符号资源无比丰富，是一座符号资源的富矿，有待我们利用最先进的钻探工具去"淘金"。

数学和现象学被皮尔斯视为符号学的前提和基础。数学姑且搁置勿论，现

---

① Peirce，C. S.，*Collected Papers of Charles Sanders Peirce*，Volume Ⅰ-Ⅵ，edited by Charles Hartshorne and Paul Weiss，Cambridge，Harvard University Press，1931-1935；Volume Ⅶ-Ⅷ，edited by Arthur W. Burks，Cambridge，Harvard University Press，1958.

② 差可告慰的一点是，所有有关皮尔斯的引文，全部来源于第一手资料，译文均系本人亲力亲为；中国古典美学资料也均系第一手资料，而没有旁假他人。

象学的神奇内涵也在吸引越来越多的科学工作者献身其中，胡塞尔与皮尔斯都是由自然科学研究转而献身现象学研究的佼佼者。皮尔斯将现象学视为人类一切认识的根基，他认为存在（being）有三种方式，我们可以从随时自由呈现于意识的事物的要素中直接观察到。它们是原质的可能性的存在，真实事实的存在，影响未来事实的法则的存在。（1.23）[①] 理解了现象学的三位一体，即第一性、第二性和第三性的不可分解，才能理解符号学的三位一体的种种三分。

本书运用皮尔斯现象学和符号学的独特视角，选取儒、道、禅三家及艺术史上几部代表性的经典，深入剖析各家所独具的现象学和符号学内涵。

皮尔斯曾经告诉读者："他会领会它不是为坚定他的成见而书写的，如果是那样，他完全没必要在它身上浪费时间。"本书的目的同样不是说服读者保持先入为主的成见，而是希望能启发读者一起思考，共同探究，以形成一个无与伦比的强大的探究界（inquiry community）。

让我们谨奉皮尔斯的话：不要阻断探究之路。

---

① Peirce, C. S., *Collected Papers of Charles Sanders Peirce*, Volume Ⅰ－Ⅵ, edited by Charles Hartshorne and Paul Weiss, Cambridge, Harvard University Press, 1931－1935; Volume Ⅶ－Ⅷ, edited by Arthur W. Burks, Cambridge, Harvard University Press, 1958.

第一章　以三为体，以阴阳为用

——《易经》与皮尔斯现象学

第一节　《易经》阐释应从何处入手

《易经》为六经之首①。对《易经》的解释，历来从术数、天文、地理、历史、文化、民俗乃至哲学、经济、社会、伦理各个角度切入，上穷碧落下黄泉，无所不用其极。然而时至今日，均未触及《易经》的现象学内涵。长期以来，《易经》一直被误读为二元论哲学，应该说，这种局面的形成与《易经》的现象学内涵一直被有意无意地遮蔽有着直接的关联。本章将舍弃种种文化人类符号学乃至社会符号学以及自然科学符号学的解说，而专注于现象学的角度和方法，还《易经》以现象学的本来面目和形而上的最高形式，即还原其"三"的哲学的最高范式。

《易经》的基础和要核是八经卦，六十四别卦只不过是由八经卦重卦而得。八卦由三根爻组成，六十四卦则由六根爻组成，是"三加三"的组合。八经卦为何只取三爻，而不是四爻、五爻、六爻直至号称"数之极"的"九"爻？或者说，为何取三爻，而不是取更为根本的二爻乃至"数之初"的"一"爻？

《系辞下传》云：

> 《易》之为书也，广大悉备：有天道焉，有人道焉，有地道焉。兼三才而两之，故六。六者，非它也，三才之道也。②

---

① 廖名春：《"六经"次序探源》，选自《中国学术史新证》，成都：四川大学出版社，2005年，第3~26页。

② （宋）朱熹撰，廖名春点校：《易经本义》，北京：中华书局，2009年，第257页。

《说卦》云：

> 昔者圣人之作《易》也，将以顺性命之理。是以立天之道曰阴与阳，立地之道曰柔与刚，立人之道曰仁与义。兼三才而两之，故《易》六画而成卦。分阴分阳，迭用柔刚，故《易》六位而成章。①

自从《易传》提出"三才"之说，后世一直奉为圭臬。"三才"说，名为三分，其实是地道的二分，因为"天""地"为一方，而"人"为另一方，所以仍是典型的物质、意识二元论。"三才"说的核心是阴阳学说，由阴阳又进而将柔刚、仁义、尊卑等社会文化的内容拉扯进来。《易经》本经三爻卦、六爻卦的诞生应该远远早于仁义等社会伦理概念的诞生。"三才"可以聊备一说，但距离《易经》的原始本义已过于遥远。"三才"说保留着浓厚的机械论的气息，究其实是以"existing"置换了"being"，从而使《易经》的哲学意味锐减。运用现象学的视角，就是要把颠倒的事实重新颠倒过来，还《易经》"being"的真面目，探寻先民素朴的宇宙图式奥秘。

第二节　经卦卦象与第一性、第二性、第三性

> 子曰："乾坤其易之门邪？"②

单纯以阴阳说来解释《易经》，其所遭遇的第一个困难即"《易》之门"的"乾""坤"二卦。乾、坤能否独立？既然阴阳为纲，乾为何纯阳而无阴，坤为何纯阴而无阳？如果连乾、坤都难以独立，又何来"乾坤生六子"？

皮尔斯的现象学追问可以为我们提供他山之石。

热拉尔·德勒达勒在《皮尔斯的符号哲学》③ 中称"皮尔斯是超越时代

---

① （宋）朱熹撰，廖名春点校：《易经本义》，北京：中华书局，2009 年，第 262 页。
② （宋）朱熹撰，廖名春点校：《易经本义》，北京：中华书局，2009 年，第 253 页。
③ Deledalle, Gerard, *Charles S. Peirce's Philosophy of Signs: Essays in Comparative Semiotics*, Indiana University Press, Bloomington and Indianapolis, 2000.

的",我们也要说《易经》是超越时代的。德勒达勒又称现象学为"思考世界的先决条件",而在对世界的宏伟的现象学构想中,皮尔斯与《易经》又是同心的。《易经》经卦三爻最为简易、最为朴素、最为形象地道出了皮尔斯的第一性、第二性和第三性的现象学内涵。

皮尔斯继承父亲遗志,继续有关连续论的推想和论证,在他的《谜的猜想》中曾拟订了一个写作大纲:

第一章　一、二、三……

第二章　推理三分……

第三章　形而上学三分……

第四章　心理学三分……

第五章　生理学三分……

第六章　生物学三分……

第七章　物理学三分……

第八章　社会学三分……

第九章　神学三分…… (1.354)①

惜乎只完成了其中的零星片段。好在第一章节是完整的,足以让我们窥一斑而知全豹。

皮尔斯在论证他的三分说时格外小心谨慎。尽管已经经历了多年残酷的思想折磨,面对席勒的《审美教育书简》及亚里士多德和康德的范畴学说尤其挣扎良久,沉吟至今,他还是如临深渊、如履薄冰。《谜的猜想》在讨论第一性、第二性和第三性之前有这样一段剖白:

也许我应该首先注意到,不同的数字久已拥有各自的拥趸。"二"为彼得·雷默斯所赞美,"四"为毕达哥拉斯所讴歌,"五"为托马斯·布朗爵士所坚定拥护,恒河沙数。至于我,我是没有清白数字的坚定反对者;

---

① Peirce, C. S., *Collected Papers of Charles Sanders Peirce*, Volume Ⅰ－Ⅵ, edited by Charles Hartshorne and Paul Weiss, Cambridge, Harvard University Press, 1931－1935; Volume Ⅶ－Ⅷ, edited by Arthur W. Burks, Cambridge, Harvard University Press, 1958.

我尊且敬它们各得其美,但我还是不得不承认,在哲学里我倾向于数字"三"。事实上,我在我的思考中运用了如此之多的三分,因此,似乎最好先对这些三分赖以存在的概念做一番粗略的初步梳理。我的意思不外乎第一、第二、第三的理念——这些理念非常宽泛,可以看作思想的语气或语调,而不是明确的意图,但又对于这一切具有重要意义。看作数字,用之于随心所欲的任何东西,它们的的确确只是思想的——如果不仅仅是言辞的——空洞的骨架。如果我们仅仅想计数,追问我们所用的数字的意义就是不合时宜;然而哲学的区分应该尝试更幽深的东西,它们苦心孤诣于深入事物的本质,如果我们意欲做专一的哲学三分,理应提前问个明白,第一、第二、第三是什么样的东西,不是用作计数,而在它们本身真正的特质。真正的第一、第二、第三这样的理念,我们会立马领悟。(1.355)[1]

我们在探究《易经》的奥秘时,如临如履,诚敬为先,但正因为此,我们更要正视《易经》本身的特殊构造,而不必迷信于后世追加的种种神光。

皮尔斯从来没有争抢过三分法的发明权,因为在他看来,"原创性是基础概念的最后一点可取之处"(1.368)[2]。我们在此当然也并非索要发明权,而是着力以科学的精神探究《易经》的庐山真面目,俯仰我们赖以生存的世界,谛听远古先民的精神图腾,也借以照亮自身前行的路。

《易经》是在描述一幅三而一的世界图式吗?是在演奏一曲以三和弦为基调的宏大交响曲吗?经卦三爻究竟述说着什么秘密呢?

先来看皮尔斯对第一性、第二性和第三性的描述。

第一性若何?

第一只存在于自身,不指向任何东西,也不隐藏于任何东西背后。第

---

[1] Peirce, C. S., *Collected Papers of Charles Sanders Peirce*, Volume Ⅰ-Ⅵ, edited by Charles Hartshorne and Paul Weiss, Cambridge, Harvard University Press, 1931-1935; Volume Ⅶ-Ⅷ, edited by Arthur W. Burks, Cambridge, Harvard University Press, 1958.

[2] Peirce, C. S., *Collected Papers of Charles Sanders Peirce*, Volume Ⅰ-Ⅵ, edited by Charles Hartshorne and Paul Weiss, Cambridge, Harvard University Press, 1931-1935; Volume Ⅶ-Ⅷ, edited by Arthur W. Burks, Cambridge, Harvard University Press, 1958.

二是遭遇某个东西的蛮力，而相对于这种东西是为第二。第三是沟通两种东西的中介，它使得它们彼此发生联系。(1.356)①

纯粹第一的理念必须与任何他物的或指向他物的观念彻底分离开来；如果包含第二，它本身就是相对于那个第二的第二。第一因此必须是自我呈现的，倏忽而逝的，而不是描述的第二。它必须是开始的和新生的，因为一旦老化，就沦为原来状态的第二。它必须是首创的，原始的，自发的和自由的，否则就沦为某个决定因素的第二。它又是生气勃勃和逍遥自在的，完全避免沦为某种感觉的对象。它先于所有的综合与区分；没有整体，也没有部分。它不能被清晰地思考：断言它，就失去了它特有的天真；因为断言总是暗示着对别的东西的否定。别去想它，一想它就飞了。当亚当第一次睁开眼睛时，这个世界是什么样子，在他做出任何区分以前，或者在他开始意识到自身的存在以前——它是最初的，自我呈现的，倏忽而逝的，开始的，新生的，首创的，原始的，自发的，自由的，生气勃勃的，逍遥自在的，无常的。只请牢记一点：每一种描述都是不可靠的。(1.357)②

第一性可谓原初的原初、原生态的原生态。不杂一丝外物，更不杂一丝人气。有的只是幽幽萋萋，钟灵毓秀，亦幻亦奇。从最原本的意义而言，经卦三爻分别各为第一性，互不沾染，声气不闻，窅窅冥冥，迷离恍惚，身自清净；但它孕育着无穷的创造力，随缘而发，不择时，不择地，不择物。这是一种不可限量的可能性，我行我素，独来独往，唯我独尊，唯我是尚。这又是一种最大的独立性，虽独立而不封闭，虽自由而不散漫，因它始终完备着自身独特的质，一切无不可变，唯有质不可变，失去了质，也就失去了第一性。它没有确定的形式，或者说，它的形式就是它的自由。冒险精神是它的神髓。它没有主宰，它的主宰就是它自身。它浪迹天涯，四海为家；行无影，去无踪；随心所

① Peirce, C. S., *Collected Papers of Charles Sanders Peirce*, Volume Ⅰ－Ⅵ, edited by Charles Hartshorne and Paul Weiss, Cambridge, Harvard University Press, 1931－1935; Volume Ⅶ－Ⅷ, edited by Arthur W. Burks, Cambridge, Harvard University Press, 1958.
② Peirce, C. S., *Collected Papers of Charles Sanders Peirce*, Volume Ⅰ－Ⅵ, edited by Charles Hartshorne and Paul Weiss, Cambridge, Harvard University Press, 1931－1935; Volume Ⅶ－Ⅷ, edited by Arthur W. Burks, Cambridge, Harvard University Press, 1958.

欲，无所不为；精灵古怪，无法无天。它不为任何外物着想，只问潇洒不问天。经卦三爻最大的特质在于它的独立性，无论阳爻还是阴爻，都是生气圆满，独立不倚的，无须依傍任何他物，它自身就是它存在的先决条件，不存在尊卑，亦不存在等级差异。经卦三爻的这种独立不倚的品格又是与它的可能性的品格互为表里的，可能性的要义在于它不必是现实存在的，更不必是某种可感可触的独立个体。不仅每一根阳爻、阴爻首先具有第一性的这种全然可能性的特质，三根爻的组合即八经卦本身——无论全阳、全阴或者一索、二索、三索，也必然首先呈现第一性的这种全然可能性的特质。六爻卦亦然。马王堆汉墓帛书《易经》[1] 显示："乾"作"键"，"坤"作"川"。"键"即一种质，即刚健；"川"即另一种质，"顺"，柔顺。"刚健"与"柔顺"都只是一种质的可能性，而不必然是现实性或规律性，所以乾不必然为天、为圜、为君、为父、为玉、为金、为寒、为冰、为大赤、为良马、为老马、为瘠马、为驳马、为木果，坤不必然为地、为母、为布、为釜、为吝啬、为均、为子母牛、为大舆、为文，为众、为柄、其于地也为黑。既然皮尔斯已事先声言所有的描述都是失实的、徒劳的，笔者这厢又何必一厢情愿?! 就此打住。

再来看第二性。

正如想第一时如果掺杂了第二，第一已不再是绝对的第一，同样地，在想完美的第二时，也必须驱逐每一个第三。第二因此是绝对的第二。但是我们不需要，也不必从第二里驱逐第一的理念；相反，第二恰恰是没有第一就没有第二。第二以诸如此类的事实与我们邂逅：另一个，关系、力量、影响、依赖、独立、对抗、发生、现实、终结。一物不可能是另一个，对抗、独立，如果没有第一，或者说，正是有了第一，它才可能是另一个，对抗，独立。然而，这还不是深刻的第二性，因为第一也许在这些场合中被破坏了，使得第二性的本性完全依然故我。当第二因第一的行为而发生了某些改变，并且依赖于它，第二性才是更为纯粹的。但是这种依赖不能够走得太远，以致第二仅仅是第一的附庸或附属品，否则第二性就又退化了。纯粹的第二性忍受而仍抵抗，就像死物质，它的存在正在于它

① 丁四新：《楚竹书与汉帛书〈易经〉校注》，上海：上海古籍出版社，2011年。

的惰性。也请注意，因为第二性拥有我们已然看到的属于它自身的不可变易性，它必须固定不动地为第一所决定，其后依然固定不变；俾不可移易的不变性成为它的特性之一。我们在发生中发现第二性，因为发生是这样一种东西：它的存在正在于我们偶然撞上它。铁的事实亦然，也就是说，它是某种东西，它就在那儿，我不能去想它，但是又不得不承认它是与我——主体或第一——无关的对象或第二，它构成了我的意志训练的素材。(1.358)①

经卦三爻，当它们两两相对时，就构成了地道的第二性。第二性本质上是一种作用与反作用、压迫与反压迫。第二性是瞬间发生的对撞行为，激烈而不持久，仅此一次而非重复发生。皮尔斯还举过无数个其他的例子，比如台球的瞬间撞击，比如尖锐的汽笛打破冥思的宁静，比如肩膀倚着门感觉到门的阻力，比如推理关系和自我关系包括内在的思想斗争、自我反省等，这是一种退化的第二性，或则曰内在的第二性。在第二性的表述上，也许《易经》八卦比皮尔斯还要更为明确、更为醒豁、更为张扬。《易经》引进了新的技术手段，这就是阳爻、阴爻的相互映发、相生相克。尽管《易经》文字表述"阴"字仅一见（《中孚》九二："鸣鹤在阴"，高亨又视为"荫"之借②），"阳"字不得见，但《易经》卦象阴爻、阳爻赫然在目，这是不争的事实。纯粹的三根阳爻构成乾，纯粹的三根阴爻构成坤。乾坤最为简易、最为完整地表述了作用与反作用的关系。正如我们所看到的，只有阳爻或只有阴爻的乾坤二卦，在表意上不仅毫不逊色，不打一点折扣，反比其他六卦更上、更高、更为根本。因为乾坤为大父母。乾坤二卦无须惆怅倩取何人作奇传，孔子的《文言》也早已插上了乾坤双翼，互相借力，直上九天。无论是皮尔斯现象学理论还是《易经》，第一性都是完满的、自足的，完全不必依赖于任何外物，第二性只有在保全第一性独立自主的基础上才能产生，而不能以牺牲第一性来成全第二性。相对于第一性，第二性既须做出些许改变，又必须同时保持自我的特质不变。一方为

---

① Peirce，C. S.，*Collected Papers of Charles Sanders Peirce*，Volume Ⅰ－Ⅵ，edited by Charles Hartshorne and Paul Weiss，Cambridge，Harvard University Press，1931－1935；Volume Ⅶ－Ⅷ，edited by Arthur W. Burks，Cambridge，Harvard University Press，1958.

② 高亨：《易经大传今注》，济南：齐鲁书社，1979 年，第 480 页。

另一方彻底控制，就失去了第二性所必需的对抗性，也失去了第一性所必需的质，因而无论第一性或第二性都将荡然无存。《易经》最为关注的是变易，所以在《易经》那里，没有绝对的阴阳，也没有绝对的刚柔，阴阳是相生相克、周流不已的。我们需要注意的是，竭尽所能去除笼罩在《易经》身上的意识形态或社会伦理外衣，不为挟持，不为裹足，而是进一步正本清源，探寻隐藏在背后的现象学哲学真谛，真正还原《易经》的本色，真正保证第一性、第二性和第三性的深刻或纯粹。

皮尔斯还对第一性和第二性的区分做了一个意味深长的比喻：

第二的理念必须被看作容易领会的理念。第一的理念如此纤弱，以致不毁掉它就难以触摸；第二的理念却是异乎寻常的坚硬和可触可感。它又如此熟悉；每天强加于我们身上；它就是生活的主修课。青春年少，世界是新鲜的，我们看上去自由自在；但是，限制、冲突、约束乃至普遍的第二性，构成了经验的全部教义。

第一性就好比

"一艘新下水的船只扬帆出港的当儿"；

第二性就好比

"可是等到它回来的时候，船身已遭风日的侵蚀，船帆也变成了百结的破衲"。

但是尽管这种观念熟稔于心，尽管我们每时每刻都不得已感受到它，我们仍然永远不能了解它；我们永远不能直接意识到有限性，或直接意识到任何东西，除了天赐的自由，存身于原始的第一性，无拘无束。(1.358)[1]

皮尔斯这里引用了莎士比亚《威尼斯商人》中的一段经典台词，其全文是："一艘新下水的船只扬帆出港的当儿，多么像一个娇养的少年，给那轻狂的风儿爱抚搂抱！""可是等到它回来的时候，船身已遭风日的侵蚀，船帆也变

---

① Peirce, C. S., *Collected Papers of Charles Sanders Peirce*, Volume Ⅰ-Ⅵ, edited by Charles Hartshorne and Paul Weiss, Cambridge, Harvard University Press, 1931-1935; Volume Ⅶ-Ⅷ, edited by Arthur W. Burks, Cambridge, Harvard University Press, 1958.

成了百结的破衲，它又多么像一个落魄的浪子，给那轻狂的风儿肆意欺凌！"在这里皮尔斯颇有几分自况的味道，一如他在别的篇什里不自觉地"伫立望故乡，顾影悽自怜"。

《易经》通篇即对自然界和人生界第一性和第二性的生动描绘，八经卦和六十四别卦即宇宙、人生第一性和第二性的像似符号。整个宇宙充满了第二性，每个人的一生乃至一呼吸一吐纳也无不充满了第二性。我们的一举手一投足、一颦一笑，我们的第一声啼哭，直至我们的最后一声叹息，无不是在不经意间体验第一性的温暖、妩媚、缠绵和诱惑，感受第二性的狂暴、粗野、蹂躏和打击。第二性本质上就是一种四处碰壁的经历，但还无暇顾及是否鼻青脸肿，一旦念及此，就已经有第三性渗入了。

皮尔斯的第二性是瞬间生发、不容回想的，同样，《易经》的阴阳二爻既有迅如雷的动的一面，又有立如荷的静的一面，相摩相荡，随机生发。待到把《易经》的阴阳二爻拿来静静地把玩、琢磨，甚至重新排列组合，探赜索隐、钩深致远以观其会通之际，就已经由第二性进入了第三性。所以除了三爻的直接明示，《易经》的阴阳二爻也直接间接地参与了第三性的构建。

还是先来看皮尔斯对第三性的描述。

第一和第二，施事与受事，肯定与否定，这些范畴使得我们能够粗略地描述经验的事实，它们在很长时间内让心智获得满足。但是最终它们被发现不完满，这时就需要召唤第三的概念。第三是在绝对的起点和终点之间的峡谷上架设桥梁，在二者之间建立联系。我们屡屡被告诫，每一科学都有它的定性的阶段和定量的阶段，定性的阶段是当二元区分——无论一个给定的主语是否拥有一个给定的谓语——满足时；定量阶段到来了，当不再满足于如此粗糙的区分，我们需要在主语每两种可能的条件之间嵌入可能的中间物，谓语标示了主语所拥有的性质。古代力学把力量视为产生运动的原因，把运动视为力量的直接效果，停留于因与果的本质上二元的关系，而没有再深究下去。这解释了古代动力学为什么没有获得长足发展。伽利略和他的后继者们致力展示，力量是加速度，通过加速度，速度的状态被逐步提升。"因"与"果"这两个词依然逗留不去，但是来自机械论哲学的旧的观念已经被放弃；因为已知的事实是，在某种相关的位置，物体经历了某种加速度。现在，加速度，不再像速度那样是两个连续位置之间的关系，而是三者之间的关系；因此新的原则存在于"三"这一概念的适时引进之中。在这一理念之上，完整的现代物理学建立起来了。同样，现代几何学的优势，无疑最大限度地得益于在数不清的二分例子中架设桥梁，而这些二分一度严重阻碍了古代科学的发展。我们将毫不迟疑地断言，每一个分支的科学方法的所有伟大超越，都源自在原来不相关联的情形间建立起联系。(1.359)①

第三性简单说就是"心智性"，即在第二性间建立起联系的能力，是一种化腐朽为神奇的力量。这种心智性不限于人类独有，而是为世间万物所齐备，只是程度有所差异而已。经卦三爻，当三爻发生共生共存的相互联系时，就构成了第三性。"心智性"本质上是一种一般性、无限性、连续性、渗透性、生成性，它勾连第一性和第二性，使得第一性的潜在性和第二性的现实性同时且完满地呈现出来。可以毫不夸张地说，没有第三性，就没有左、右脚的协调运动；没有第三性，何谈时间、空间？世间的万事万物，无不是第三性的直接或间接的呈现。设想一下，如果没有第三性，那么我们只能拥有此时此刻，永远无法知道世间还有日复一日、月复一月、年复一年，永远不知道有阴晴雨晦、季节轮回，更不用提几世几劫。我们知呼则不知吸，知吸则不知呼，不知其父不知其母，手眼不能相应，言语不能贯通，混沌未凿，鸿蒙待辟，更何来"昔我往矣，杨柳依依。今我来思，雨雪霏霏"？何来人类的一切文明？何来自然的一切进化？

第二性与第三性之间本来畛域分明，但贵贱愚智贤不肖却有意无意间往往陷第二性与第三性于混沌未开的境地，欲之若一，虽神农、黄帝，其与桀、纣同。矛盾论者自然是有意为之，以二元论为护身法宝。一般愚夫愚妇也难免重蹈覆辙而亦余心之所善兮虽九死其犹未悔。守株待兔、胶柱鼓瑟、刻舟求剑、揠苗助长，哪一个不是错把第二性当成了第三性？兔走触株、折颈而死，只是一次性的对撞，而不具任何规律性。"冀复得兔"为什么"兔不可复得"？宋人

---

① Peirce, C. S., *Collected Papers of Charles Sanders Peirce*, Volume Ⅰ－Ⅵ, edited by Charles Hartshorne and Paul Weiss, Cambridge, Harvard University Press, 1931－1935; Volume Ⅶ－Ⅷ, edited by Arthur W. Burks, Cambridge, Harvard University Press, 1958.

显然不明白,第二性就是第二性,与第三性相去不啻天渊。好端端或者说无端端把第二性视作理所当然的第三性,身为宋国笑已经是小事了,不吃大亏亦属万幸。诚如孟子感叹的,"天下之不助苗长者寡矣";然而草木荣枯自有时,苗长自有苗长的法则。第三性是创造的,但又须是合乎规则的创造,而非舍天然而逐人工。无为无不为,是永恒的法则,不仅自然科学如此,社会科学和人文科学概莫能外。

本书不取《易传》的三极说。因为本书认为无论经卦三爻,还是别卦六爻,均具足三性,即具足第一性的可能性、第二性的现实性和第三性的中介性,具足形而上学和现象学的特性,而与物质性、心理性等无涉。三性具足是一切的逻辑前提和基础。至于三性与后天的物质性、心理性等的巧合则纯属偶然和特例,这些偶然和特例丝毫不影响现象学范畴的自足性。在这一前提下,我们可以说,清代胡煦的"体卦主爻说"不失为对《易经》第三性的连续性和生成性进行深入探索的经典范例。胡煦《约存》卷首中《原卦约》曰:"乾坤体也,六子用也,体之一交而用斯出矣。"① "体卦主爻说"可以概括为两句话:一是乾坤为体,二是主爻为用(九、六为用)。"体卦主爻说"了无挂碍地探索了作为第三性的主爻是如何发挥勾连贯通的激活作用的,一爻活则全卦皆活。庞朴先生对"三极"也有绝妙的解释:"人与天地参,一是说人与天地鼎立为三;二是说,所以如此,是由于,人以其赞助,参加了天地的化育工作;三是说,因此,人不仅超出了一己之私,也越过了人类之限,浑然与天地同体,掺和到一起去了。"② 如果兢兢业业非要把"三极"释作天、地、人,那么人与天地鼎立为三,则天、地、人各为独立不倚的第一性,是为基础的基础,前提的前提;人以其赞助,参加了天地的化育工作,则人与天地互为第二性,人与天地彼此不可或离,彼此成就了对方的现实性;人不仅超出了一己之私,也越过了人类之限,浑然与天地同体,掺和到一起去了,则人、天、地共生共荣,同时显现,不可分解,不可还原,休戚与共,是为第三性。佛教也有类似的譬喻,足见思想方法为共通。惠能"不是风动,不是幡动,仁者心

---

① 胡煦著,程林点校:《原卦约》,《易经函书约存卷首中》,选自《易经函书附卜法详考等四种》(全四册),北京:中华书局,2008年,第50页。

② 庞朴:《一分为三——中国传统思想考释》(自序),深圳:海天出版社,1995年,第5页。

动"①，寥寥数语，道出了第一性、第二性和第三性的宇宙大秘密。风、幡、心各为第一性，彼此发生碰撞则为第二性，而直到仁者之心作为第三性把风、幡勾连在一起，才终于揭示了世间幻象的真谛，正是仁者之心充当了桥梁，玉成风幡奇观，"无二之性即是佛性"②。青原惟信禅师"见山是山，见水是水"，此时的他与山、水互为第一性，彼此无牵无挂，自由自在；"见山不是山，见水不是水"，此时的他正胶着于主体与客体的机械二分，虽脱离了第一性的汗漫无边，却在第二性上胶柱鼓瑟；"见山只是山，见水只是水"则连续性或曰心智性终竟发挥了作用，山、水、人千回百转，氤氲磅礴，在第三性的斡旋下，第一性、第二性均获得了前所未有的辉煌呈现③。

如果运用皮尔斯现象学来重新解读《易经》，我们可以勾勒出一个《易经》的素描图，那就是：以三为体，以阴阳为用。以三为体，就可以把乾、坤、泰、否全部包括进来，也就是说，把八经卦乃至六十四卦全部包括进来，而无一遗漏，无一编外。以三为体，以阴阳为用，就可以解释为什么乾纯阳（用九，用即通，用九即通九，即纯阳），坤纯阴（用六，即通六，即纯阴）④，泰、否三阴、三阳为用，以及为什么其余六经卦或一阳爻为用，或一阴爻为用，乃至为什么其余六十卦或一阳爻为用，或一阴爻为用，或二阳爻为用，或二阴爻为用，或一阴一阳为用。必须提请注意的是，以三为体，和以阴阳为用，二者如硬币之两面，必然同时呈现，同时立功，虽有体用之分，却无先后之别。三是体，阴阳是用，用不能脱离体，体不能脱离用。但既有体用之分，就有主从之别。体为主，用为从。在这一意义上可以说，《易经》是"三"的哲学，而非阴阳哲学，阴阳哲学并不能脱离"三"的骨架而独立。用数学术语来表达，"三"与"阴阳"是包含与被包含的关系。"三"中必然包含"阴阳"，无论"阴阳"是分别作为独立的第一性，还是相互作为彼此的第二性，最终都经由"三"点石成金；但"阴阳"本身止步于第二性，所以不必然包含"三"。"三"是"阴阳"的逻辑前提，是"阴阳"的充分必要条件，有之则必然，无

---

① 慧能：《金刚经·心经·坛经》，北京：中华书局，2007年，第142页。

② 慧能：《金刚经·心经·坛经》，北京：中华书局，2007年，第143页。

③ 普济辑，朱俊红点校：《五灯会元》（点校本，卷一七），海口：海南出版社，2011年，第1537页。

④ 廖名春：《〈易经〉经传与易学史新论》，济南：齐鲁书社，2001年，第9页。

之必不然;"阴阳"则仅仅是"三"的必要条件,无之则必不然,但有之未必然。杜勤的《"三"的文化符号论》是专论"三"的文化符号意义的,竟然也没能承认《易经》的"三"的哲学观,而是小心翼翼、迂回曲折地曲线救国:"这种哲学体系中无不体现出一种朴素的二元论世界观,包含着一种朴素的辩证法史观。然而光靠阴爻--、阳爻一,不足以象征天地间的各种物象。于是将阴爻--、阳爻一按三个一组排列,组合成☰乾、☷坤、☳震、☴巽、☵坎、☲离、☶艮、☱兑八卦。……八卦由三爻重叠组成,又叫单卦,单卦之间又两两重叠组成六十四个大成的重卦。可见,卦的最基本的框架结构是三爻……"① 其实大可不必如此九曲回肠,直接以"三"为体,以阴阳为用,岂不直接痛快? 也更接近本真。这只不过是把颠倒的事实重新颠倒过来。

第三节 经卦止于"三"与皮尔斯定理

很多人存在很大程度的误解,以为第三性没有带来什么新的东西。比如,提及"象",一上来就是卦分阴阳,爻分刚柔;比如,提到"数",一上来就是大衍之数、老少阴阳之数、策数、天地之数、万物之数、叁天两地之数、天干地支之数,却很少有人论及作为根本和基础的经卦为何止于"三"。皮尔斯研究的情形也好不到哪里去,比如,把皮尔斯的符号学与索绪尔的符号论反复比较,甚至认为皮尔斯的某某术语等同于索绪尔的某某术语,或者,振振有词地声称皮尔斯的三分只是比索绪尔的二分多出了一个某某某,这些显见得仍旧囿于传统二分法的思维窠臼,没有真正意识到皮尔斯学说的价值,买椟还珠。他们既没有看清皮尔斯的现象学根基,也没有真正领会"三"的妙谛。对这一运数,皮尔斯是早有预见的,他批评说:

> 我们可以通过一个人的漫无节制的语言的使用,很容易地识破一个人,是否他的思想基本上仍处于二分阶段。在往昔的日子里,他一派天真,毫不做作,身边的每件事无不十全十美,地地道道,妙不可言,彻头彻尾,无与伦比,至高无上,毫无保留,连根带叶;但是既然蔑视一切成

---

① 杜勤:《"三"的文化符号论》,北京:国际文化出版公司,1999年,第13~131页。

为时尚，他依然故我，他的表达的荒谬和不健全毫无改观。矛盾原则是这类人的教条；要反驳一个命题，他们总会千方百计地证明，命题潜伏着内在矛盾，尽管这一命题也许如青天白日一样明白和好懂。不妨说几句聊作消遣的话：伴随着人们莫大的冷漠，数学，自从微积分发明以来，寻觅到了自己的路，将矛盾论贩子的摇舌鼓簧与美国堡垒的装甲舰一样抛置脑后。(1.360)[1]

语言是人类的存在。皮尔斯在语言表象中辨认出了络绎于途的二元论者。也许在我们的语言中，什么时候取消了最高级，什么时候才能恢复大自然和我们本身的纯洁性。形态的多样性，统一于百川归海的规律性。起点和终点只有二端，然而从起点到终点的路却有无数条。这就是"条条道路通罗马"所要言说的：你和罗马，虽然是无依无傍自由自在的第一性，但在你和罗马之间，存在着仪态万方不可更易的第二性，更律动着无穷丰富而又一以贯之的第三性。生与死也同样，生的起点无可改变，死的终结无可奈何，但从生至死的道路却有千千万，而这千千万条道路又只是一以贯之的一条路，这就是自由的生命之路。儒家强调"过犹不及"，强调"中庸"，道家强调无为无不为，实乃得第三性之神髓者也。

我们已经看到，直接的意识是显著的第一，外在的死物质是显著的第二。同样地，显而易见，在这二者之间起中介作用的符号行为是显著的第三。然而，其他的例子也不应该被忽略。第一是施事，第二是受事，第三是前者影响后者的行为。在起点作为头，终点作为尾之间，诞生了过程，是过程贯穿了首与尾。(1.361)[2]

与以往的物质与意识、客体与主体的截长补短不同，"三"的哲学强调的

---

[1]　Peirce，C. S.，*Collected Papers of Charles Sanders Peirce*，Volume Ⅰ－Ⅵ，edited by Charles Hartshorne and Paul Weiss，Cambridge，Harvard University Press，1931－1935；Volume Ⅶ－Ⅷ，edited by Arthur W. Burks，Cambridge，Harvard University Press，1958.

[2]　Peirce，C. S.，*Collected Papers of Charles Sanders Peirce*，Volume Ⅰ－Ⅵ，edited by Charles Hartshorne and Paul Weiss，Cambridge，Harvard University Press，1931－1935；Volume Ⅶ－Ⅷ，edited by Arthur W. Burks，Cambridge，Harvard University Press，1958.

是第一性、第二性与第三性的三谛圆融。第一性、第二性与第三性的区分，与所谓物质意识的强分纤尘不染。第一性的潜在性，第二性的存在性，第三性的预知性，三者是同时实现的，不可须臾或分。首与尾或许是固定的、确切的，但首与尾之间的过程却是千变万化的，绝不可拘于一端。《易经》的研究，也在悄然发生着巨变。汉代孟喜、京房的卦气说，《易纬》和郑玄的九宫说，荀爽与虞翻的卦变说，风行一时。魏晋南北朝，是中国思想的大解放、大蜕变期，原本泾渭分明的儒、道渐趋合流，"三玄"为治学不二法门，《易经》研究也出现了由象数转义理的鲜明倾向。嵇康毫不妥协地亮出"声无哀乐"的旗帜，与"亡国之音哀以思"的《乐论》传统大唱反调，明确地透露出魏晋时代对第一性、第二性和第三性的深刻领悟，王夫之讥之为"非至愚者不能"[1]，不过是没有真正体察嵇康的深意，在哲学思想上难以望其项背而已。王弼则尤为得风气之先者，明确提出"得意忘象"的主张。在分析乾卦时，王弼释疑曰："余爻皆说龙，至于九三独以君子为目，何也？夫易者，象也。象之所生，生于义也。有斯义，然后明之以其物，故以龙叙乾，以马明坤，随其事义而取象焉。是故初九、九二龙德皆应其义，故可论龙以明之也。至于九三，乾乾夕惕，非龙德也，明以君子当其象矣。统而举之，乾体皆龙；别而叙之，各随其义。"[2]"乾"的本义是"健"，举龙为例，以龙至刚至健，但不必处处为龙，而尽可"随其事义而取象焉"，这样"义理"就被抬举到第一的位置，"象"则退居第二。"得意忘象"是实现符号功能的前提，"意"即"符号点"（the ground of the representamen），即符号的"理念"（idea），"象"即符号的物质载体，即阴爻或阳爻。（2.228）[3]"得意忘象"即实现由符号的物质载体向符号的理念的飞跃，实现由符号的第一性和第二性向符号的第三性的飞跃，即庄子所言得鱼忘筌、得兔忘蹄，佛家所言舍筏登岸。王弼以"庄"注"易"，贯通道、儒，其要义则在第三性的伸张。

皮尔斯曾经用点、线、体各种物象来申明"三"的不可逾越，也曾经拿宇

① 王夫之著，王孝鱼点校：《诗广传》（卷三），北京：中华书局，1964年，第100页。

② （魏）王弼著，楼宇烈校释：《易经注》，选自《王弼集校释》（全二册），北京：中华书局，1980年，第215～216页。

③ Peirce, C. S., *Collected Papers of Charles Sanders Peirce*, Volume Ⅰ－Ⅵ, edited by Charles Hartshorne and Paul Weiss, Cambridge, Harvard University Press, 1931－1935; Volume Ⅶ－Ⅷ, edited by Arthur W. Burks, Cambridge, Harvard University Press, 1958.

宙与上帝来比喻第一、第二和第三的现象学范畴，并以这三性范畴来对各种信仰的人群进行区分：

按照数学家的做法，当我们测量一条线时，如果我们的码尺被码所代替——在一个无限长的刚性棒上一码码标出，那么自始至终在我们测量那条线而连续位移时，那条棒上的两个点必须保持固定不变。对于这一对点，数学家赋予了绝对性的头衔，它们是这样的两个点：一方面彼此无穷远，另一方面又能被那个码测量出长短。这两个点要么真的是确切的、重合的，要么是想象的（在这种情况下只有完全环绕那条线的有限远的距离），完全视测量方式与那条被测量的线的性质之间的关系而定。这两个点是绝对的第一和绝对的终点或第二，而这条线上每一个可量度的点都具备第三的性质。我们已然看到，绝对第一的概念逃避想要抓住它的每一次企图；因此在另一意义上绝对的第二异曲同工；但是不存在绝对的第三，因为第三的本性就是关系，而这正是我们一直以来苦苦思索的东西，即使当我们注目于第一或第二时。宇宙的起点，造物主上帝，是绝对第一；宇宙的终点，上帝所完全启示的，是绝对第二；时间的每一可量度的点上的宇宙的每一状态，是第三。如果你觉得可量度不过尔尔，并且否认它有任何从哪里来到哪里去的明确的趋势，那么你是把构成绝对的一对点看成是面壁虚构的，你是个享乐主义者。如果你认为自然规律作为整体存在明确的潮流，但是依然坚持绝对的终点舍涅槃无他，由涅槃得重生，那么你把构成绝对的一对点看成是重合的，你是个厌世者。如果你的信条是，整个宇宙在无限遥远的未来正在逼近拥有某种共性的一种状态，这种状态完全不同于我们回望无限遥远的过去，那么你把绝对看成是由两个有区别的真实的点构成，你是个进化论者。这是一个人们只能由自己的思考方能释疑解惑的问题，但是我相信，如果我的建议得以遵从，读者会承认，一、二、三绝不只是单纯的计数文字，就像"eeny, meeny, miny, mo"，而是承载了纵然模糊然而浩瀚无边的思想。(1.362)①

---

① Peirce, C. S., *Collected Papers of Charles Sanders Peirce*, Volume I－VI, edited by Charles Hartshorne and Paul Weiss, Cambridge, Harvard University Press, 1931－1935；Volume VII－VIII, edited by Arthur W. Burks, Cambridge, Harvard University Press, 1958.

对《易经》的解读，无论象数派，还是义理派，都是上至天文、下至地理、中及人事，翻江倒海，无所不用其极。尤其是宋儒的"河洛学"，更将象数易学推向了一个高潮。但无论象数派，还是义理派，均过度陶醉于玄思，泰山崩于前而色不变，真实世界的沧海桑田无萦于怀。因此丧失了源头活水，哲学意味总显单薄羸弱也就不足为怪了。其实，我们大可不必死死纠结于《易传》，更大可不必死死纠缠河洛不放，这些毕竟是古人的视野，充其量代表了《易经》研究或一阶段的成就，我们是鲜活的生命，完全可以站在巨人的肩膀上，极目千里，把人类各个门类的最新成果吸纳进来，甚至于放眼洪荒，心游天外，方不辜负造物主的格外垂青，方不辜负《易经》本经对可能性、现实性、预见性的神乎其神的启示。

皮尔斯对第一性、第二性和第三性的"三"的哲学有着丰富多彩的证明，包括数学的证明。皮尔斯证明了"三"不仅是必要的而且是充分的，可以构造出任何更高等级的关系；但任何"三"的关系却不能被简化为二元的关系。皮尔斯的这一证明又被称为"皮尔斯定理"。且举一例：

> 但是我们要问的是，为何止于三？为何不在四、五，以至无穷数里继续发现新的概念？原因在于：任何二的修正都不可能构成真正的三，如果没有引进和这个单位以及这一对性质完全不同的另一个东西的话；与此同时，四、五，乃至任何一个更高的数字都仅仅是由三的复杂化构成的。为了说清这一点，我先举个例子来证明。A 赠送给 B 一个礼物 C 这一事实，是一个三元的关系，这种关系不能被分解为任何二元关系的组合。实际上，组合的观念本身已经包含了第三性的观念，因为组合正是将两个部分建立起彼此间的联系。但是我们还是要放弃这种考虑，仍然坚持仅仅靠 A 与 B 之间、B 与 C 之间、C 与 A 之间的多重二元关系的集合我们不能建立起 A 把礼物 C 送给 B 这样一个事实。A 也许使 B 富有，B 也许收到了 C，A 也许割舍了 C，可是依然不能证明 A 把 C 给了 B。基于此，这三个二元关系不仅必须同时存在，而且必须被熔化为一个事实。因此我们看到，三元关系不能被分解为二元关系。但是现在我要举一个例子来证明，四可以分解为三。看一个四元关系的事例。A 把 C 卖给 B，得到了价钱

D。这是两种事实的化合：首先，A 用 C 完成了某种交易，我们姑且命名为 E；这种交易 E 是卖给了 B 换来了价钱 D。这两种事实的每一种都是一种三元关系的事实，它们的组合构成了我们业已看到的真正的四元关系的事实。这种显著的差异，其解释不难找到。二元关系术语，诸如"情人"或"佣人"，是一种空白表格，那里有两处空着没填。我的意思是，在围绕"情人"造句时，"情人"作为谓语的主词，我们可以自由选择我们认为合适的任何事物做主语，进而，还有，可以自由选择我们喜欢的任何事物作爱的行为的宾语。但是一个三元关系术语，比如"赠予者"，拥有两个相关物，因此是一个有三个空等着填的空白表格。合乎逻辑的推论是，我们可以取这些三元相关物的两个，用同一个字母——X，把每一个空白填充起来，X 只有代词或辨识标志的效力。然后这两个合在一起，就构成一个整体，有四个空白；从这里起步，我们就能以同样的方式构成任何一个更大的数字。但是当我们用二元相关物试图模仿这种进程时，借助于一个 X 把它们二者组合起来，我们发现在这种组合中仅仅有两处空白，正如我们在只考虑自身时在每一个相关物中所看到的那样。只有三个分叉的一条路可以拥有无数个终点，但是起点接终点的直路毫不例外不会多于两个终点。因此，任一数字，无论多么大，都能从三元关系里构建出来；因此没有任何理念可以被包含在这样的数字中，与三的理念迥乎不同的数字中。我并不是要否认更高级的数字有可能提供有趣的特殊的排列组合，从这些观念可以导出或多或少普遍的应用，但是这些不能上升到哲学范畴的高度，像我们刚刚深思熟虑过的那些概念那样根本。(1.363)[1]

没有人能以如此寻常的世俗例子来说明如此深奥的现象学原理。不过，即便如此，这也不能完全归功于皮尔斯的天才，而是再一次提醒我们注意到自然界乃至人类社会形形色色三分的事实。还是那句亘古不破的至理名言：事实胜于雄辩。自然界乃至整个宇宙所存在的三分的事实才是我们三分理论的真正根基。我们在皮尔斯的证明中所得到的启示是："三"是现象学的最高范畴，我

[1] Peirce, C. S., *Collected Papers of Charles Sanders Peirce*, Volume Ⅰ－Ⅵ, edited by Charles Hartshorne and Paul Weiss, Cambridge, Harvard University Press, 1931－1935; Volume Ⅶ－Ⅷ, edited by Arthur W. Burks, Cambridge, Harvard University Press, 1958.

们可以用各式各样的手段证明这一点。《易经》没有采用英国数学家西尔维斯特的图表证明法，而是采用了近似数学方法的图示法，即用三根阳爻代表乾，用三根阴爻代表坤，进而用"体用"之法代表震、巽、坎、离、艮、兑，组成了三画八卦，并进而用八卦两两相重，组成了六画六十四卦。有一，必有二；有二，必有三。三足鼎立，最为稳固；三向交织，周流不已。我们还可以寻求考古发现的支持。中国古人所用器皿中，乐器、兵器等姑且不提，单是食器如鼎、鬲、甗、敦，水器如盘、匜，酒器如爵、角、觚、斝、尊、盉，就颇多三足。仰韶文化鹰形陶鼎（公元前5000年—前3000年，1958年陕西华县太平庄出土），两只雄壮的利爪，与后部的尾巴恰成三足鼎立之势。礼器如妇好鸮尊（1976年河南安阳殷墟妇好墓出土），鸮自然是双足，但铸尊者构思异常巧妙，使鸮双翅并拢垂地，与健壮的双足适成三点一面之势。在古人看来，陶器、青铜器也不单纯是食器或酒器，而是一箪食、一瓢饮，都内蕴着自然宇宙的大法则。《诗》所言"亦有和羹，既戒既平"[①]，晏子所对"和如羹焉"[②]，史伯所明"和实生物"[③]，都是在以"羹"为天启之符号，盛赞第三性的不可再造之功——"和"。史上屡屡发生"和"与"同"的争论，深层的原因何在？史伯说得好："以他平他谓之和，故能丰长而物归之；若以同裨同，尽乃弃矣。"[④] "和"乃保持第一性的完整性和自由性基础之上的第二性的碰撞，故能保证第三性的丰盈、连续与生长；"同"则只有僵死的第一，没有野蛮的第二，当然第三也就无从谈起，生成性永堕万劫不复的深渊。鼎之类青铜器往往由食器自然而然地发展为乐器、礼器等庙堂之器，以假以享，并最终演变为宗庙神器，成为无上的王权的象征。定王使王孙满劳楚子，王孙满绵里藏针地回答楚子"问鼎之大小轻重"的觊觎之心："在德不在鼎。昔夏之方有德也，远方图物，贡金九牧，铸鼎象物，百物而为之备，使民知神奸。故民入川泽山林，不逢不若。螭魅罔两，莫能逢之，用能协于上下，以承天休。"[⑤] "协于上下，以承天休"，斯可谓把鼎尊之类的第三性发挥到极致了，铸鼎象物，昭示图腾，

---

① 程俊英：《诗经译注》，上海：上海古籍出版社，1985年，第676页。
② 杨伯峻：《春秋左传注》（修订本）（全四册），北京：中华书局，1990年，第1419页。
③ 陈桐生：《国语》（译注），北京：中华书局，2013年，第573页。
④ 陈桐生：《国语》（译注），北京：中华书局，2013年，第573页。
⑤ 杨伯峻：《春秋左传注》（修订本）（全四册）北京：中华书局，1990年，第669～671页。

上下鬼神，无不懔然。由以上事实可见，《易经》"以三为体"是大自然乃至整个人类日常生活对人类的天启，而绝非一二天才的人为造作。

第四节 《易经》以"三"为体将给我们带来什么

经卦止于三，别卦是经卦的重叠，无论经卦还是别卦，要之均"以三为体"。《易经》"以三为体"，不等于传统的三分，而是现象学基础上的三分，或则曰三和。他山之石，可以为错。皮尔斯苦心孤诣的求索正可以帮助我们理清思绪。皮尔斯清醒地意识到，自己虽然痴迷三分，但自己的三分与黑格尔的三分存在天壤之别。皮尔斯的三分不同于黑格尔的正反合，这是必须明确指出的。皮尔斯坚决反对笛卡儿主义，黑格尔的理论则是笛卡儿主义最后一个坚固的堡垒。皮尔斯曾经不无痛切地说：

> 现代哲学从未真正摆脱笛卡儿式的理念，即视精神为"寄居"的某种东西——这就是他所采用的术语——"寄居"在松果体里。时至今日，无人不嘲笑这种说法，然而无人不继续以同样笼统的方式思考精神，把精神视为寄居在这个人或那个人身体里的某种东西，这种东西属于他，并与真实世界发生关联。（EP2：199）①

在皮尔斯看来，自我并非是天生的，而是后天获得的。婴儿最初感知世界，总是固执地用手摸、用舌头舔，哪怕是火炉也要伸手摸，直至屡错屡试中，逐渐掌握了语言与外界事物的对应关系，逐渐理解了"见证"，即他人经验或曰间接经验的可信性，"见证观念的曙光就是自我意识的曙光"（W2：168）②。无知与错误让我们意识到自我的存在。自我不是先天的、内在的，而是生成于环境中的。同样，思想并非像寄居蟹一样寄居在某个私人的头脑里，

---

① Peirce, C. S., *The Essential Peirce：Selected Philosophical Writings*, Volume 1 (1867－1893), Nathan Houser and Christian J. W. Kloesel, eds., Indiana University Press, Bloomington and Indianapolis, 1992；Volume 2 (1893－1913), Peirce Edition Project, eds., Indiana University Press, Bloomington and Indianapolis, 1998.
② Peirce, C. S., *Writings of Charles S. Peirce:a Chronological Edition*, Volume 2, 1867－1871, by Peirce Edition Project, Indiana University Press, Bloomington, 1984.

而是存身于公共符号结构之中。"生命就是一列思想的火车"(EP1：54)①，人存身于思想之中，而非思想存身于人之中。"正如我们说物体在运动之中，而不是运动在物体之中，我们也应该说，我们在思想之中，而不是思想在我们之中。"(EP1：42)②

思想与头脑并不具有必然的联系。"思想出现在蜜蜂的蜂巢中，水晶体中，遍及纯粹的物质世界；不能否认它的客观存在，正如不能否认对象的色彩、形状等等的客观存在一样。"(4.551)③ 精神或心智并非为人类所独有，精神或心智为万有所共有。物质只是被禁锢的心灵。正是此种连续性，才会有人类和世间万物的沟通。也正是此种连续性，才会有《易经》"天行健，君子以自强不息"的天与人的无缝衔接——阳动阴息，而不是因为什么类比推理原理的运用。

对于思维的连续性、共通性，皮尔斯不仅从形而上的哲学高度来思考，而且通过形而下的实践予以证明。1886 年 12 月 30 日，皮尔斯在写给艾伦·马昆德的一封信中，指出加减乘除一类的数学逻辑运算可以用电子开关电路进行，但须简化表达，须找到一种最简洁的表达方式（its simplest expression），"期待制造能够解决玄奥的数学问题的机器并非绝无可能"，"我认为电路是可依赖的最佳选择"，并亲手绘制了两张电路图。(W5：421—423)④ 这就是皮尔斯的"逻辑机器"（logical machines）。数十年后他的这一预言应验，电脑诞生，这是人类历史上划时代的革命。这两张珍贵的电路图目前保存于普林斯顿大学图书馆。

---

① Peirce，C. S.，*The Essential Peirce：Selected Philosophical Writings*，Volume 1 (1867—1893)，Nathan Houser and Christian J. W. Kloesel，eds.，Indiana University Press，Bloomington and Indianapolis，1992；Volume 2 (1893—1913)，Peirce Edition Project，eds.，Indiana University Press，Bloomington and Indianapolis，1998.

② Peirce，C. S.，*The Essential Peirce：Selected Philosophical Writings*，Volume 1 (1867—1893)，Nathan Houser and Christian J. W. Kloesel，eds.，Indiana University Press，Bloomington and Indianapolis，1992；Volume 2 (1893—1913)，Peirce Edition Project，eds.，Indiana University Press，Bloomington and Indianapolis，1998.

③ Peirce，C. S.，*Collected Papers of Charles Sanders Peirce*，Volume Ⅰ—Ⅵ，edited by Charles Hartshorne and Paul Weiss，Cambridge，Harvard University Press，1931—1935；Volume Ⅶ—Ⅷ，edited by Arthur W. Burks，Cambridge，Harvard University Press，1958.

④ Peirce，C. S.，*Writings of Charles S. Peirce：a Chronological Edition*，Volume 5，1884—1886，PP. 421—423，by Peirce Edition Project，Indiana University Press，Bloomington，1993.

　　事实上，电脑的发明无可辩驳地证明了"非人类智能"即皮尔斯所说的"准心智""准智能"确乎存在，证明了莱布尼茨认为的由《易经》阴阳二爻所启示的二进制算术可以覆盖一切数字所带来的翻天覆地的变易。① 互联网将世界变成了地球村，则以更为宏大的方式证明了《易经》所预言的与皮尔斯所推论的以三为体的弥合万有。《易经》的哲学奥秘，远不止莱布尼茨所惊叹不已的阴阳二爻所象征的二进制算术，而是更为强大的能将单个的头脑联结为无处不在的网络的"以三为体"的公共思想。二进制算术本质上是一种三元连续思维，而绝非一般所认为的二元分裂思维，这一点需要特别澄清。原因很简单：二进制算术是一种逻辑语言。二进制和互联网只是"以三为体"的个证，但绝非孤证。"以三为体"的"三"是形而上的逻辑范畴，而非赤裸裸的数字"三"。《易经》的经卦三、别卦六，只是"以三为体"的像似符号（icon），以其自身特有的质来代表对象，而不必问对象之有无。所以其实莱布尼茨是否误会阴阳二爻根本无关乎《易经》"以三为体"的启示的真实性。莱布尼茨惊叹："我想，这是冥冥之中有若主宰之者，是天助也。"② 《易经》与世界范围内的科技演进发生关联是必然的，冥冥之中确乎有天助，而这个"天"，就是各民族、各时代"以三为体"的共同心智，而像莱布尼茨这样所谓的发明家只不过是幸运的天之使者、神之使者。"人工智能之父"马文·李·明斯基令人信服地证明，情感、直觉、感情并非互不相干的东西，而是思维的不同方式，人类的大脑只不过是"肉做的机器"，而机器则可以变成"情感机器"。简简单单的几个字，却将改变千百万人的生活，但谁又解得其中真味？③ 当然也有人对智能电脑和互联网的泛滥表示担忧，斯蒂芬·霍金在BBC的一次采访中说："人类，受制于缓慢的生物进化过程，无力抗争，注定被超越"，"人工智能的全面发展将宣告人类的灭亡"。④ 正所谓"成也萧何，败也萧何"。但事情究竟向哪个方向发展，"以三为体"在未来究竟会更多地造福人类，还是将演变为一个人类难以降服的妖魔，如玛丽·雪莱《弗兰肯斯坦》（Frankenstein）所预言

---

　　① 董光璧：《易学与科技》，沈阳：沈阳出版社，1997年，第197页。

　　② 《莱布尼兹的周易学》，载《学艺》14卷3号（1935年4月），第6～7页，第274～277页。

　　③ Minsky, Marvin, *The Emotion Machine: Commonsense Thinking*, *Artificial Intelligence*, *and the Future of the Human Mind*, Simon & Schuster, 2007.

　　④ Rory Cellan-Jones, Stephen Hawking warns artificial intelligence could end mankind, 2 December, 2014, www. Bbc. com/news/technology/－30290540.

的，只能拭目以待。我们目前所关注的只能是人类所面临的迫切的二元分裂的困境，及如何借助于《易经》与皮尔斯的"以三为体"的学说来冲破二元分裂的窒息状态。更何况，"以三为体"，本来就是世间万事万物本然的存在模式，我们想躲也躲不开。既然如此，我们只能扬其长，而避其短，扶其正，而抑其负。而更为根本的是，还有远为庞大得多的既非人类智能，亦非人工智能的广阔的符号领域亟待开拓。皮尔斯强调："连续主义（Synechism），即使在其不那么坚固的形式下，也绝不容忍所谓的二元论。……连续主义者不会认同物质的和心灵的现象是完全分开的——不论是属于不同的实体范畴，还是同一盾牌完全不同的两面——而只会坚持所有现象都具有同一特征，尽管一些更多是精神上的或自发的，而另一些则更多是物质上的或有规律的，尽管如此，它们所有都同样混杂着自由与约束——这促使它们，确切地说，使得它们成为目的论的（teleological）或有目的的（purposive）。"（7.570）① 正是在连续性这一终极意义上，皮尔斯把表现林林总总的物质法则和精神法则的连续性符号称为"准心智"（quasi-mind）。（SS，195）② 这与笛卡儿的二元论判若鸿泥。笛卡儿认为，动物就像机器，其行动"没有意识"。据说，笛卡儿还屡次参观屠宰场，观察动物如何死去。笛卡儿相信，动物不仅没有理性，而且没有知觉，动物的死亡挣扎犹如"拆卸一架弹簧驱动的钟表"。在出版于 1637 年的《论方法》（*Discourse on the Method*）③ 一书中，笛卡儿论证说，推理与使用语言的能力，能够以复杂的方式对不测风云、旦夕祸福做出反应，动物"显然做不到"。他还辩论说，动物所发出的任何声音都构不成语言，而仅仅是"对外部刺激的自动反应"。这种看法当然也根源于他的二元分裂的哲学。

有了皮尔斯的第三性，有了《易经》的三分，更为根本的是，有了皮尔斯和《易经》的现象学神髓，才有可能从根本上杜绝这种二元论的悲剧愈演愈烈。

① Peirce，C. S. ，*Collected Papers of Charles Sanders Peirce*，Volume Ⅰ－Ⅵ，edited by Charles Hartshorne and Paul Weiss，Cambridge，Harvard University Press，1931－1935；Volume Ⅶ－Ⅷ，edited by Arthur W. Burks，Cambridge，Harvard University Press，1958.

② Peirce，C. S. and Welby，Victoria，*Semiotic and Significs：The Correspondence between C. S. Peirce and Victoria Lady Welby*，edited by Charles S. Hardwick with the assistance of James Cook，Bloomington and Indianapolis，Indiana University Press，1977.

③ Descartes，René，Discourse on the Method of Rightly Conducting One's Reason and of Seeking Truth in the Sciences，The Project Gutenberg EBook of A Discourse on Method by René Descartes，http：//www. Gutenberg. org/files.

黑格尔虽明确张扬正反合的三分理论，但他的形而上学基础是心物二元论，是笛卡儿主义的最新变种。黑格尔哲学的全部教义即论证绝对精神的无限运动，"美是理念的感性显现"即显著一例。关于黑格尔的哲学思想，皮尔斯有过鞭辟入里的精当批评：

> 没有人会假设我想索取猜想哲学三分的重要性的独创发明权，自从黑格尔以来，几乎每一个沉湎于玄思的思想家都做过同样的事。独创性是基础概念的最后一点可取之处。相反，人类的头脑倾向于三分这样一个事实，倒是应该认真考虑的促成因素之一。其他数字为这个或那个哲学家所偏爱，但是"三"在所有时代和所有学派那里最受追捧。人们将会发现，我的所有的方法与黑格尔的截然对立；我**全然**抛弃他的哲学。尽管如此，我仍然对它怀有一丝同情，幻想如果它的作者能够稍稍留心一丁点儿的事实，他就会不自觉地自行革他的体系的命。其中之一就是三分的第二理念的二分或一分为二。他常常忽略外在的第二性，完完全全地。换句话说，他犯了微不足道的失察之过，忘记了还存在一个真实世界，那里有着真实的作用与反作用。相当严重的失察。其次，非常不幸的是，黑格尔在数学方面有着异乎寻常的严重缺陷。这在他的推理的基本品质方面暴露无遗。更糟糕的是，虽然他的诗眼在于指出哲学家们百密一疏，忘了把第三性考虑在内——正中神学方法的要害，对此他颇有心得（因为我不会称之为有心得，如果看一本书而没有领会），不幸的是，他并不知道，对他而言已成最终结论的东西，长于数学分析者已经在很大程度上逃脱了这种致命缺陷，对微分学的理念和方法的上下求索也必将彻底治愈它。黑格尔的辩证法只是微积分原理在形而上学领域的一次拙劣的和不成熟的应用。最后，黑格尔企图通过辩证的过程从最抽象概念发展出万事万物的计划，纵然远不像那些经验主义者所认为的那样荒唐可笑，而是相反代表了科学进程的一个不可或缺的部分，忽视了个体人类的弱点，渴望使用像微积分这样的武器来增强力量。(1.368)①

---

① Peirce, C. S., *Collected Papers of Charles Sanders Peirce*, Volume I－VI, edited by Charles Hartshorne and Paul Weiss, Cambridge, Harvard University Press, 1931－1935; Volume VII－VIII, edited by Arthur W. Burks, Cambridge, Harvard University Press, 1958.

对《易经》思想的诸多解读，也存在着如皮尔斯所批评的黑格尔式的种种局限，纵使具体手段有别。无论是象数派还是义理派，往往视《易经》经传为神秘的天授之物，或圣人不刊之鸿教，"河图""洛书"的传说自不待言，先天八卦、后天八卦的造作，纵使有创造，也大半难以逃脱面壁虚构、闭门造车的陋习。甚至于等而下之，费尽周章，只是为现存的秩序寻找合理性的借口。出现这种局面，因素多多。一是中国后世哲学家多数典而忘其祖，反认他乡是故乡，直把杭州作汴州，对《易经》卦象"以三为体、以阴阳为用"的整体事实视而不见，单纯围绕阴阳大做文章，失却了《易经》浑朴而深邃的原义。五四以来，西洋哲学史的研究，虽有助于我们"编成系统"，"构成适当的形式"，"把我们三千年来一半断烂、一半庞杂的哲学界，理出一个头绪来，给我们一种研究本国哲学史的门径"［"中华民国"七年八月三日（1928年8月3日）蔡元培序胡适《中国哲学史大纲》］，但与此同时也不能不受到西方占统治地位的二分学说的濡染，无视《易经》"以三为体"的事实而心安理得，处之泰然，甚至变本加厉。二是过于为语言文字所拘牵，拼尽全力要从字缝里看出所谓的微言大义来。漫漫数千年，所谓《易经》研究只不过是孔子《易传》的形形色色的注疏版。三是过于倾向于社会伦理一端，而对自然一端置若罔闻，或视作社会伦理的阶梯或跳板。虽然尚未滑至人类中心主义的深渊，但已去此不远。四是对远古时期的整体自然社会文化风貌缺乏考察，不能将《易经》放回它所产生的土壤和空气中作整体还原。五是始终难以完全摆脱机械论的影响，仿佛只有机械对撞，而没有周流反复；只有昔对今的影响，而没有今对昔的反拨；只有现在，而没有未来；只有此时此地，而没有无限的可能性和预知性；只有直线，而没有网络。六是对《易经》的现象学、形而上学原理付之阙如，汲汲于琐碎的考证考辨。从逻辑上讲，现象学是《易经》研究的前提和基础，失却了现象学，考证考辨就失却了灵魂和心脏。在《易经》研究中，考证考辨与现象学哲学须叩其两端而竭焉，不可执其一端。七是在《易经》研究中就《易经》论《易经》，就象论象，就意论意，遗落了第一性，忘怀了第二性，闭目塞听，充耳不闻，第三性也就成了无源之水、无本之木。纵使再玲珑有致，也一触即碎，硬把一部活生生的《易经》变成了一具博物馆里陈列的木乃伊。永远不要忘记，《易经》虽然深具形而上之道，但也深深地接着地气，是一种动态的符号过程，而不是静止的机械的固定的模式，不仅从诞生的那天起如此，而且也将绵亘到不可知的未来。如果将之连根拔起，巾笥而藏之庙堂之上，还是庄子的那句问话："此龟者，宁其死为留骨而贵，宁其生而曳尾涂中乎？"

有趣的是，就连黑格尔这样的二元论者也难以容忍《易经》研究中的种种怪象。黑格尔《哲学讲演录》中的话不无偏见而又不乏洞见（虽然不尽是他本人的意见）。

黑格尔在《哲学讲演录》第一卷中虽然再三强调东方哲学不值一哂，但还是用很长的篇幅论述了《易经》。"第二件须要注意的事情是，中国人也曾注意到抽象的思想和纯粹的范畴。古代的易经（论原则的书）是这类思想的基础。易经包含着中国人的智慧，〔是有绝对权威的〕。"① 黑格尔对《易经》在中国哲学中的地位是毫无异议的，正因如此，他才将《易经》作为批判的靶子，说到你只是为了彻底忘掉你，分析你只是为了彻底抛弃你，整理衣冠只是为了把你安然送入坟墓，现在只是履行一场俨然公正的程序，验明正身，就地正法。

---

① 黑格尔著，贺麟、王太庆译：《哲学史讲演录》第一卷，北京：商务印书馆，1959 年，第120~124 页。"第二件须要注意的事情是，中国人也曾注意到抽象的思想和纯粹的范畴。古代的易经（论原则的书）是这类思想的基础。易经包含着中国人的智慧，〔是有绝对权威的〕。……中国人说那些直线是他们文字的基础，也是他们哲学的基础。那些图形的意义是极抽象的范畴，是最纯粹的理智规定。〔中国人不仅停留在感性的或象征的阶段，我们必须注意——他们也达到了对于纯粹思想的意识，但并不深入，只停留在最浅薄的思想里面。这些规定诚然也是具体的，但是这种具体没有概念化，没有被思辨地思考，而只是从通常的观念中取来，按照直观的形式和通常感觉的形式表现出来。因此在这一套具体原则中，找不到对于自然力量或精神力量有意义的认识。……把那些直线再组合起来，三个一叠，便得到八个形象，这些叫作八卦：☰、☱、☲、☳、☴、☵、☶、☷。（再将这些直线六个一叠，便成了六十四个形象，中国人把这些形象当作他们一切文字的来源，因为人们在这些横线上加上了一些直线和各种方向的曲线。）我将举出这些卦的解释以表示它们是如何的肤浅。第一个符号包含着太阳与阳本身，乃是天（乾）或是弥漫一切的气。（中国人所谓天是指至高无上者，在传教士中，对于应否把基督教的上帝称为"乾"，曾因此引起分歧的意见）第二卦为泽（兑）、第三为火（离）、第四为雷（震）、第五为风（巽）、第六为水（坎）、第七为山（艮）、第八为地（坤）。我们是不会把天、雷、风、山放在平等的地位上的。于是从这些绝对一元和二元的抽象思想中，人们就可为一切事物获得一个有哲学意义的起源。所有这些符号都有表示想象和唤起意义的便利，因此，这些符号本身也都是存在的。所以他们是从思想开始，然后流入空虚，而哲学也同样沦于空虚。从那第一个符号的意义里，我们即可看出，从抽象过渡到物质是如何的迅速。这充分表现在那些三个一组的卦里，这已经进到完全感性的东西了。没有一个欧洲人会想到把抽象的东西放在这样接近感性的对象里。这些图形是放在图形里面的。需要注意观察的是，哪些图形与哪些别的图形相对立。譬如，三条不断的直线可以与三条中断的直线相对立；这就表示纯气，天与地对立，气在上，地在下，而它们彼此并不相妨害。同样，山与泽也是对立的，这是认为水、湿气蒸腾上山，而又从山上流出来成为泉源和河流。没有人会有兴趣把这些东西当作思想观察来看待。这是从最抽象的范畴一下就过渡到最感性的范畴。"

提请注意的一点是，黑格尔这里的"抽象"是带有贬斥意味的："中国是停留在抽象里面的；当他们过渡到具体者时，他们所谓具体者在理论方面乃是感性对象的外在联结；那是没有〔逻辑的、必然的〕秩序的，也没有根本的直观在内的。再进一步的具体者就是道德。从起始进展到的进一步的具体者就是道德、治国之术、历史等。但这类的具体者本身并不是哲学性的。这里，在中国，在中国的宗教和哲学里，我们遇见一种十分特别的完全散文式的理智。——人们也知道了一些中国人的诗歌。私人的情感构成这些诗歌的内容。中国人想像力的表现是异样的：国家宗教就是他们的想像的表现。但那与宗教相关联而发挥出来的哲学便是抽象的，因为他们的宗教的内容本身就是枯燥的。那内容没有能力给思想创造一个范畴〔规定〕的王国。"① 让黑格尔觉得匪夷所思的是，"他们是从思想开始，然后流入空虚，而哲学也同样沦于空虚"。

黑格尔接触的全部是第二手资料，但他及那些传教士等人对《易经》的描述及评价却值得我们深思。"黑格尔们"的批判——批判大概还称不上，顶多是痛惜罢了；甚至连痛惜也称不上，只是蔑视罢了，只是不屑于正眼瞧你罢了——核心在于质问《易经》的质：到底是哲学还是世俗？是思想还是经验？是必然的秩序还是混乱的偶然的堆积？

但其实"黑格尔们"搞混了前因后果，误把后世的很多乱象都归到了《易经》本经的头上，这对《易经》本经来说委实算得上天大的冤枉。最为要命也是真正值得痛惜的是，"黑格尔们"正是以思辨之名阻断了思辨之路。

黑格尔的"不满足"并非源于《易经》乃荒漠之野，而源于他自身的二元分裂的哲学，正因为他的二元分裂，所以他才看不到《易经》八卦乃至六十四卦卦象中所蕴含的"以三为体"的真相。

在这四页有余的篇幅里，黑格尔其实只说对了一句话："把那些直线再组合起来，三个一叠，便得到八个形象，这些叫作八卦：☰、☳、☵、☶、☷、☲、☶、☴。（再将这些直线六个一叠，便成了六十四个形象，中国人把这些形象当作他们一切文字的来源，因为人们在这些横线上加上了一些直线和各种

---

① 黑格尔著，贺麟、王太庆译：《哲学史讲演录》第一卷，北京：商务印书馆，1959年，第132页。

方向的曲线。)"这些话虽然是描述甚至于只是复述，但不管怎样，黑格尔总算看到了"三"的存在。但黑格尔基于他的二元论哲学，显然又只把"三"看作偶然的、破碎的、不连续的。

将现象学与符号学用于《易经》研究，一定要摆脱现实的感性的物质羁绊，使之上升到思想的高度、哲学的高度。乾不必然为天、为圜、为君、为父、为玉、为金、为寒、为冰、为大赤、为良马、为老马、为瘠马、为驳马、为木果，坤不必然为地、为母、为布、为釜、为吝啬、为均、为子母牛、为大舆、为文，为众、为柄，其于地也为黑，更不必天尊地卑。要在"以三为体"，不割断第一性、第二性、第三性的完整的符号过程（Semiosis/semeiosy），寻觅出最简而易从的形式。易从则有功，有功则可大。可大则贤人之业。易简而天下之理得矣，天下之理得，而成位乎其中矣。皮尔斯的最简洁的表达方式（its simplest expression）即有关易简的大声疾呼和殷切期待。经卦三爻是符号，虽具有感性形式，但已远远超越感性形式，而实现了由符号的物质载体向符号的表象功能（representative function）的飞跃，这就是"以三为体，以阴阳为用"的理念。

在治学方法上，我们尊重古人的宝贵的探索，但也不必不加思索地盲目恪守古训，比如张之洞的"由小学入经学者，其经学可信，由经学入史学者，其史学可信，由经学史学入理学者，其理学可信"[1]，史学姑且不论，单说经学。经学作为一枝未尝无益，但假若史学为经学所捆绑，那么史学终不成其为史学，而必沦为经学的附庸；我们应该视方法为公器，只需合理，无论中外，遑议古今。笛卡儿虽是二元论哲学的最大代表，但他在治学方法上的见解却并非一无可取，相反，倒比清代的张之洞要明白得多，透彻得多：

> 所有的哲学就像一棵树，形而上学是根，物理学是干，所有其他学科是枝，由干上长出，可归纳为三种学说，即，医学、力学和伦理学。伦理学，让我领略了至高无上和完美无瑕，它以其他学科的全部知识为先决条件，代表着最高级的智慧。[2]

---

① （清）张之洞：《书目答问补正》，上海：上海古籍出版社，2001年，第258页。

② Descartes, René, Translator John Veitch. "Letter of the Author to the French Translator of the Principles of Philosophy serving for a preface". Retrieved December 2011.

无论笛卡儿以上的这些话里如何充溢着二元论的重浊气息，我们终可见笛卡儿这位解析几何之父，这位近代科学的始祖，不愧其"现代哲学之父"（黑格尔语）的美德和荣耀。形而上学在他的哲学体系中居于不可动摇的根深蒂固的中枢灵魂的地位，唯一的缺憾只在于他的形而上学建立在二元分裂论的基础之上。

探索《易经》形而上之道，当然离不开形而上学和现象学的根基，小学、经学、史学乃至理学均可作为有益的营养和有力的武器，而最新的一切人类文明成果也必须及时吸纳进来。推进《易经》研究由前以三为体时代跨入以三为体时代，一方面还原《易经》以三为体的现象学本然面貌，加深对前以三为体时代《易经》研究的理解和批判，另一方面开创以三为体时代《易经》研究的新格局、新旋律，超越现实性而达于一切的可能性和未来性，真正实现第一性、第二性和第三性的和谐而恢宏的交响。这不仅对于人类，而且对于整个自然，不仅对于今天、昨天，而且对于明天，必将产生无限深远的影响。还原《易经》三位一体的现象学本来面目，将对中国哲学史、美学史、文学史、艺术史的价值重估乃至整个中华民族的历史阐释产生不可估量的影响，也将对世界哲学美学乃至自然科学的范式重建产生举足轻重的影响。

第二章 如何言《诗》方得通论

——《诗经》与皮尔斯

第一节 何以古今说《诗》难得通论

清方玉润《诗经原始》于《国风·周南·关雎》篇后曰：

[附录] 姚氏际恒曰：《小序》谓"后妃之德"，《大序》曰"乐得淑女以配君子，忧在进贤，不淫其色。哀窈窕，思贤才，而无伤善之心焉"，因"德"字衍为此说，则是以为后妃自咏，以淑女指妾媵。其不可通者四：雎鸠雌雄和鸣，有夫妇之象，故托以起兴。今以妾媵为与君和鸣，不可通一也；"淑女"、"君子"，的的妙对，今以妾媵与君对，不可通二也；"逑"、"仇"同，反之为匹，今以妾媵匹君，不可通三也；《常棣》篇曰："妻子好和，如鼓瑟琴。"今云"琴瑟友"，正是夫妇之义。若以妾媵为与君琴瑟友则僭乱，以后妃为与妾媵琴瑟友，未闻后与妾媵可以琴瑟者，不可通四也。夫妇人不妒则亦已矣，岂有以己之坤位甘逊他人而后谓之不妒乎？此迂而不近情之论也。《集传》因其不可通，则以为宫中之人作。夫谓王季之宫人耶？淑女得否何预其哀乐之情！谓文王之宫人耶？诸侯娶妻，姪娣从之，未有未娶而先有妾媵者。前人已多驳之。况"琴瑟友之"，亦非妾媵所敢与后妃言也。并说不去，于是乎伪子贡传出，以为姒氏思淑女而作，欲与《集传》异，而不知仍归旧说也。要之，自《小序》有"后妃之德"一语，《大序》因而附会为不妒之说，以致后儒两说角立，皆有难通；而《关雎》咏淑女、君子相配合之原旨，竟不知何在矣。此诗只是当时诗人美世子娶妃初昏之作，以见嘉耦之合，初非偶然，为周家发祥之

兆。自此可以正邦国，风天下，不必实指大姒、文王，非若《大明》《思齐》等篇实有文王、大姒名也。案：此说驳《序》《传》可谓详且明矣，及其自诠诗旨，则仍不离世子娶妃之说。夫世子为谁？妃又为谁？周宫中之"淑女""君子"，孰有如大姒、文王者？是欲驳正前说，而仍不能脱前人窠臼，故备录之，以见古今说《诗》之难得通论也如此。①

方玉润既不满于"古今说《诗》之难得通论"，并且说"讲学家不可言《诗》，考据家亦不可言《诗》"，那么他自己又是如何说《诗》的呢？方玉润在《关雎》后评曰：

> 《小序》以为"后妃之德"，《集传》又谓"宫人之咏大姒、文王"，皆无确证。诗中亦无一语及宫闱，况文王、大姒耶？窃谓风者也，皆采自民间者也，若君妃，则以颂体为宜。此诗盖周邑之咏初昏者，故以为房中乐，用之乡人，用之邦国，而无不宜焉。然非文王、大姒之德之盛，有以化民成俗，使之咸归于正，则民间歌谣亦何从得此中正和平之音也耶？圣人取之，以冠三百篇首，非独以其为夫妇之始，可以风天下而厚人伦也，盖将见周家发祥之兆，未尝不自宫闱始耳。故读是诗者，以为咏文王、大姒之德化及民，而因以成此翔洽之风也，亦无不可，又何必定考其为谁氏作欤？②

在今天的读者看来，方玉润绕了一大圈，费尽周章，仍回到了"后妃之德"的原点。既"窃谓风者也，皆采自民间者也"，又谓"然非文王、大姒之德之盛，有以化民成俗，使之咸归于正，则民间歌谣亦何从得此中正和平之音也耶？"，不忍拂古人"后妃之德"之美意，诚可谓用心良苦。

本章将试以《诗经·周南·关雎》为鹄的，运用皮尔斯符号学及连续主义理论，一探心灵连续性的秘密，揭示人格同一的核心要素，奠定"同心"的交流本体地位，求索美的永恒性。

---

① （清）方玉润撰，李先耕点校：《诗经原始》，北京：中华书局，2015年，第72~73页。
② （清）方玉润撰，李先耕点校：《诗经原始》，北京：中华书局，2015年，第71~72页。

第二节 "求之不得，寤寐思服"与连续论

对于梦的解析是困扰人类几千年的大问题。如何看待梦，牵涉人类对自我身份的认同，是一个永远绕不过去的话题。"荒诞不经"四字并不足以释梦，更不足以释惑。

皮尔斯的连续主义学说可以为我们提供释梦的另一个独特视角，也将帮助我们明晰君子之"悠哉悠哉，辗转反侧"究竟以何途径与窈窕淑女发生关联。

皮尔斯在《连续主义视野下的不灭论》（EP2：1—3）[①] 一文中对连续主义有较连贯而系统的描述，为我们勾勒了虽宏大但仍不失精确的连续主义学说的轮廓。

皮尔斯以希腊词根加"-*ist*"和"-*ism*"后缀的方法为连续主义命名。皮尔斯说，"*synechism*"一词是希腊语"synechismos"的英文形式，源自"synechés"，意为连续的。两个世纪以来，我们在词上加上后缀"-*ist*"和"-*ism*"，以指出派别，来提升词干所表示的那些元素的重要性。因此，唯物主义学说（materialism）认为物质是一切，唯心主义学说（idealism）认为观念就是一切，二元论（dualism）哲学将一切一分为二。同样，可熔铸新词"连续主义"（synechism）意指将一切视作连续的倾向。

皮尔斯积年致力发展这一思想，将部分成果公之于《一元论者》，并指出："我持这种学说，旨在坚持，连续性从头到脚统治着经验的整个领域。相应地，每一个命题——除了与不可企及的经验极限（我称之为'绝对'）相关外，都有一个不明确的限定条件；因为一个命题若与经验毫不相关就毫无意义。"

皮尔斯的《连续主义视野下的不灭论》旨在沟通科学与宗教，但笔者认为，皮尔斯的连续主义学说不仅适用于科学与宗教，也同样适用于美学。套用皮尔斯的话说，或者说我们把皮尔斯的话做一番美学限定，"连续性从头到脚统治着美学经验的整个领域"，我们可以从理论与实践两个领域进行解析，求

---

① Peirce，C. S.，*The Essential Peirce：Selected Philosophical Writings*，Volume 1 （1867 — 1893），Nathan Houser and Christian J. W. Kloesel，eds.，Indiana University Press，Bloomington and Indianapolis，1992；Volume 2 （1893—1913），Peirce Edition Project，eds.，Indiana University Press，Bloomington and Indianapolis，1998.

证连续性可否作为适用于美学问题的思维方式。皮尔斯说："我不能和盘托出这种思维方法的应用"，但仍然满怀信心地预言："它将产生必然结果，乍一看似乎捉摸不定，但是通过更为彻底的这种学说的运用，它们的意义将十分醒豁。这种原理，当然本身也是在连续主义的意义上来理解的；而且，如此理解，绝不自相矛盾。因此，它必然得出明确的结果，如果演绎准确执行的话。"既然是一种思维方法，那么它的应用就将是向未来无限敞开的，任何实际的运用都不可能完全穷尽它的潜力。我们唯一需要谨记在心的就是"演绎"必须得以"准确执行"，始终坚守连续主义的思维方式，小心永远不要滑向二元分裂的深渊。

皮尔斯举了一些连续主义的适用标本。比如他说，彻底的连续主义不允许我们说三角形的内角之和完全等于两个直角，而只能说等于那个数加上或减去某个比我们所能测量的所有三角形都要小的数。我们不能接受这样的命题：空间拥有三个绝对精确的向度，而只能说物体出于这三个向度的运动微乎其微。我们不能说，现象是绝对规律的，而只能说它们的规律性非常之强。

大体而言，皮尔斯的连续主义学说主要包括以下四个方面。一是物质与意识之间的连续性，这是针对物质意识的二元论；二是现象与基底的连续性，这是针对形形色色的物自体论与不可知论；三是自我心灵的连续性，这是针对传统的自我及人格的理论谎言；四是心灵交流的连续性，这是皮尔斯独创的人符号理论。

皮尔斯对几乎不可撼动的权威的观点提出了严肃怀疑，指出它们与真正的连续主义的不可调和的分歧。皮尔斯说，帕门尼德斯有一句名言："esti gar einai, méden d' ouk einai。"（"在者在，不在者不在。"）这句话看似有理，然而连续主义断然否认这一说法，断言存在或多或少是一种物质，不知不觉化为无。这是如何出现的，当我们想到那个，说一个东西"在"，是说在智力进步的结局，它将在思想领域获得永久席位。现在，正如经验问题永远不能以绝对必然性作答，那么我们也没有理由认为，一种既定的观念将变得无可撼动，还是将被永远戳穿。但是说这两回事都不成立，是说东西有一种不完美的合格的存在。当然，没有读者会认为，这一学说倾向于适用于某种现象，而不及其他——比如说，仅仅适用于物质的狭小领域，而不适用于观念的广大领域。也不应只从现象来理解，而排除它们深层的基底。连续主义当然不关心不可感知的东西，但是它决不承认现象与基础的截然割裂。为现象做基底并决定现象的，从而是它自身，在某种程度上说，是现象。

皮尔斯猛烈抨击以笛卡儿为代表的统治欧美哲学界的二元分裂学说。皮尔斯明确指出，"连续主义（Synechism），即使在其不那么坚固的形式下，也绝不容忍所谓的二元论。它不希冀根除'二'的概念，任何宣扬反对这一或那一基础概念的改革运动的那些哲学怪人在这种学说里也甭想找到一丝安慰。但是二元论在它的最宽泛的合理的意义上，作为哲学——用一把斧头进行分析——留下，作为最终元素，分崩离析的存在，这是连续主义所深恶痛绝的。连续主义者尤其不会认同物质的和心灵的现象是完全分开的——不论是属于不同的实体范畴，还是同一盾牌完全不同的两面——而只会坚持所有现象都具有同一特征，尽管一些更多是精神上的或自发的，而另一些则更多是物质上的或有规律的。尽管如此，它们都同样混杂着自由与约束——这促使它们，确切地说，使得它们成为目的论的或有目的的。"

皮尔斯对传统的自我与人格理论不以为然。皮尔斯认为，任何连续主义者都不会说："我就是囫囵吞的我自己，与你毫不相干。"如果你信奉连续主义，你必须抛弃这种邪恶的形而上学。首先，在某种程度上，你的邻居是你自己，而且无须深究心理学，比你相信的程度要深广得多。说真的，你乐得归功于你自己的所谓自我，很大程度上只是最庸俗的虚荣心在作怪。其次，所有与你臭味相投的人和同处芝兰之室的人，在某种程度上，是你自己，尽管与"你的邻居就是你"并不完全一样。

皮尔斯渴望改造传统的自我及人格观念。皮尔斯说，还有另一个趋势，即有关个人身份的野蛮观念必须拓宽。波罗门赞歌这样开头："我是纯洁无限的自我，极乐，永恒，显灵，无所不在，所有有名字和形式的基底。"这里表达的不止忍辱负重——说者以祈祷的精神放下了个性自我。心智与心智的所有交流源自存在的连续性。一个人可以在创世剧中分派一个角色，只要他全神贯注于角色——无论多么卑微——他就认同了自我的创世者身份。

皮尔斯相信人是不朽的，不是基于迷信，也不是完全基于宗教，而是基于科学，基于科学与宗教的内在相通性即连续性，基于人作为符号的精神性。

皮尔斯说，连续主义否认现象之间有云泥之别；同样，醒与睡之间也无云泥之别。当你睡着时，你并非如你想象的那般沉睡。

皮尔斯说，连续主义拒绝相信，当死亡降临时，肉体的意识也会迅速终止。在观察数据几乎完全匮乏的情况下，到底是怎么回事，很难说得清楚。这里，一如既往，连续主义的神谕是神秘莫测的。很可能，刚刚出版的极富感染力的小说《死亡之梦》说出了实情。

但是，更进一步，连续主义认识到肉体意识仅仅是人的一小部分。其次，存在着社会意识，通过它，人的精神化身于他人之中，并持续生存和呼吸，拥有远比肤浅的观察所认为的长久得多的存在。我们的读者无须被烦扰，这一点在弗雷泰格的《丢失的手稿》中已经得到出色阐述。

这绝对不是全部。人拥有精神意识，精神意识构成了生命的永恒真理，而生命的永恒真理则包含在宇宙整体真理之中。作为范型理念，精神意识永不会凋零，在未来的世界注定成为独特的精神化身。

皮尔斯的论述让我们回想起中外历史上无数次的神灭论与神不灭论的争论，这是人类徘徊于其间而不得自解的一个谜团。

皮尔斯举了一个发生在他的朋友身上的一件奇异的事。

> 我的一个朋友，由于高烧，完全丧失了听力。在这场灾难之前，他非常痴迷音乐；令人惊奇的是，即使这之后，当优秀的钢琴家演奏时也喜欢静静地站在钢琴旁。"那么，"我对他说，"你还是能听到一点点。""当然不能，"他回答，"但是我能'感觉'到音乐涌流我的全身。""天哪！"我惊呼："短短几个月怎么可能发展出一种新感觉！""不是一种新感觉，"他回答："由于我的听力丧失，我能辨认出我一直拥有这种意识，只不过过去，和其他人一样，把它错当成听觉了。"同样，当肉体意识随死亡而逝，我们将立刻察觉我们一直拥有丰富的精神意识，而我们一直把它与别的东西混淆。

皮尔斯说："我所说的足以证明，我觉得，尽管连续主义不是宗教，相反，它是一种纯粹的科学哲学，然而如若它将来被普遍接受，正如我满怀信心地预期的，它将在宗教与科学的联姻中扮演重要角色。"

皮尔斯在数学上曾提出"无穷小"的概念。这是试图以数学手段证明连续主义的真理。

如果以"无穷小"概念来衡量，那么万事万物之间就既不具有绝对的界限，又无不具有一个明确的限定。这看似一个悖论，实则符合实在。

如果以"无穷小"来衡量，那么可以说，时间无间又有间，空间无间又有间。

他人的观察可以为皮尔斯的连续主义提供更为丰富的论证，不拘年代先后，因为我们不妨假定现象学的观察并非任何人的专利，如皮尔斯所说："如果你问呈现的时间与呈现于何人的头脑，我的回答是我对这类问题置之不理，在我的头脑中发现的现象的那些特征会在任何时间呈现于任何人的头脑，对此我从未有过丝毫怀疑"，因为现象学所研究的是现象的形式要素（the formal elements of the phaneron）。（1.284）①

《老子·道经》第二章可能曾让无数人迷惑不解，似乎抓得住又似乎抓不住：

> 天下皆知美之为美，斯恶巳；天下皆知善之为善，斯不善巳。故有无相生，难易相成，长短相较，高下相倾，音声相和，先后相随。是以圣人处无为之事，行不言之教，万物作焉而不辞，生而不有，为而不恃，功成而弗居。夫唯不居，是以不去。②

以往的解释，是将美与恶、善与不善、有与无、难与易、长与短、高与下、音与声、前与后、圣人与兆民、为与无为、言与不言视作截然相反的两个极端，并视二者的关系为"相互依存"的关系，认定老子具有朴素的"辩证法"思想。这其实根本背离了老子连续主义的宗旨。连续主义是一种古老的世界观，与原子主义长期并存，只是专有的命名自皮尔斯始。老子这里的真实内涵是，美与恶、善与不善、有与无、难与易、长与短、高与下、音与声、前与后、圣人与兆民、为与无为、言与不言、治与乱、虚与实、弱与强、雄与雌、

---

① Peirce, C. S., *Collected Papers of Charles Sanders Peirce*, Volume Ⅰ－Ⅵ, edited by Charles Hartshorne and Paul Weiss, Cambridge, Harvard University Press, 1931－1935; Volume Ⅶ－Ⅷ, edited by Arthur W. Burks, Cambridge, Harvard University Press, 1958.

② （汉）严遵撰，樊波成校笺：《老子指归校笺》，上海：上海古籍出版社，2013年，第234～235页。

白与黑、荣与辱是连续的存在，并没有分明的、绝对的分野与界限，似分实合，似合实分，你中有我，我中有你。何以"不出于户，以知天下。不窥于牖，以知天道"？这里面当然有老子去除第二性和第三性以还原第一性的理想，但最为根本的还在于，"户"与"天下"本来就是连续的，"牖"与"天道"本来就是相通的，否则，"户"就只是"户"，"天下"就只是"天下"，"牖"就只是"牖"，"天道"就只是"天道"，彼此互不相关，"户"与"牖"就永远只是"户"与"牖"，永远没有通达"天下"与"天道"的可能。何以"为学者日益，为道者日损"？"为道者日损"即去除第二性和第三性的干扰，专心致志于第一性的回归；"为学者日益"即努力加强宇宙万物间的连续性，实现万物的通同一气，特别是实现物质与意识的连续性，实现心灵及心灵之间的连续性。"为学者日益"正是"为道者日损"的前提和基础。没有"日益"，何谈"日损"？没有"为学"，何谈"为道"？没有连续性，何谈第一性的回归？没有解释项，符号何谈意义？

"反者，道之动"即"日益"与"日损"的无穷动，是第一性、第二性与第三性三位一体的连续性的最好注解，而非黑格尔的正反合理论①。如果说黑格尔辩证法可象以圆形，端末衔接，思维运行如圆之旋，那么，老子"反者，道之动"则可象以囊钥，虚而不屈，动而愈出，无端无末，益之又益，损之又损，益之损之，损之益之，损益无穷。

回到我们关于梦的论题。从连续主义的视野来看，君子的"寤"与"寐"、睡与醒，是连续的、一贯的，所以虽"寤"犹"寐"，虽"寐"犹"寤"，悠哉悠哉，辗转反侧，以至"琴瑟友之"，以至"钟鼓乐之"，真实与虚幻，不复分辨，得与不得，只是当时已惘然。

这是第一层。

再来讲第二层。从连续主义的视野来看，君子的"寤"与"寐"、睡与醒，与"窈窕淑女"是连续的、一贯的，也就是说，"窈窕淑女"就现身在君子的"寤"与"寐"中，在君子的"寤"与"寐"中呼吸、生长、"窈窕"。这就涉及我们的下一个议题："窈窕淑女"是谁？也就是皮尔斯非凡的人格论。我们将看到，基于皮尔斯非凡的人格论，将现身一个如何不平凡的"窈窕淑女"。

---

① 钱锺书：《管锥编》，北京：中华书局，1986年，第444~449页。

第三节　"窈窕淑女"是谁：人格论

"窈窕淑女"是谁？这个问题突兀吗？这个问题有解吗？

《关雎》传诵了数千年，"窈窕淑女"让我们心荡神驰了数千年，可是除了"窈窕"，我们还了解"淑女"一丝一毫的个体特征吗？"手如柔荑"乎？"肤如凝脂"乎？"领如蝤蛴"乎？"齿如瓠犀"乎？"螓首蛾眉"乎？"巧笑倩"乎？"美目盼"乎？"增之一分则太长，减之一分则太短"乎？"著粉则太白，施朱则太赤"乎？事实上，我们对"淑女"的音容一无所知。纵使诗歌惯用模糊，也不至于模糊至"无"。

那么我们究竟如何知悉"窈窕淑女"是谁？

我们还得从皮尔斯说起。皮尔斯的人格论，正揭示了"'窈窕淑女'是谁？"这一千古之谜。

可以毫不夸张地说，没有连续主义，就没有"窈窕淑女"。还记得我们上文引用过的皮尔斯的话吗？皮尔斯说，任何连续主义者都不会说："我就是囫囵吞的我自己，与你毫不相干。"如果你信奉连续主义，你必须抛弃这种邪恶的形而上学。首先，你的邻居，在某种程度上是你自己，而且，无须深究心理学，比你相信的程度要深广得多。说真的，你乐得归功于你自己的所谓自我，很大程度上，只是最庸俗的虚荣心在作怪。其次，所有与你臭味相投的人和同处芝兰之室的人，在某种程度上，是你自己，尽管与"你的邻居就是你"并不完全一样。（EP2：2）[①] 在某种程度上，君子就是淑女，参差荇菜就是淑女，河就是淑女，洲就是淑女，关关就是淑女，雎鸠就是淑女，左右就是淑女，琴瑟就是淑女，钟鼓就是淑女。"关关雎鸠，在河之洲"并非人物与环境的关系，"关关雎鸠，在河之洲"就是淑女。淑女与君子并非男女相悦的关系，君子就是淑女。钟鼓琴瑟并非工具，亦非背景，而就是淑女本身。总之，仅仅淑女自身，揭示不了淑女。"窈窕淑女"绝不是不可认知的"物自体"，"窈窕淑女"

---

① Peirce, C. S., *The Essential Peirce: Selected Philosophical Writings*, Volume 1 (1867 – 1893), Nathan Houser and Christian J. W. Kloesel, eds., Indiana University Press, Bloomington and Indianapolis, 1992; Volume 2 (1893－1913), Peirce Edition Project, eds., Indiana University Press, Bloomington and Indianapolis, 1998.

绝不是自在的、与世无涉的。仅仅淑女自身，便什么也不是。仅仅淑女自身，便只有混沌。真正的绝对"幽"的"幽兰"并不存在，"空谷"就是"幽兰"，舍"空谷"无"幽兰"。所以从连续主义的意义上来讲，"窈窕淑女"是一个集合体的人格概念，她维持了"窈窕淑女"的一贯性。孔子说：吾道一以贯之。我们也要说，"窈窕淑女"之道一以贯之。"凤凰于飞，翙翙其羽，亦集爰止"，"窈窕淑女"也只有在连续主义这一意义上方得全貌。

皮尔斯在人格理论上可谓独树一帜。他无情嘲笑那些信奉自我、个体及人格的人是"愚人节的愚人"。"有那么一些人，他们相信自己的存在，因为相反的观点是不可想象的；然而糖果哲学的所有糖果中最香甜的是这个教训，个人存在纯属幻觉和恶作剧。那些热爱自己讨厌邻居的人将发现，自己是愚人节的愚人……"（4.68）①

皮尔斯与传统人格理论的分歧主要有以下几点。其一，传统人格理论的基础是个体或个人，皮尔斯则认为个体或个人是糟糕的形而上学的构想；其二，传统人格理论认为，思想同一于我们单个人的头脑，思想是内在的，皮尔斯则认为思想是符号，是外在的；其三，传统人格理论认为，人是被关在血与肉的盒子里的个体，皮尔斯则认为人是思想，人是符号，人毋宁说是连续性，是习惯束；其四，传统人格理论认为自我是先天的、与生俱来的，皮尔斯则认为自我是后天习得的，自我只不过是无知与错误的存身所；其五，传统人格理论认为，只有个人才有人格，集体不具有人格，皮尔斯则认为人格与个人与否没有必然联系；其六，传统人格理论认为，只有人才有人格，动物、植物或无机物则不具有人格，皮尔斯则认为，人格遍布于大千世界，只要拥有连续性、连贯性、一致性、习惯性、律则性；其七，传统人格理论认为，人格是一种从属于个体生命的附属品，个体生命一旦消亡，人格也随之消失，人格因此是暂时的，皮尔斯则认为，人格是一种独立的存在，与个体无关，与生命无关，与人无关，因此并不追随个体生命而殒殁，而是一种永远向未来敞开的永恒的存在；其八，传统人格理论的哲学基础是以笛卡儿为代表的二元哲学，皮尔斯人格理论的哲学基础则是他的科学形而上学和广义逻辑学即符号学。

---

① Peirce，C. S.，*Collected Papers of Charles Sanders Peirce*，Volume Ⅰ－Ⅵ，edited by Charles Hartshorne and Paul Weiss，Cambridge，Harvard University Press，1931－1935；Volume Ⅶ－Ⅷ，edited by Arthur W. Burks，Cambridge，Harvard University Press，1958.

皮尔斯的人格理论，可以让我们重新审视庄周梦蝶的深层意蕴，也就是庄周所持的独出心裁的人格理念。

> 昔者庄周梦为胡蝶，栩栩然胡蝶也，自喻适志与！不知周也。俄然觉，则蘧蘧然周也。不知周之梦为胡蝶与，胡蝶之梦为周与？周与胡蝶，则必有分矣。此之谓"物化"。①

庄周与蝴蝶，在外形上当然永远"必有分矣"，但在"栩栩然"这一点上，却是前后相禅、连绵不绝的。用皮尔斯的术语来表达，庄周与蝴蝶，在物质载体上是迥异的，但在现象及基底或曰结构上却是完全一致的。庄周与蝴蝶，本质上都是一种思想性的存在，庄周是符号，庄周是思想，蝴蝶是符号，蝴蝶是思想，二者的所有感觉，所有"栩栩然"，都是符号，都是思想，所以二者之间才有解释项的连续一贯，无论谁作为谁的解释项。没有连续性，就没有庄周梦蝶，没有连续性，就没有"物化"。庄周的"物化"其实是"现象化"，克服物质意识的二分，还天覆地载以连续性，还宇宙品类以第一性。

因此，在连续性的意义上，"窈窕淑女"就活在"君子"的梦中。皮尔斯说，"当我把我的想法和我的看法向一个朋友倾诉时——对他我可以推心置腹，因此我的感觉传递给了他，我察觉得到他之所感，我难道不是住在他的脑子里吗？就像住在我自己的脑子里一样——最不折不扣？确实，我的动物生命不在那儿；但是我的灵魂，我的感觉、思想、关心全都在那儿。如若不然，人不是一个字，它是真实的，但是却是无比可怜的东西。有一种糟糕的物质的和野蛮的观点，认为人不能同时在两个地方；好像他是个'东西'！一个字可以同时在几个地方，6，6，因为它的本质是精神的；我相信在这方面人丝毫不逊色于字。每个人都有自我，自我远非单纯的动物所能拘囿；——本质、意义，精微如斯。他不能知晓他自己的本质意义；它是眼睛之窃视流眄。但是他真的拥有这种超越的自我——如一个字所拥有——是同情，同病相怜的事实——与所有非自私的兴趣一道——以及所有使得我们感觉到他有绝对价值的东西的真实的

---

① 陈鼓应：《庄子今注今译》（全三册），北京：中华书局，1983 年，第 92 页。

准确的表达。"（W1：498）① 庄周与蝴蝶，"窈窕淑女"与"君子"，也许并没有语言的交流，甚至连眉目传情也没有，也许充其量只能算作单相思，但这并不妨碍他们情感、本质、意义的交流。广而言之，灵魂、感觉、思想、关心，进而习惯、律则、演化、活性、自由，并不依赖人的感觉器官来传递，也就是说，并不依赖物质性的东西来传递，而是依赖于精神，依赖于思想，依赖于符号。没有连续性，就没有人与人、人与物、物与物之间的交流，就没有生命的延续，就没有自然的演化，更没有文学艺术。

在连续主义的意义上，中国古典美学也拥有自己大写的人格，因为中国古典美学拥有连续的、一贯的质，同时，中国古典美学又永远处于一种未完待续的状态，永远虔诚地等待下一个解释项的到来。

第四节　"窈窕淑女"今在否：不灭论

21 世纪的今天，"窈窕淑女"还活着吗，还是已经死了？如果已经死了，为何你我的心中还有她的"窈窕"身影？如果还活着，她又如何活上千年而容颜不老？她的驻颜术如何？而我们之中的很多人，是否虽然活着，而事实上已经死了？

我们这里所谈论的不是纯粹的宗教问题，而是如皮尔斯所说，是严肃的科学哲学。

关于不灭论，历史上也曾有过各种各样的争论，皮尔斯则完全赞同不灭论，但他的论证方法及路径却是别具一格的。

要了解皮尔斯的不灭论，首先就要了解他对"人是什么"的看法。"人是什么"表面上是讨论人的问题，究其实际则是皮尔斯对连续主义的又一特殊切入点。皮尔斯在《洛厄尔演讲第十一讲》（W1：490～504）② 中直言：

> 哲学是尝试——正如这个词本身所暗示的，它是而且必然是不完美

① Peirce, C. S., *Writings of Charles S. Peirce: a Chronological Edition*, Volume I, 1857－1866, by Peirce Edition Project, Indiana University Press, Bloomington, 1982.

② Peirce, C. S., *Writings of Charles S. Peirce: a Chronological Edition*, Volume I, 1857－1866, by Peirce Edition Project, Indiana University Press, Bloomington, 1982.

的——对宇宙整体形成一种普遍的有根据的概念的尝试。所有人都与哲学
有不解之缘；正如亚里士多德所说，我们必须这样做，哪怕只是为了证明
哲学的无用。瞧不起哲学的人一样拥有哲学理论，与其他人难分伯
仲——只不过粗陋、错误、啰嗦罢了。一些人觉得，对形而上学置之不
理，就能免去形而上学流毒之浸润；但是经验证明，那些人比谁都更为形
而上学理论的铁虎钳所死死钳住，因为理论使得他们从未有过质疑。最易
为形而上学所蛊惑的，莫过于目不识丁的人；最不受形而上学支配的，莫
过于形而上学家本人。那么，既然，每个人通常必然对事物有概念，精心
构造这些概念实乃当务之急。

　　所以先不要盲目拒绝"人是什么"或"不灭论"等纯粹形而上学，关键在
于我们能否以科学的态度对待形而上学，能否以科学的方法改造形而上学。因
为，我们就生活在某种形而上学中，无可逃遁，只是自觉程度稍有差异而已。
形而上学教会我们的是思考，而不是成见。
　　皮尔斯仍然试图用对逻辑的探究来完成对形而上学的改造。皮尔斯说：我
不打算对形而上学研究的不同方法品头论足，而只想说，在好几个伟大的思想
家看来，唯一成功的模式落在采用我们的逻辑作为我们的形而上学。在上一讲
（即洛厄尔演讲第十讲）里，我努力证明，逻辑如何为我们提供了意识元素的
分类。我们发现，意识的所有改进，都是推理；所有的推理，都是有效的推
理。同时，我们发现有三种推理：第一种，逻辑推理，有三个变体——假说、
归纳和演绎；第二种，判断，感觉、情感和本能运动判断，它们是假设，其谓
语内涵不可分析；第三种，习惯，属归纳，其主语外延不可分析。这种分类把
我们引导到意识的三种元素：第一，感觉或内涵元素；第二，努力或外延元
素；第三，概念或信息元素，这是外延与内涵的联结。"感觉或内涵元素"其
实就是后来皮尔斯所说的"第一性"，"努力或外延元素"其实就是后来皮尔斯
所说的"第二性"，"概念或信息元素"，或曰"外延与内涵的联结"，其实就是
后来皮尔斯所说的"第三性"。皮尔斯在洛厄尔演讲第十一讲中并未对这一理
论做深入阐述，而是说："我希望单刀直入形而上学的一个更为高尚、更为实
用的问题，以便布德泽于逻辑学的研究。我要选择的问题是'人是什么？'。"
　　皮尔斯批驳了有关"人是什么"的流行观念，包括直觉说，包括笛卡儿学

说，并指出："事实上，当今的流行观念是最水火不容的一堆理论组成的乱七八糟的大杂烩；它的学说借自不同的哲学家，而那些哲学家们所赖以支撑他们学说的前提却被否定；理论因此发现自身完完全全不被事实支持，而且处处自己与自己掐架"，并引用了约翰·戴维斯爵士在他的论心理的诗中的几行诗句：

> 她的（灵魂的）真正的形式，我的火花如何识破，
> 　　其本性幽眇，艺术从未明了？
> 当伟大的智慧，我们求知的源泉
> 　　也对她是什么，她在哪里一无所知。

> 一个认为灵魂是空气；另一个，火；
> 　　另一个，血，弥漫于心；
> 另一个说，几种元素合谋，
> 　　并每一元素皆出借一部分以构建她的本质。

> 音乐家认为我们的灵魂是和谐；
> 　　医生认定她们是肤色；
> 美食家使她们化为了云集的微粒，
> 　　偏巧进入我们的躯体消失无踪迹。

> 有些人认为一个普遍的灵魂填满每个大脑，
> 　　就像光辉的太阳普照每一颗星辰；
> 另一些人则视灵魂的名字为虚妄，
> 　　视我们只有完美的肉体。

> 判断她的本质，如此捉摸不定，
> 　　如此捉摸不定，判断她的席位；
> 她的席位或高悬脑腺，
> 　　或低抛温热的胃。

或置之生命之根，心脏；

或置之肝静脉的源泉；

或曰，她是混沌，又是离朱；

或曰，她不被万有包含，但包含万有。

这样这些大牧师却只显示了小智慧，

用他们的学说做着危险的游戏；

来来回回地把他们的轻浅的观点抛上抛下，

嘲笑低俗，他们从中学到的只有低俗。

因为从没有疯狂的头脑敢于提出，

触摸灵魂，这想法，多么徒劳，多么天真，

但是在这些大师之中有一些人已经找到，

在他们的学校，所教授过的一模一样的东西。

皮尔斯指出，所有这些五花八门的观点有一个共同来源，就是渴望在人类生命事实的归纳解释和假设解释之间做出精确的区分。我们看到，每一则事实需要两种解释；通过归纳进行的解释，用外延更宽泛的主语取代原来的主语，另一种是通过假设进行的解释，用内涵更深入的谓语取代原来的谓语。我们看到，这两种解释从未完全吻合，每一种都必不可少、争吵不休，即便在物理学领域也不能幸免。要知道，物理学因为努力使一种理论发挥两种作用而甚少争执。让我们当心不要把这两种彼此独立的关于灵魂的探究方式混为一谈。假设性的解释将告诉我们人类生命现象的原因或必要条件。这些现象可能被看作内在的或外在的。看作内在的，它们就需要由必要条件也就是由"前提"推导出的内在的解释；这种解释上一讲已经讲过了。如果它们被视作外在的或物理的，那么它们就需要由物理条件所导出的物理的解释，而这种探究就必须毫无保留地交给心理学家负责。他们将找到物质的真理，而我们可能心满意足，没有任何解释——基于从自然事实推导出的完完全全合乎情理的假设，可能与纯粹的人类的归纳解释相冲突。确乎如此，对心理学家来说，问题是，什么是人类行动的物理条件，即什么种类的自动机是人；因此它被假定为人是自动机这一问题的条件。因为，在自动性这方面，意识（当然获得广泛承认）无他，只不过是有规则的物理条件而已——仅仅意味着自然是一贯的；正如我们所看到的，这不仅仅是自然规律或观察事实，而是所有思想的公理，没有人始终不渝百折不挠地抵死不认。然而，毫无疑问，这种自动性在很多人看来与人作为一个"负责任的""不朽的"灵魂的观念相矛盾。但是，我们应该记得，在我们的头脑里，责任与不朽的基本概念为取之于过去时代的每一位哲学家和每一种宗教的一大堆寄生思虑所重重覆盖。所以如果我们不能把责任与不朽的学说与思维公理或思维自身相调和，那么就充分解释了我们在这一问题上所持观念的模棱两可和混乱不堪，我们绝非被迫接受那种唯一的别一选择，也绝非被迫说这些学说是彻头彻尾错误的。皮尔斯宣布："但是当我认真思索，想一想我们不能将责任与不朽与肉体必然性相协调的可能性时，我必须说，事实上，我们没有被逼入绝境，根本没有。"

皮尔斯断言，因此，人类天性的假设解释自身是可以站得住脚的，与归纳解释并不冲突，而归纳解释是我们追问"人是什么"时所渴望的。思维、感觉和意志归属于哪一类？我们知道，从外部考虑，人归属于动物王国，脊椎动物纲，哺乳动物目，但是当从内部考虑时，我们所寻求的是他的位置；不问肌肉、腺体和神经，只考虑情感、努力和概念。

皮尔斯说，我们已然看到，意识的每一状态都是推理，因此生命只是一连串的推理或一列思想的火车。在任一瞬息，人是思想，因为思想是一种符号，对"人是什么"这一问题的笼统回答便是，他是符号。

"人是符号"，这一论断可谓石破天惊。为了找到更具体的回答，皮尔斯选择将人与文字做全方位的比较。

比如在黑板上写一个"6"。现在让我们问自己：在哪些方面人不同于那个数字。首先，人的身体是一种奇妙的机体，而字的身体只是一个粉笔道儿。其次，字的意义是简单的，人的意义是一个斯芬克斯之谜。皮尔斯说，这两点差异非常明显，但是"它们仅浮在表面"。

皮尔斯追问：但是还有其他差异吗？

然而，读者将不得不承认，在追寻人与字的差异的过程中，我们将无比惊异（如果不是无比惊慌的话）地发现，人与字具有精神内核上的真正相通性、相似性、一致性。正如皮尔斯所感叹的："你瞧字与人看起来如此风马牛不相及，要说出它们之间有哪些本质不同却是极端困难的，除了生理上的差异。"可以说，皮尔斯对人与字的关系的论证无不以表面的差异始，以真正的相似终。

皮尔斯的论证非常细致，非常耐心，非常逻辑化。

首先从意识层面上讲，人有意识，而字没有。意识是相当含糊的术语，通常包含三个方面的内容，一是情感（emotion），二是知识或思想，三是我思考。就第一点来说，情感归属于以上所说的第一条区分之内，并不是额外的一种。就第二点来说，我们的思想是它自身的指示符号，理由是它与它自身完全同一。但是，任何字乃至任何东西无不如此，因此这一点并不构成字与人的差异。就第三点来说，意识通常代表"我思考"，思想的统一；但是思想的统一只不过是符号的统一——连续性，存在于一个字之中（"being"的含义），这种属性每一个字都有。

皮尔斯对情感层面上的意识，难道就轻易承认人与字的差异性，轻易放弃对人与字的相似性的论证了吗？答案是——"NO"。

皮尔斯说，大家很轻易地觉得我们对意识意指什么拥有明晰的概念，然而很可能这个词并未激发思想，而只激发了情感，我们心中的一个精神性的词；于是因为我们尚不习惯于允许写在黑板上的字激发情感，便觉得我们区分了人与字词，事实上并没有。皮尔斯再次引用莎士比亚的一句话来证明人们是多么容易为"直觉"所纠缠：

> 他所最自信的却是他最无知的
> 他的玻璃般的本质。

皮尔斯认为，情感是一种精神符号或精神文字。以下这段文字是值得我们研究美学的人好好琢磨一番的，因为情感历来被视为与美学研究有发生学或叙事学或解释学或其他某种或正或负的渊源关系：

> 意识也用来表示我所说的"感情"（feeling）；就像贝恩先生所称呼的，我提到他为的是说他认识到了感觉（sensation）与情感（emotion）在这一术语下的统一性，尽管他并未始终不渝地坚持这一概念。字有感情

吗？人，说的是多愁善感者，是一连串的感情；也就是说，在任何一瞬，都是感情。字怎么样？感情，众所周知，依赖于身体器官。盲人一出生就没有诸如红、蓝或其他颜色的感觉；没有身体，可能应该没有任何感觉；字没有动物身体因此可能没有"动物"感觉，当然如果我们把"感情"严格限定为动物感情，字就没有感情。但是难道没有某种东西与感情一致吗？每一个感情是认知的——是情感，而情感是一种精神符号或精神文字。而字有一个字，它拥有自身；因此如果人是动物感情，那么字就是书写出来的感情。

皮尔斯并没有止步于此，而是"宜将剩勇追穷寇，不可沽名学霸王"。皮尔斯说，但是这种差别不存在。人的感觉是知觉，他受对象影响。他看，听，等等。字不会。是的，这是真的；但是知觉，不消说，依赖于拥有一副动物的机体，除了开头提到的显而易见的两点，这里并没有更深的差异。然而即使在这里，依然存在字与人的一致性。知觉是获取深层意义信息的可能性；而字可以学习。"电"一词在今天比在富兰克林时代意义丰富了多少倍？"行星"这一术语今天又比在西帕库斯时代意义激增了多少倍？这些字获得了信息，正与人的思维通过进一步的知觉获得信息如出一辙。但是不存在差异吗——既然人创造了字，字就毫无意义——只要人不使它有意义。字逢其人？这当然是真的。但是既然人只有通过字或者其他外在的符号的途径才能思考，那么字也可以转过身来说，你毫无意义，如果我们什么也没有教你，除非你说出某个字作为你的思想的解释项。事实上，人和字因此交互教育对方；人的信息的每一寸增长同时也是字的信息的每一寸增长，循环往复，周流不已。因此即使在这里也不存在差异。

从道德层面上来看，人与字是否存在真正的差异呢？皮尔斯说，人有道德天性，字显然没有。然而，道德完全针对我们应该做什么；因此，由于字在生理上不能行动，我们就不应视此为一个孤立的区分点。但是如果我们视道德为对事物公理法则的遵奉——关于在思维中什么是合理的准则，不是为了使它为真，而是作为前提使它精神化，使它理性化，使它更真地思维——字或句的健全的语法拥有完全相同的功能。好的语法是词的美德，它问心无愧，心满意足，不仅仅是指它所指称的事物的真实状态；它不仅对行为的后果感到满意，而且对符合其内在限定的行为本身也感到满意。美和真属于头脑，也属于字词。第三，美德一方面是道德，另一方面是语法。

从努力或注意力的层面来看，人与字又将如何？皮尔斯说，人有努力或注意的能力。但是正如我们已经看到的，这只不过是指示的能力，它一样为字所拥有。字本身属于约定符号，属于第三性，但也同时包含第二性与第一性，即必然同时包含指示符号与像似符号。

从生殖能力或曰从父子血缘关系的层面来看，人与字又将如何？皮尔斯说：也许人类最奇妙的能力是这一个，这种能力为所有动物并在某种意义上为所有植物所共同拥有，我说的是生殖能力。我不是指生理奇迹——那确实很神奇，而是指这一事实：一个新的人类灵魂的生产。字有任何如父与子这样的关系吗？如果写下"让 Kax 表示煤气炉"，这个句子是一个符号，它能在自身创造另一个自己。这跟父子关系类似。这与一个作者说他的作品是他的孩子如出一辙——一种表达，不应被视作隐喻，而只应视作普遍的。居维叶说，形而上学只不过是隐喻——身份认同，在那些表演的猜哑谜游戏中已经非常典型，在第一幕中，两个大夫从舞台的两端走到一起，握手，走出去，此为第一幕场景；第二幕重复同样的事情，再一次用手势比画整个字；然后在三幕中做三次同样的事情比画第二个字。这两个字当然就是形而上学家（精神疗法家）和隐喻；他们的身份暗示哑谜游戏必须是某一个人的创造，而这个人与居维叶一样认为形而上学只是隐喻的另一术语。如果隐喻严格地意味着比喻的表达，即论断的符号代替了像似符号——比如当我们说"这个人是一只狐狸"代替了"这个人像一只狐狸"——那么我完全否认形而上学家喜欢隐喻；相反，没有其他作者能在语言的精确性上与他们相抗衡。但是如果居维叶只是自己使用隐喻，用隐喻意指在形式和高度抽象的特征的基础上宽泛的比较，那么事实上，形而上学承认是隐喻。这正是它的价值所在——一如这正是居维叶自己在动物学领域的价值所在。

皮尔斯举了一个例子。假设我们写一个三段论：

X 是如此这般的。

这是 X。

这两个符号，扮演着完全不同的角色；从这两个符号的统一中，诞生出另一个符号。也许我们的父子关系的知识已经不足以明确表示，但是也许这里存在着与父子关系的极大相似性。果真如此，那么就像这两个符号，一个为新符号提供内涵，而另一个为新符号提供外延一样，一个家长应该为孩子提供感情，另一个家长为孩子提供精力。我相信这一点从未得到充分观察。尽管注意力集中的能力——依赖于努力——更多地属于一个性别，而感情的能力更多地属于另一性别，早已众所周知。

皮尔斯总结道：

> 我认为，现在已经充分说明了，人与字之间的真正的相似性。我敢说，对你而言，这看起来非常荒谬，我记得我起初也被吓到了。但是经过认真地反复思考，终至纯粹自明之理。人所指称的无非此刻他的注意力的对象；他所内含的无非对这一对象的所知所感，是这一形式或有意义的类型的具体化；他的解释项是这一认知的未来回忆，他的未来自我，或者他与之聊天的另外一个人，或者他写下的一个句子，或者他得到的一个孩子。人的身份是由什么构成的呢？灵魂的席位在哪里？在我看来，这些问题通常只得到非常狭隘的回答。哎，我们看过的书都说，灵魂住在大脑里的一个小小的器官里，没有大头针的头大。绝大多数人类学家现如今更为理性地说，灵魂或者散布于整个身体，或者既混沌一团又无孔不入。但是我们难道被关在血与肉的盒子里吗？当我把我的想法和我的看法向一个朋友倾诉时——对他我可以推心置腹，因此我的感觉传递给了他，我察觉得到他之所感，我难道不是住在他的脑子里吗？就像住在我自己的脑子里一样——最不折不扣？确实，我的动物生命不在那儿；但是我的灵魂，我的感觉、思想、关心全都在那儿。如若不然，人不是一个字，它是真实的，但是却是无比可怜的东西。有一种糟糕的、物质的和野蛮的观点，认为人不能同时在两个地方，好像他是个"东西"！一个字可以同时在几个地方，6，6，因为它的本质是精神的；我相信在这方面人丝毫不逊色于字。每个人都有自我，自我远非单纯的动物所能拘囿；——本质，意义，精微如斯。他不能知晓他自己的本质意义；它是眼睛之窃视流眄。但是他真的拥有这种超越的自我——如一个字所拥有——同情，同病相怜的事实——与

所有非自私的兴趣一道，以及所有使得我们感觉到有绝对价值的东西真实准确的表达。有人问我证据何在。在我看来我已经同时给出了论据和证明。完全的证据漫无边际，但是它的基本论点（principal lemmas）悉数在此。第一，在目前的意义上，"人是什么"是一个归纳问题。第二，归纳解释仅仅是现象的普遍表达，未做任何假设。第三，无论人是什么，他总处在每一瞬。第四，在每一瞬他所呈现的唯一的内部现象是感觉、思想、注意力。第五，感觉、思想、注意力全都是认知。第六，所有认知都是普遍的，不存在直觉。第七，普遍的表象是符号。第八，每一符号都有基本的理解，这决定了它的自我。我提供的证明是这一事实：人意识到他的解释项，在另一人头脑中的他自己的思想——我没有说很容易意识到——得其所哉，某种程度上感觉到他自己得其所哉。因此我相信除了动物生命的不适当的支配地位，没有任何东西能阻止对这一真理的洞察。

"人是符号"这一命题强调的是"commens"即"共同心智"的概念。皮尔斯申明，他所说的这种本质并非人的全部灵魂。它只是内核，承载着构成人的发展的一切信息，他的全部的感觉、意向、思想。当"我"，也就是"我"的思想进入另一个人时，"我"不必移动整个自我（my whole self）；但是"我"真正移动的是"我"不作移动的那部分的种子（seed）——如果"我"移动了"我"的全部本质的种子，那么"我"就移动了真实的和潜在的全部自我。"我"可以在纸上写字，于是"我"就把"我"的存在的一部分印在那儿；"我"的存在的这一部分可以只包含"我"与所有人的共通点，那么"我"应该已经移动了整个种族的灵魂，而不是"我"个人的灵魂，进入所写的字中。因此每个人的灵魂只是他所归属的家族、阶级、民族、种族的普遍灵魂（generic soul）的一个特殊规定。在低等动物中，普遍灵魂（generic soul）占据他们存在的大部分——蜜蜂比人类更相像。低等种族个性（individuality）不如高等种族。劳动者真正的个性微乎其微——尽管较之于艺术家而言，也许变态个性更多；艺术家的个性又远不如有教养的绅士。以上的这些差异，也许源于信息或经历的差异，但是人与人之间仍存在血缘差异。没有理由假设，一个从垃圾堆里捡破烂儿的可怜的老太婆缘何经历能比但丁、牛顿和拿破仑集于一身更伟大。她将永远是从属的角色，阶级的样品、阶级灵魂，仅此而已。伊莎贝拉说"被我们踩烂的可怜的甲壳虫，肉体感受的痛苦与一个伟人死去时一样强烈"是完全错误的。老太婆的整个的自我感远不如慈善家，慈善家以己度人，站在她的立场做出这样的牺牲。此处并非要指责大多数慈善家犯这个错误，相反，皮尔斯认为，他们在这一点上格外有眼光，从而他们正确地把他们的努力指引向了阶级而非个人。事实上，这正是慈善的基础：一个人应该作为种族的化身而得到尊重，无论他作为个人如何无价值。皮尔斯强调连续性，强调团体性（community），但并不屈从均一性，正是连续性或团体性使得个性或人格有了永恒性或暂时性的强烈区分，使得符号的解释项的作用得以无限延展。这使得我们不由得忆起杜甫的诗句："王杨卢骆当时体，轻薄为文哂未休。尔曹身与名俱灭，不废江河万古流。"杜甫正是从个性多寡及人格不朽的角度来激扬文字的，与皮尔斯从逻辑角度展开论辩可谓异曲同工。孔子每以周公自比，感叹吾不复梦见周公久矣，也是从自我或个性的认知程度的意义上讲以上这些话的，也是其对"人是什么"这一形而上学问题深刻反思的结果。

既然"人是符号"，那么就须对符号法则做出科学解读。皮尔斯从两个方面对符号法则引申的后果做出了严格解析。首先是符号的形式性，其次是符号的普遍性。

皮尔斯论证，"符号的本质是形式的而非物质的"。这一原则有一两个重要后果。假设擦掉这个字（"6"），又写一个字"6"。这不是第二个字，而是第一个字又回来了，它们是一模一样的，那么是自我被打断了呢，还是我们应该说这个字照样存在，尽管没有写出来？这个"6"意味着"3×2＝5＋1"。这是永恒的真理，亘古不变、理所必然之真理；即使宇宙间不存在 6 个东西来计数，它也依然是真理，既然"5＋1"等于"3×2"必然为真。现在这一真理是这个字，"6"；如果用"6"我们表示的不是这个字迹，而是无论出现在何方的"six""sex""sechs""zes""seis""sei"均无不可。真理从来不乏证人；更确切地说，事实本身——事物的状态，是归纳原则的普通事实的符号；因此真的符号都有一个解释项——只要它是真的。而且因为它与它的解释项同一，它就永远存在。如此一来，必然的真值符号就是不灭的。人同样必然如此，只要他为真理赋予生命。事实上这是一种截然不同的不灭论，迥异于大多数人的预期，尽管它与后者并不冲突……动物经验当然是愉快的，尽管有人说厌倦了这一点，但是觉得它是不灭的这一点已经为大多数有教养的绅士所认可，不然他们会视野蛮为不朽。精神性的存在，比如一个人在他自身的血肉皮囊之外，在他的观点和感情——同情、爱——中拥有精神性的存在，这正是人类拥有绝对价值的明证，这是逻辑发现必然不灭的存在。它不是一种非人的存在，因为人格存身于"我思"的整体之中——符号化的整体、连续性的整体，并属于每一个符号。它不是斩断与外部世界联系的存在，因为感觉和注意力是符号本身的本质要素。然而，它是变化了的存在。这种存在不再需要动物眼睛，无须夸耀色彩视觉；同样，所有感觉将变得截然不同。"窈窕淑女"的存在是一种变化了的存在，这种存在不再需要动物眼睛，无须夸耀色彩视觉，眼、耳、鼻、舌、身、意，所有感觉将变得截然不同、耳目一新。

如皮尔斯所说，这种不灭，完全依赖于人成为真正的符号。如果不写"6"，我们写成"Jove"，我们应该拥有了一个符号，它只是一种暂时/或有不确定的存在；它在事物的本性上没有永久的证人，将随风而逝，或只在人的记忆中残留一抹余痕，在他们的心中不会激起一丝涟漪。事实上，它只有在意指一种超存在时才是真实的；它的普遍的灵魂是真实的和永恒的，但是它的具体的个体的灵魂却只是一个阴影。"窈窕淑女"若要不死，就要成为真正的符号，就要成为一种超存在，一种迷离恍惚的美的化身。孔子要想不朽，也须首先成为真正的符号，也须首先为真理赋予生命，为天下木铎，无论天之将丧斯文还是天之未丧斯文，都将知其不可而为之。知其不可，是知其现实性的不可，物质性的不可逆；不知其不可，则显然遗忘了第二性。知其不可而为之，则是知其符号链条的不可断，知其符号真值的不可湮灭，知其自我在整个符号链条中的地位、作用和价值，故为而又为，虽九死其犹未悔。知其不可而不为，则死于第二性，放弃了第一性的自由创造和第三性的连续绵延。

"个性"是什么？皮尔斯的回答是，个性是这个人的理念，是其独一无二的哲学。每个人都有独一无二的个性，并影响他的一举一动。它在他的意识里，不只是一个机械机关，因此它满足上一讲（即洛厄尔演讲第 10 讲）讲过的认识诸原则；但是一旦进入所有他的认识，它就是普遍事物的认识。它因此是这个人的哲学，他对待事物的方式；不单单是存在于脑海中的哲学——而是弥漫至整个人的哲学。这种特质是这个人的理念，如果这一理念是真实的，他就永远活着；如果不真实，他的个体的灵魂就只是暂时的存在。

与老子相仿，皮尔斯也通过婴儿捕捉他的哲学灵感。老子与皮尔斯均视婴儿为人的故乡，视婴儿为哲学本原的回归。皮尔斯说，一个人的气质——他的独一无二的个性——是他的独一无二的哲学，在它形成的最早阶段最容易看出来，一旦那些复杂性发展起来，它就再难以捕捉。孩子们狡黠的谈话正如他们第一次开口说话一样会以他们的哲学本质吓人一跳。《哈珀杂志》编辑的抽屉里几年来已经塞满了"我们三岁"的说辞——似乎常年受到"三岁"的祝福——但是如果所有这些故事都是真的，在证明婴儿头脑普遍特点上，尤其是在证明婴儿哲学倾向上是极具价值的。你不必去复习这些有趣的故事——它们很陈旧，因此很乏味，但是此处有一个例子，这个例子一点也不好笑——但是它却出色地演示了人与人之间的个性差异其实是哲学方式的差异。一个孩子，在学说话方面特别迟钝，不是因为愚钝，而是因为模仿他所听到的话的才能的缺失——只需要使用三个词；哪三个词，名字、故事和物质。他得说"名字"，当他希望知道一个人或东西的名字时；他得说"故事"，当他希望叙述或描述时；他得说"物质"——一个高度抽象、高度哲学化的术语，当他希望了解事情的起因时。"名字""故事""物质"因此构成了婴儿哲学的根基。这是多么神奇的事情，他的个性被展示得如此强烈，在小小的年纪，从他听到关于他的所有同样普遍的词中挑选出这三个词。他已经造出了他的范畴表，范畴是任何哲学的基础部分。不断地使用这三个词，这种哲学给他的印象将变得越来越深刻，直到有一天，当他达到智力的成熟期，他也许可以证明这是一个深刻的合理的分类。告诉我一个人的名字、他的故事和他的物质或者说个性，这样我就了解了所有能了解的。亚里士多德说，关于事物，有两个问题必须问："什么"和"为什么"——前提的说明和理性的说明或解释；或者这个孩子会说"故事"和"物质"；但是亚里士多德没有意识到，先于这两个问题的任何一个，更早到来的是注意力集中于对象——头脑决定它成为对象——做出这种决定需要去问它的"名字"。因此我们在这个孩子身上，有了一种哲学，这种哲学为强大的亚里士多德——时代思潮的领袖、哲学家的王子——提供了一个校正。但是为什么我冒昧地阐述灵魂哲学；我应该全面论述，他不再有私密的人格（private personality）——他不再是神秘的孤岛，不再是一个灵魂对另一个灵魂。不，我不敢试图参透孩子的可能性这一可怕的深渊；当他一天天长大，以某种方式，到某种程度，他将显现他的个性；我们就可以就我们所看到的来判断这种个性，但是它的真正的价值我们永远难以判断；它永远深藏在它的上帝的心中。洛厄尔演讲中的"名字、故事和物质",是皮尔斯晚年《谜的猜想》中有关第一性第二性第三性现象学范畴论的雏形,也是皮尔斯符号学对象符号解释项三元关系的又一种表达式。老子视婴儿为尽脱第二性和第三性束缚的完满的第一性的化身,皮尔斯则视婴儿为第一性、第二性、第三性三元连续曙光乍现的那一刹那。

皮尔斯希望把符号法则推向极致,这就使得他把符号的三位一体与基督教的三位一体对应了起来。皮尔斯说:从符号法则中可以推导出另一个重要的结论。因为每个事物都有它的符号,因此所有事物都有它的符号。我指的不是空洞的"存在"的概念,对其内涵为"无"的完全不确定的感觉的解释;也不是盲目的"物质"的概念,对完全不确定的注意的解释。但是那个符号,它的信息是无所不包的;指示了每一事物的每一事实,不是偶然的,而是必然的。因为人的每一灵魂都是相对的哲学,因此这种符号就是绝对的不可企及的哲学。这是"造物主",既然一切必然因之成形。一个人的存在因为同样的理由——所有的符号是个人的,而且更上一层楼是所有人格的孝子贤孙,既然只是由于这条法则,连续性的统一成为有限符号的部分。这种无限的符号必然指示的不是宇宙的偶然的事实,而是宇宙服从的彻头彻尾的绝对的法则,但是这一法则本质上与这一"符号"是一模一样的,既然它就是它自身的符号,像每一事实一样。符号的解释项像每一解释项一样,同样本质上与符号一模一样;最终符号化的点或者说符号的内涵,既然它在所有方面完全决定了符号,也同样在本质上是与它一模一样的。由此,我们有了对象、解释项和符号点的神圣的三位一体。每一个都完全构成了符号,所有三个都对符号至关重要。它们并非处于不同观点下的同一个东西,而是当符号获得了无限信息时获得了自我的三种东西。在很多方面,这种三位一体与基督教的三位一体完全一致;真的我没有看到有任何不一致的地方。解释项显而易见是"神圣的逻格斯"或字;如果我们先前的猜测对象之于解释项等同于父子没错的话,这同样将是"圣子"。符号点,作为任何符号交流的必要条件,在功能上相当于"圣灵"。然而,我不打算把这种猜测推得更远,因为它会冒犯在座的某位的偏见。我只想说,如果有人愿意用这作为讨论基督教神圣三位一体的题目,那么他必须记住,它所赖以栖身的逻辑"体系"必须首先被接受。这可能与他所渴望找到真相的某种东西相冲突。

皮尔斯说，关于神祇的这种观念，应该问一问这样的神是否是祈祷的神。这里必然在我称之为精神的和机械的祈祷之间做出区分。通过比较孩子对尘世父亲的祈祷，我可以演示一下这种区分。假设一个孩子在父亲的膝头醒来，要求爱抚。这是一个与感情相联系的自然的动作，自然会在父亲的怀里得到回应。再假设，一个孩子要走过来对他的父亲作一番慷慨陈词，要求其不应忽视身为父亲的责任，而应好好管教和教育他，应看看他的老师是否称职，特别是要把他从其已经明确这不是一个合适的地方的某所学校带走。作为一位尘世父亲，他很少遭遇到如此不尊重的谈话。关于第一种祈祷，毫无疑问会在神圣的符号里找到它的解释项，一种充满真理的感情。也可通过适当的物质的必要条件的链条收到回答。另一方面，第二种祈祷的有效性的问题全然是一个事实问题。它承认严格的解决方法，通过观察——应该被提交接受方法检验。旧的先知（如果我们打算相信写下的东西），有足够的信仰把他们的祈祷提交试验来检验——奇迹就发生了，没有其他目标。现在，当然，对祈祷的回答，比如祈雨，就是奇迹。没有人能否认。问题是从长远看来祈雨比不祈雨是否有更多下雨的征兆。统计数字可以回答这一问题。如果一百次祈祷有一次被听到了，统计数据会显示。这些统计数据毫无疑问唾手可得。我这么看只要一祈雨所有气象学家都记在他们的小本本上；因为它显然会阻止任何天气自然规律的发现，如果他们的行动不断地被奇迹打断，而奇迹是不被考虑在内的。因此，我们只有去问气象学家祈祷之于天气的影响到底有多大，而他们会立即告诉我们。

正如皮尔斯自己所预言并实践的，现在已经充分证明了逻辑区分可以适用于形而上学，我们也将接过皮尔斯手中的接力棒，用未来充分证明，逻辑是世界之母，符号是世界之母。

人是符号，但人符号成为符号的先决条件是人符号的符号化。正如皮尔斯所明确指出的，符号成为符号的必要条件是它必须被视为符号，因为只有对如此看待它的人它才成为符号，如果任何人都不将它视作符号，那么它就根本不是符号。

人若想不朽，其充分必要的条件是成为真正的符号，其真值为真的符号。真值为真的符号，才能拥有源源不断的解释项，而只有拥有解释项，符号才能真正地成为符号。

人符号并非如笛卡儿或黑格尔所拟定的纯粹的精神性的存在，也并非如唯名论者那样只承认现实的、个体的存在，而是完整地包含第一性、第二性和第三性的存在，完整地包含情感、努力和概念的存在，完整地包含可能性、现实性和规律性的存在。

严格的人符号不是私密的、个人的，而是始终保持一贯、一致、连续的思想或习惯的统一体。

人符号是拥有连续性的完整统一的大写的人格，既是时空的存在，又是超越时空的存在。

在连续性的意义上，《诗经》有她的人格，因为她保持了"乐而不淫，哀而不伤"的连续性，司马迁与《史记》共同拥有一个人格，建安风骨拥有一个独立的人格，以此类推。千载之下，你我仍是"窈窕淑女"人格的一部分。

古人的人格观远比今人更为宏阔更为高远，这是被我们渐渐有意识地遗忘了的。

二十四年春，穆叔如晋。范宣子逆之，问焉，曰："古人有言曰：'死而不朽'，何谓也？"穆叔未对。宣子曰："昔匄之祖，自虞以上为陶唐氏，在夏为御龙氏，在商为豕韦氏，在周为唐杜氏，晋主夏盟为范氏，其是之谓乎？"穆叔曰："以豹所闻，此之谓世禄，非不朽也。鲁有先大夫曰臧文仲，既没，其言立，其是之谓乎？豹闻之，'太上有立德，其次有立功，其次有立言'，虽久不废，此之谓三不朽。若夫保姓受氏，以守宗祊，世不绝嗣，无国无之，禄之大者，不可谓不朽。"

正义曰：大上、其次，以人之才知浅深为上、次也。大上谓人之最上者，上圣之人也。其次，次圣者，谓大贤之人也。其次，又次大贤者也。立德，谓创制垂法，博施济众，圣德立于上代，惠泽被于无穷，故服以伏羲、神农、杜以黄帝、尧、舜当之，言如此之类，乃是立德也。《礼运》称"禹、汤、文、武、成王、周公"。后代人主之选，计成王非圣，但欲言周公，不得不言成王耳。禹、汤、文、武、周公与孔子皆可谓立德者也。立功，谓拯厄除难，功济於时，故服、杜皆以禹、稷当之，言如此之类，乃是立功也。《祭法》云："圣王之制祭祀也，法施於民则祀之，以死勤事则祀之，以劳定国则祀之，能御大菑则祀之，能捍大患则祀之。"法施於民，乃谓上圣，当是立德之人。其馀勤民定国，御灾捍患，皆是立功者也。立言，谓言得其要，理足可传，记传称史逸有言，《论语》称周任有言，及此臧文仲既没，其言存立于世，皆其身既没，其言尚存，故服、杜皆以史佚、周任、臧文仲当之，言如此之类，乃是立言也。老、庄、荀、孟、管、晏、杨、墨、孙、吴之徒，制作子书，屈原、宋玉、贾逵、杨雄、马迁、班固以后，撰集史传及制作文章，使后世学习，皆是立言者也。此三者虽经世代，当不朽腐，故穆子历言之。①

所谓"立德""立功""立言"，就是建立人的符号性，建立人的符号的真值，使个体的、暂时的、孤立的个人成为融入公共符号的一股绳。"创制垂法，博施济众，圣德立于上代，惠泽被于无穷""拯厄除难，功济于时""勤民定国，御灾捍患""言得其要，理足可传"，都是人的符号化过程。"创制垂法，博施济众"，圣人的思想就被以"制"与"法"的形式传承下来，圣人的思想就拥有了新的解释项，随之这一新的解释项又将成为新的符号，等待着下一个崭新的解释项的到来。如此长江后浪推前浪，潮涨潮落，永无止息。所以历来视"立德"为"太上"，视"立德"为不朽之首。可以说，"立德"是人符号化的极致极境，是人之为人的最高理想。"立德"可谓将第一性发挥到了极致。"拯厄除难，功济于时""勤民定国，御灾捍患"，挽狂澜于既倒，匡大厦之将倾，解万民于倒悬，免生灵于涂炭，徘徊于生死一线，颠沛于仓皇之间，丹心朗照汗青，功烈高悬日月，阶级、民族、国家、种族的命脉赖以不灭。"立功"可谓将第二性发挥到了极致。此为不朽的第二种境界。"言得其要，理足可传"，将思想镌刻于竹帛，将情感幻化为水墨，将灵魂寄托于音律，究天人之际，穷古今之变，斯诚乐莫大焉。"立言"（"言"的内涵极广，下文各偏指一隅）虽被孔子视为"行有余力则为文"，被扬雄视为覆瓿雕虫，但实乃经国之大业，不朽之盛事。"立言"可遇不可求，是将第三性发挥到了极致。此为不朽的第三种境界。"立"就是人的符号化过程，"德""功""言"就是符号化的不同形态和不同效果。

子畏于匡，曰："文王既丧，文不在于兹乎？天之将丧斯文也，后死者不

---

① 《春秋左传正义》卷三十五，襄二十二年，尽二十四年。

得与于斯文也；天之未丧斯文也，匡人其如予何？"① 孔子还说过："天何言哉？四时行焉，百物生焉，天何言哉？"② 临了，仍说："甚矣吾衰也！久矣吾不复梦见周公！"③ 在孔子看来，"天"是流宕于六合的无所不包的思想符号，是天下万物共同遵奉的语法纲领，是总驭万有的公共灵魂，文王则是"天"这一公共灵魂的传播载体，周公则是又一代的符号载体，及至自己，则当仁不让成为"天"的又一解释项。孔子为什么始终坚持"述而不作"？因为在孔子眼里，"天"乃宇宙万物的共同心智，三代之文则代表了对"天"这种共同心智的最好的解释，因此，作为个人，孔子甘于充当"天"乃至"文"这一共同心智的责无旁贷的符号载体，誓将"天"乃至"文"这一共同心智薪火相传，弦歌不辍。皮尔斯说："正如我们说物体在运动之中，而不是运动在物体之中，我们也应该说，我们在思想之中，而不是思想在我们之中。"④ 孔子就是活在"天"或三代之"文"里的圣人，好古敏求，毕生以"克己复礼"为尚，"克己"就是走出孤立的个体的一己的"小我"，"复礼"就是走入连续的大同的真理的实在的"大我"。在思想的非私密性上，孔子与皮尔斯可谓千古知音难再觅。

如果把现象学与不灭论联系起来看，那么可以说，能将第二性与第三性排除得越多越干净的人，拥有的个性越多越强大越长久；反之，越是为第二性和第三性所重重围困的人，拥有的个性将越弱小越短暂。

老子的《道德经》可视作中国历史上最早的理论形态的人格论。老子的《道德经》一力强调"道可道，非常道"⑤，强调"为学日益，为道日损。损之又损之，至于无为。而无以为"⑥，也是从排除第二性与第三性的干扰的角度，

①　（梁）皇侃撰，高尚榘校点：《论语义疏》卷三《子罕第九》，北京：中华书局，2013年，第210～211页。

②　（梁）皇侃撰，高尚榘校点：《论语义疏》卷三《阳货第十七》，北京：中华书局，2013年，第463页。

③　（梁）皇侃撰，高尚榘校点：《论语义疏》卷三《述而第七》，北京：中华书局，2013年，第155页。

④　Peirce, C. S. *The Essential Peirce*：*Selected Philosophical Writings*，Volume 1（1867 － 1893），Nathan Houser and Christian J. W. Kloesel, eds., Indiana University Press, Bloomington and Indianapolis, 1992；Volume 2（1893—1913），Peirce Edition Project, eds., Indiana University Press, Bloomington and Indianapolis, 1998.

⑤　（汉）严遵撰，樊波成校笺：《老子指归校笺》，上海：上海古籍出版社，2013年，第231页。

⑥　（汉）严遵撰，樊波成校笺：《老子指归校笺》，上海：上海古籍出版社，2013年，第69页。

鼓吹第一性求索之途的艰难险阻。"专气致柔，能婴儿。"① "有之以为利，无之以为用。"② 圣人最不易为五色、五味、五声，驰骋田猎，难得之货，生生之厚所蛊惑，最不易为第二性和第三性所牵制，是为"无为"，所以相比之下，才能拥有更多的个性、更多的自我，更强大的人格，即"团体人格"（community personality）是为"无不为"。只有圣人能做到"无为而无不为"。"无为"才能"涤除玄览（鉴）"，"无不为"才能举重若轻，所向披靡。"无为"才摆脱了"小我"，即孤立的、隐秘的、个体的自我，"无不为"才实现了"大我"，即大写的人格，拥有真值解释项的人符号。《老子》二十四章载："企者不立，跨者不行；自见者不明，自是者不彰，自伐者无功，自矜者不长。其在道也，曰：馀食赘形。物或恶之，故有道者不处。"③ "自见者""自是者""自伐者""自矜者"即"小我"的代称，因"小我"而蒙蔽了"大我"，因此被有道者视为"馀食赘形"。

庄子的《逍遥游》④ 对人格学说也做出了很好的诠释和拓展。蜩与学鸠，决起而飞，抢榆枋而止，时则不至，而控于地而已矣；朝菌不知晦朔，蟪蛄不知春秋；斥鴳腾跃而上，不过数仞而下，翱翔蓬蒿之间，此亦飞之至也；凡此种种，都是深陷第二性与第三性的深渊而难以自拔者，尚有何暇顾及个性、顾及自我，顾及人格？穷发之北，有冥海者，天池也。有鱼焉，其广数千里，未有知其修者，其名为鲲。有鸟焉，其名为鹏，背若泰山，翼若垂天之云；抟扶摇羊角而上者九万里，绝云气，负青天，然后图南，且适南冥也；若鲲，若鹏，比之于蜩与学鸠、朝菌与蟪蛄，乃至斥鴳，显然拥有了更多的个性，更强的自我，更大的人格。然而，若鲲，若鹏，仍难乎庄子对人格高远的渴望。只有至人、神人、圣人，才与庄子宏伟的人格观相匹配，因为至人无己，神人无功，圣人无名，也就是说，只有至人、神人、圣人，做到了完全排除第二性和第三性的干扰，专注于第一性的无待、无穷。

虽然老子、庄子并没有谈论永生的问题，他们也不相信人的肉体是不灭的，但是老庄却与宗教发生了剪不断理还乱的关系。佛教没有老庄，恐怕很难

---

① （汉）严遵撰，樊波成校笺：《老子指归校笺》，上海：上海古籍出版社，2013 年，第 250 页。

② （汉）严遵撰，樊波成校笺：《老子指归校笺》，上海：上海古籍出版社，2013 年，第 251 页。

③ （汉）严遵撰，樊波成校笺：《老子指归校笺》，上海：上海古籍出版社，2013 年，第 271 页。

④ 陈鼓应：《庄子今注今译》（全三册），北京：中华书局，1983 年，第 1～31 页。

在中土立足；道教则径与老庄认祖归宗；基督教与老庄，更是有着内在精神的相通之处，究其根源，即在老子、庄子对人格理论的独特建树。

宗教创造了人格的神话，塑造了法力无边的人格神。《妙法莲华经观世音菩萨普门品》：

> 尔时无尽意菩萨即从座起，偏袒右肩，合掌向佛而作是言："世尊，观世音菩萨以何因缘，名观世音？"佛告无尽意菩萨：
>
> "善男子，若有无量百千万亿众生，受许苦恼，闻是观世音菩萨，一心称名，观世音菩萨即时观其音声，皆得解脱。若有持是观世音菩萨名者，设入大火，火不能烧，由是菩萨威神力故。若为大水所漂，称其名号，即得浅处。若有百千万亿众生为求金、银、琉璃、砗磲、玛瑙、珊瑚、琥珀、真（珍）珠等宝，入于大海。假使黑风吹其船舫，飘堕罗刹鬼国，其中若有乃至一人，称观世音菩萨名者，是诸人等皆得解脱罗刹之难。以是因缘，名观世音。若复有人临当被害，称观世音菩萨名者，彼所执刀杖，寻段段坏，而得解脱。若三千大千国土，满中夜叉、罗刹，欲来恼人，闻其称观世音菩萨名者，是诸恶鬼，尚不能以恶眼视之，况复加害？设复有人，若有罪，若无罪，杻械枷锁检系其身，称观世音菩萨名者，皆悉断坏，即得解脱。若三千大千国土，满中怨贼。有一商主将诸商人，赍持重宝，经过险路，其中一人作是唱言，诸善男子，勿得恐怖，汝等应当一心称观世音菩萨名者，是菩萨能以无畏施于众生，汝等若称名者，于此怨贼，当得解脱。众商人闻俱发声言，南无观世音菩萨，称其名故，即得解脱。……"

再拈一例。《地藏菩萨本愿经》：

> 复次观世音菩萨：
>
> 若未来世，有善男子善女人，或因治生，或因公私，或因急事，入山林中，过渡河海，乃及大水，或经险道。是人先当念地藏菩萨名万遍，所过土地，鬼神卫护，行住坐卧，永保安乐。乃至逢于虎狼师（狮）子，一切毒害，不能损之。

老子、庄子则创造了体现人格最高理想的赤子神人。《老子·出生入死第一二》："出生入死。生之徒十有三。死之徒十有三。民之生生（而民生），动之死地十有三。夫何故？以其生生之厚。盖闻善摄生者，陆行不避兕虎，入军不被甲兵。兕无所投其角。虎无所措其爪。兵无所容其刃。夫何故哉？以无死地。"①《含德之厚第一七章》："含德之厚，比于赤子。毒虫不螫，攫鸟不搏，猛兽不据，骨弱筋柔而握固。未知牝牡之合而作，精之至。终日嗥而不嗄，和之至。知和曰常。知常曰明。益生曰祥。心使气曰强。物壮则老。谓之非道，不道早已。"②《庄子·逍遥游》曰："藐姑射之山，有神人居焉。肌肤若冰雪，绰约若处子。不食五谷，吸风饮露。乘云气，御飞龙，而游乎四海之外。其神凝，使物不疵疠而年谷熟。……之人也，之德也，磅礴万物以为一，世蕲乎乱，孰弊弊焉以天下为事？之人也，物莫之伤，大浸稽天而不溺，大旱金石流、土山焦而不热。"③"至人神矣！大泽焚而不能热，河汉冱而不能寒，疾雷破山而不能伤，飘风振海而不能惊。若然者，乘云气，骑日月，而游乎四海之外。死生无变于己，而况利害之端乎！"④ 老子所谓"善摄生者"，所谓"赤子"，庄子所谓"神人""至人"，只是老庄心目中完全摆脱了第二性与第三性束缚的通达大道者，是人之为人的极致，是人符号的最大化。精至、神凝，呈现第一性的最完满的生命，呈现人的最大化的形式。当然，还是皮尔斯的那句话，科学哲学与宗教本质上是相通的，在连续主义视野下人是不灭的。

一般而言，没有连续性，就没有解释项的纷至沓来；没有连续性，就没有符号对象的鸢飞鱼跃；没有连续性，就没有心智或准心智之间的交流；没有连续性，就没有不朽。具体而论，美学又是连续主义苑囿中的一朵奇葩，清香迷人。

美学与其他学科不同的是，其他学科或满足于第三性即概念，或满足于第二性即机械性或现实性，美学则永不会停下追寻的脚步，直至第一性即生命、自由、形式直现自身。从符号分类来看，或仅从符号与对象的关系而论，美学

---

① （汉）严遵撰，樊波成校笺：《老子指归校笺》，上海：上海古籍出版社，2013年，第80～81页。
② （汉）严遵撰，樊波成校笺：《老子指归校笺》，上海：上海古籍出版社，2013年，第108～109页。
③ 陈鼓应：《庄子今注今译》（全三册），北京：中华书局，1983年，第21页。
④ 陈鼓应：《庄子今注今译》（全三册），北京：中华书局，1983年，第81页。

追求的是由约定性的符号入手，即由象征符号入手，逐步过渡到具有指示作用的指示符号，探寻符号蕴含的因果联系，即符号本身与真实世界的联系，再由指示符号进一步飞跃到像似符号，追寻符号不问对象之有无的形式因素，追寻生命灼灼的原生态。

"窈窕淑女"之不朽，就作者而言，在于作者为我们呈现了一个符号化"形式化"图像化的"窈窕淑女"，无论淑女是曾经鲜活的血肉之躯，是完全归功于作者的灵感，还是现实与虚拟的结合。"窈窕淑女"，就是一个无中生有的符号过程，是作者赋予无形式以形式。即使"窈窕淑女"一盼倾人城，再盼倾人国，如果没有作者，也终将无声无臭，老死河洲，与垃圾堆里捡破烂的可怜的老太婆并无二致，因为此时窈窕淑女的真值接近于零。反过来说，如果有了作者，垃圾堆里捡破烂的可怜的老太婆也可以一如白居易笔下"满面尘灰烟火色，两鬓苍苍十指黑"的卖炭翁历千年而不朽，因为此时的老太婆或卖炭翁真值接近于无限，而不再是那个垃圾堆里捡破烂的可怜的无人问津的个人，不再是"伐薪烧炭南山中"的孤零零的被世间彻底遗忘的个体。真值的大小，与作者的天分与良心成正比。天才的作者，可以化腐朽为神奇；平庸的作者，可以化神奇为腐朽。作者如果创造了真值，"窈窕淑女"就将不朽；作者如果伪造了真值，"窈窕淑女"仍将速朽。庖丁解牛，经庄子之手而出神入化，合于桑林之舞，乃中经首之会，进乎技而通达大道。没有庄子，就没有大鹏的图南；没有庄子，就没有蝴蝶的栩栩然；没有庄子，就没有鯈鱼的出游从容。在此意义上可以说，世有庄子，然后有大鹏；世有庄子，然后有蝴蝶；世有庄子，然后有鯈鱼；世有庄子，然后有庖丁。宋徽宗赵佶与宰相蔡京杜撰《元祐党籍碑》，列司马光、文彦博、苏辙、苏轼、秦观、晁补之、张耒等三百零九人为"元祐害政之臣"，书而刊之石，置于文德殿门之东壁，"永为万世臣子之戒"，然而虽顽石也阻挡不了文字的万劫不复。道理很简单，《元祐党籍碑》没有创造真值。

"窈窕淑女"之不朽，就作品而言，在于它用象征符号、指示符号与像似符号为我们呈现了一幅"关关雎鸠，在河之洲。窈窕淑女，君子好逑"的完整画面。特定艺术形式，可能对象征符号、指示符号与像似符号倚重程度不同。绘画、音乐、舞蹈、雕塑可能对像似符号情有独钟，戏剧可能更为青睐指示符号，小说、散文可能更为依赖约定符号或象征符号。但归根到底，只有像似符号、指示符号与象征符号的通力协作方能成就独特的艺术韵味。而且，最终百川归海，当且仅当一切统统归之于不必问对象之有无之像似符号，艺术的价值与功能方能实现。

"窈窕淑女"之不朽，就读者而言，在于调动了穷其一生的经验兴味，以情感、努力和概念的综合创造了既源于感官又超越感官的活生生的立体多维的还原图像。窈窕淑女，流水荇菜，采之芼之，寤之寐之，钟之鼓之，琴之瑟之，非人非物，非情非景，非诗非画，非乐非律，非今非古，非真非幻，飞举腾跃，迷离恍惚，混沌莫辨，这方是连续主义的企盼。一千个读者就有一千个"窈窕淑女"，这一千个"窈窕淑女"并非一千个私密的各自藏在一个小小的松果体里的互不相干的"窈窕淑女"，而是一个"窈窕淑女"的一如既往的生命符号的蜿蜒洄漩。如果说，作者是破解"窈窕淑女"真值之谜的第一人，那么，读者则是破解窈窕淑女真值之谜的苦行僧和乐道者。

"窈窕淑女"之不朽，就思想而言，在于"窈窕淑女"开启了美之旅。对于美，有诸种学说。皮尔斯的回答是：美是｛kalos｝。(2.199)[1] 美是排除了第三性和第二性的纯粹的第一性，是排除了目的，排除了自我与非我的对抗之后所剩余的东西，是连续主义的整体。"窈窕淑女"是美，不计后妃之德，不计君子之寤与寐。窈窕淑女就是"关关雎鸠"的千年回响，"状难写之景，如在目前，含不尽之意，见于言外"，是象征符号、指示符号与像似符号的完美融合，是像似符号不折不扣的实现。

"窈窕淑女"之不朽，就人格而言，在于"窈窕淑女"人格的未完成性。窈窕淑女的人格不是过去完成时，而是将来进行时。在皮尔斯看来，人格在于一束习惯，在于精神的一以贯之，而与个人与否没有必然关联。因此人格归属于第三性，归属于符号，而不受第二性或曰现实性或曰物质性的约束。"窈窕淑女"究竟生活在孔子之前，还是生活在孔子之后？"窈窕淑女"究竟生活在大河边，还是生活在小河边？是生活在渭水边，还是生活在泾水边？是生活在长江边，还是生活在珠江边？事实上，"窈窕淑女"不是一个历史概念，也不是一个地理概念，更不是一个可以测长量短的物质实体，她永远是一个未完成

① Peirce，C. S.，*Collected Papers of Charles Sanders Peirce*，Volume Ⅰ－Ⅵ，edited by Charles Hartshorne and Paul Weiss，Cambridge，Harvard University Press，1931－1935；Volume Ⅶ－Ⅷ，edited by Arthur W. Burks，Cambridge，Harvard University Press，1958.

时，她永远向无限敞开，永远是一个待解释项。她来无影，去无踪，她无名，无形，无声，无臭，然而她却是不断成长的，有象无象，似相非相，与日月同光，与天地同寿。

天地有大美而不言，四时有明法而不议，万物有成理而不说。符号不只是人工符号，像语言文字图画之类；符号更多是非人工的、无言的。只要保持解释项的存续，符号就拥有永恒的生命力。大美即大符号。不涉文字，不假人工。

天地、四时、万物、生民，大化流行，生而不朽。不必待死而不朽，不必待文字而不朽。只要真值实现，即达不朽。鹤鸣于九皋，声闻于野。鹤鸣于九皋，声闻于天。

> 像一位慈母，见夜幕低垂，
> 　牵着孩子的小手儿上床去睡，
> 　几分情愿，几分磨蹭，被妈妈牵着小手儿，
> 　舍不得满地的破玩具，
> 一步三回头，不住地看，从开着的门，
> 　总归不放心，不踏实，
> 　尽管妈妈哄着说买新的来代替，
> 　新的也许更好，但未必能讨他的欢喜；
> 造化正是这样对待我们，一件件拿走
> 　我们心爱的玩具，牵着小手，
> 　领我们去睡，无限温柔，我们乖乖地跟着走
> 闹不清我们到底愿走愿留，
> 　睡意酣沉，来不及打听
> 　未知的比已知的多多少。

身后的世界，是否虽南面王乐不能过也，我们永远无暇打听，因为从来没有一个旅人回来过。了解了人是符号，了解了解释项的存续，我们唯有努力惜光阴，在有涯的生命中努力创造无涯的真值，如此，也许我们的心灵能有些许慰藉。天作高山，大王荒之。彼作矣，文王康之。彼徂矣，岐有夷之行，子孙保之！将真值一代代传扬开去，是人之为人的宿命，是人之为符号的宿命。

第三章　孔子与皮尔斯

——"知者乐水，仁者乐山"的现象学和符号学解读

第一节　"知者乐水，仁者乐山"正解何在

子曰："知者乐水，仁者乐山。"①

"知者乐水，仁者乐山"的注解汗牛充栋，从春秋起，至荀子、孟子，历董仲舒、刘向、郑玄，至何晏、皇侃，至邢昺，至伊洛之说，至朱熹，至刘宝楠，至辜鸿铭、程树德，至郭沫若、钱穆、杨树达、赵纪彬、南怀瑾、杨伯峻、孙钦善、金良年、牛泽群、李泽厚、李零、白平，世人的每一次注疏，每一番努力，当然无不属意于正解。然而正解何在？

以往的解释各擅其美，但往往过于偏重于道德一端，是形形色色的比德说的翻版，难以还原孔子真实的思想全貌。

最典型的如朱熹《四书集注》的解释：

> 知，去声。乐：上二字并五教反，喜好也；下一字音洛。知者达于事理而周流无碍，有似于水，故乐水；仁者安于义理而厚重不迁，有似于山，故乐山。动、静以体言，乐、寿以效言也。动而不括故乐，静而有常故寿。程子曰："非体仁、知之深者，不能如此形容之。"②

① （梁）皇侃撰，高尚榘校点：《论语义疏》卷三《雍也第六》，北京：中华书局，2013 年，第143、144 页。

② （宋）朱熹集注，陈成国标点：《四书集注》，长沙：岳麓书社，1987 年，第128 页。

朱熹的解释仍是"比德"说的理学变体，是对《离娄·章句下》《尽心·章句上》《荀子·宥坐》《荀子·法行》《春秋繁露·山川颂》与《说苑》的推衍。

再如南怀瑾先生的解释：

> 这几句话，一般的人说，"知者乐水"的意思是说聪明的人喜欢水，因为水性流动。"仁者乐山"是说仁慈的人喜欢山。如果这样解释，问题大了。套用庄子的口吻来说，"知者乐水"，那么鳗鱼、泥鳅、黄鱼、乌龟都喜欢水，它是聪明的吗？"仁者乐山"，那么猴子、老虎、狮子都是仁慈的吗？这种解释是不对的。正确的解释是"知者乐，水"，知者的快乐，就像水一样，悠然安详，永远是活泼泼的；"仁者乐，山"，仁者之乐，像山一样，崇高、伟大、宁静。这是很自然的道理，不是我故意作此解释的。[1]

南怀瑾先生的解释斑驳杂糅。当然，"知者乐，水；仁者乐，山"，这样的句读也并非南怀瑾先生的发明，做出此解释当然也并非南先生的首创。皇《疏》早有"仁者乐如山之安固，自然不动，而万物生焉也"这样的断句和解释。[2]

钱穆解曰：

> 盖道德本乎人性，人性出于自然，自然之美反映于人心，表而出之，则为艺术。故有道德者多知爱艺术，以此二者皆同本于自然也。《论语》中似此章富于艺术性之美者尚多，鸢飞戾天，鱼跃于渊，俯仰之间，而天人合一，亦合之于德性与艺术。此之谓美善合一，善美合一之谓圣。圣人之美与善，一本于其心之一诚然，乃与天地合一，此之谓真善美合一，此乃中国古人所倡天人合一之深旨。学者能即就山水自然中讨消息，亦未始非进德之一助。[3]

---

① 南怀瑾：《论语别裁》上册，上海：复旦大学出版社，1990年，第296页。
② （梁）皇侃撰，高尚榘校点：《论语义疏》卷三《雍也第六》，北京：中华书局，2013年，第144页。
③ 钱穆：《论语新解》，北京：生活·读书·新知三联书店，2012年，第144页。

钱穆沿皇《疏》性（体）、用、功（效）之说而发挥之，融天地、德性、艺术于一炉，惜乎言之未详。

李泽厚曰：

> 用山、水类比和描写仁、智，非常聪明和贴切。作为最高生活境界的"仁"，其可靠、稳定、巩固、长久有如山；作为学习、谋划、思考的智慧，其灵敏、快速、流动、变迁有如水。真正聪明的人之所以常快乐，不仅因为能够迎刃而解各种问题，而且因为了解人生的方向和意义而快乐。"仁"则似乎更高一层，已无谓快乐不快乐（见前）。他（她）的心境是如此平和宁静、无所变迁，成了无时间的时间：寿。"乐山""乐水"，是一种"人的自然化"。"人的自然化"有好几层意思。例如各种体育活动便有发展个体、肢体、身体的力量和能力，从社会异化中解脱出来（但今天的某些体育竞技活动却严重地被社会异化了），得到因它本身获得实现而产生的享受和快乐。这种快乐不是社会性的如荣誉、成就等的快乐，而是身体本身从而使心理也伴同的快乐。第二，即"乐山乐水"，回归自然，免除各种社会异化，拾回失落感。它既是一种心境，也是一种身体——心理状态。第三，即由气功、瑜伽等所达到的人与自然——宇宙节律的同构合拍。总之，"人的自然化"使人恢复和发展被社会或群体所扭曲、损伤的人的各种自然素质和能力，使自己的身体、心灵与整个自然融为一体，尽管有时它只可能是短时间的，但对体验生命本身极具意义。
>
> 流动不居（水）而又长在（山）。"纷纷开且落"，动亦静；"日长如小年"，静含动；生活情境如同山水，有此意象，合天人矣。此岂道德？乃审美也：主客同一，仁智并行，亦宗教，亦哲学。中国非真理符合论（Plato）、非解蔽发现论（Heidegger），体用一源，非本质主义，均以来源于"太初有为"故也。①

李泽厚先生不仅继承了钱穆先生的"真善美合一"说，而且提出了自己的

---

①　李泽厚：《论语今读》，北京：生活·读书·新知三联书店，2004年，第179~180页。

哲学论证，以其一以贯之的"异化"及"人的自然化"学说纵横捭阖之，但对"仁""智"的解释不够严谨。

辜鸿铭先生翻译的《论语》在西方世界影响甚巨。书名题作"*The Discourses And Sayings of Confucius: A New Special Translation, Illustrated With Quotations From Goethe and other Writers*"，既然敢于引证歌德及其他，足见辜鸿铭先生的翻译是以沟通西学为目的的，算得上"新潮"；然而，即便以"新潮"自任，在翻译上依然谨小慎微，谨遵古注，亦步亦趋。对于"知者乐水，仁者乐山"一节，辜鸿铭先生译作：

> Confucius remarked，"Men of intellectual character delighted in water scenery；men of moral character delight in mountain scenery. Intellectual men are active；moral men are calm. Intellectual men enjoy life；moral men live long. ①

辜鸿铭先生是个英语通，"知者乐水，仁者乐山"中的"知（智）"径译作"intellectual"，"仁"径译作"moral"，如此，于中西沟通倒是便宜，但似乎单薄了不少，于孔子原本丰厚的内涵有所牺牲。

以往"知者乐水，仁者乐山"的阐释没有完整地考察孔子的思想轨迹，流之于支离，失之于汗漫。现象学作为哲学和全部科学门类的基础（1.180～192）②，不妨作为解读孔子思想的一把钥匙。

> 子曰："参乎！吾道一以贯之。"曾子曰："唯。"子出，门人问曰："何谓也？"曾子曰："夫子之道，忠恕而已矣。"③

---

① Ku Hung-Ming, *The Discourses And Sayings of Confucius：A New Special Translation，Illustrated With Quotations From Goethe And Other Writers*, Shanghai：Kelly & Walsh, LTD. , 1898, P. 45.

② Peirce, C. S. , Collected Papers of Charles Sanders Peirce, Volume Ⅰ－Ⅵ, edited by Charles Hartshorne and Paul Weiss, Cambridge, Harvard University Press, 1931－1935；Volume Ⅶ－Ⅷ, edited by Arthur W. Burks, Cambridge, Harvard University Press, 1958.

③ （梁）皇侃撰，高尚榘校点：《论语义疏》卷二《里仁第四》，北京：中华书局，2013 年，第 90～91 页。

"一以贯之"的这条线索究竟在哪里呢?"忠恕"只是孔子之道的曾子注,并不能概括孔子哲学于万一。运用现象学的视角,就是要把这条似隐若现、明灭不定的线索给挖掘出来,让孔子的哲学体系重现灵魂、完满和生气。"知者乐水,仁者乐山"其实是孔子全部哲学教义的总纲,也完美地阐释了皮尔斯有关第一性、第二性和第三性的现象学神髓,完整地透露了孔子有关宇宙人生的个中消息,是孔子全部哲学大厦的基础,是孔子思想人格的大脑和心脏,是贯穿孔子自然与社会、道与德的观念的血脉,是像似符号、指示符号和象征符号交互作用的完整的符号过程。

第二节　水与第一性

首先须声明的一点是,任何存在(being)都具足第一性、第二性和第三性的存在方式,否则就不能为意识所捕捉,就不会产生意义。无论水、山,无论知(智)、仁,无论作为物质存在或作为意识存在,毫不例外。以下的分析,水与第一性、山与第二性、乐与第三性,只是就各自最突出的特性而言,没有否定它们三性具足的存在方式的意图。孔子当然也只是强调水或山的最突出的特性、智或仁的最显著的个性,而毫无割断山与水的自然关联或智与仁的血脉相通的企图。

皮尔斯认为,存在有三种方式。我们可以从随时自由呈现于意识的事物要素中直接观察到。它们是原质的可能性的存在,真实事实的存在,影响未来事实的法则的存在。(1.23)[①]

第一性是这种存在方式,它存在于对象一如自身真实存在,与其他任何事物无关(regardless of aught else)。这只能是一种可能性。皮尔斯说:我们自然地把第一性归于外部客体,更确切地说,我们假定它们拥有某种能力,已经或者尚未现实化,将得以或者将永远不会现实化,尽管(除非)它们得以现实

---

① Peirce, C. S., *Collected Papers of Charles Sanders Peirce*, Volume Ⅰ-Ⅵ, edited by Charles Hartshorne and Paul Weiss, Cambridge, Harvard University Press, 1931－1935; Volume Ⅶ-Ⅷ, edited by Arthur W. Burks, Cambridge, Harvard University Press, 1958.

化，否则我们将对这些可能性一无所知。(1.25)①

水与山均首先作为第一性而存在，而水在第一性的表现上尤为醒豁。在质的自由性、可能性、自如性上，水恐怕世间罕有其匹，除了风或云。

他人的观察可以从另一侧面印证孔子的"水观"，不拘年代先后，不妨假定现象学的观察并非任何人的专利，如皮尔斯所说："如果你问呈现的时间与呈现于何人的头脑，我的回答是我对这类问题置之不理，在我的头脑中发现的现象的那些特征会在任何时间呈现于任何人的头脑，对此我从未有过丝毫怀疑"，因为现象学所研究的是现象的形式要素（the formal elements of the phaneron）。(1.284)②

相传，孔子曾问道于老子，则老子对水的看法很可能影响到孔子。在一定意义上可以说，老子不愧为得水之神之先驱。老子直接提及水的地方有：

> 江海所以能为百谷王者，以其下之，故能为百谷王。(《道德经·第六十六章》)
>
> 天下莫柔弱于水，而攻坚强者，莫之能胜，以其无以易之矣。夫水之胜强，柔之胜刚，天下莫不知，莫能行。(《道德经·第七十八章》)
>
> 上善若水。水善利万物而不争，处众人之所恶，故几于道。(《道德经（辑佚）·第八章》)

间接提及水的则不胜枚举，如《德经·至柔章第五》"天下之至柔，驰骋天下之至坚。无有入于无间，吾是以知，无为之有益。不言之教，无为之益，天下希及之"，《德经·生也柔弱章第三六》"强大处下，小弱处上"③。老子所观察到的水的质为"柔弱""善下之""善利万物而不争"，水的质最能完美地

①　Peirce, C. S., *Collected Papers of Charles Sanders Peirce*, Volume Ⅰ－Ⅵ, edited by Charles Hartshorne and Paul Weiss, Cambridge, Harvard University Press, 1931－1935; Volume Ⅶ－Ⅷ, edited by Arthur W. Burks, Cambridge, Harvard University Press, 1958.

②　Peirce, C. S., *Collected Papers of Charles Sanders Peirce*, Volume Ⅰ－Ⅵ, edited by Charles Hartshorne and Paul Weiss, Cambridge, Harvard University Press, 1931－1935; Volume Ⅶ－Ⅷ, edited by Arthur W. Burks, Cambridge, Harvard University Press, 1958.

③　（汉）严遵撰，樊波成校笺：《老子指归校笺》，上海：上海古籍出版社，2013 年，第 163、213、246、42、206 页。

体现"道"体的本性：去己任因，无为而无不为。这一点，孔子是于我心有戚戚焉的。孔子曾喟然叹曰："无为而治者，其舜也与？夫何为哉？恭己正南面而已矣。"① 在孔子看来，舜才是"无为而无不为"的大实践家，治大国若烹小鲜，"恭己正南面而已矣"，百姓含哺而熙，鼓腹而游。孔子的着眼点应该在"治天下"的方略，而不在"得天下"的"受授得人"。②

苏氏父子则为最得水之现象学神髓者。苏洵《仲兄字文甫说》③ 如是言：

> 洵读《易》至《涣》之六四，曰："涣其群，元吉。"曰：嗟夫！群者，圣人所欲涣以混一天下者也。盖余仲兄名涣，而字公群，则是以圣人之所欲解散涤荡者以自命也，而可乎？他日以告，兄曰："子可无为我易之？"洵曰："唯。"
>
> 既而曰："请以文甫易之，如何？"
>
> 且兄尝见夫水之与风乎？油然而行，渊然而留，渟洄汪洋，满而上浮者，是水也，而风实起之。蓬蓬然而发乎大空，不终日而行乎四方，荡乎其无形，飘忽其远来，既往而不知其迹之所存者，是风也，而水实形之。今夫风水之相遭乎大泽之陂也，纤馀委蛇，蜿蜒沦涟，安而相推，怒而相凌，舒而如云，蹙而如鳞，疾而如驰，徐而如徊，揖让旋辟，相顾而不前。
>
> 其繁如縠，其乱如雾，纷纭郁扰，百里若一。汩乎顺流，至乎沧海之滨。磅礴汹涌，号怒相轧，交横绸缪，放乎空虚，掉乎无垠。横流逆折，溃施倾侧，婉转胶戾。回者如轮，萦者如带，直者如燧，奔者如焰，跳者如鹭，跃者如鲤。殊状异态，而风水之极观备矣！故曰："风行水上，涣。"此亦天下之至文也。
>
> 然而此二物者，岂有求乎文哉？无意乎相求，不期而相遭，而文生焉。是其为文也，非水之文也，非风之文也，二物者非能为文，而不能不

---

① （梁）皇侃撰，高尚榘校点：《论语义疏》卷三《卫灵公第十五》，北京：中华书局，2013 年，第 394、395 页。

② （梁）皇侃撰，高尚榘校点：《论语义疏》卷三《卫灵公第十五》，北京：中华书局，2013 年，第 394、395 页。

③ （宋）苏洵著，曾枣庄、金成礼笺注：《仲兄字文甫说》，《嘉祐集笺注》卷十五，上海：上海古籍出版社，1993 年 3 月第一版，第 412～414 页。

为文也。物之相使，而文出于其间也。故曰：此天下之至文也。

今夫玉，非不温然美矣，而不得以为文；刻镂组绣，非不文矣，而不可与论乎自然。故夫天下之无营而文生之者，惟水与风而已。

昔者君子之处于世，不求有功，不得已而功成，则天下以为贤；不求有言，不得已而言出，则天下以为口实。呜呼！此不可与他人道之，惟吾兄可也。①

《仲兄字文甫说》早已引起了宗白华先生的注意，但宗白华先生在《中国美学思想专题研究笔记》中只抄录了《仲兄字文甫说》原文之大部，而未作评论。但我们可以从他处隐约推知宗先生的想法。在《仲兄字文甫说》一段文字之前与之后，宗白华先生还做了几段笔记。在《易·涣》及毛公《诗传》并加括号评注曰："以虚运实，化实为虚以成美"，又引宋代杨诚斋及孟子言，并以《易》的涣和大畜二卦来释刘勰的"风骨"，又曰："风行水上，涣；涣，散也，

---

① 苏洵显然将"涣"疏解为"解散涤荡"，并因之推论苏涣字"公群"乃冒天下之大不韪，殊违圣训，焉得不速易之？苏洵对"涣"字的文字训诂自有其出处。《老子》第十五章："涣兮若冰之将释。"《汉书·刑法志》："事巨敌坚，则涣然离矣。"颜师古《注》曰："涣然，散貌。"《说文》："涣，流散也。"焦延寿《易林·归妹·离》："绝世无嗣，福禄无存。精神涣散，离其躬身。"《易·涣》孔颖达《疏》曰："风行水上，激动波涛，散释之象。"但"涣"本字当作"奂"，帛书《二三子》引"涣"均作"奂"。《说文》："奂，取奂也。一曰：大也。"也就是说，"奂"还有一义曰："大也。"《诗经·大雅》："伴奂尔游矣。"毛《传》："伴奂，广大有文章也。"《礼记·檀弓下》："美哉轮焉，美哉奂焉。"郑玄《注》："奂，言众多。"孔颖达《疏》："奂，谓其室奂烂众多也。"既高又多文饰，故重美之。《汉书·韦玄成传》："既耉致位，惟懿惟奂。"颜师古《注》："奂，盛也。"《文选·琴赋》："丛集累积，奂衍于其侧。"刘良《注》："奂衍，多貌。"《全唐诗·补新宫》："奂奂新宫，礼乐其融。""奂奂"，奂烂貌。由此可知，"奂"为本字，而"涣""焕"则为后起字。具体而言，"涣"兼秉"奂"两方面的含义：一为"涣散"，二为"盛美"，"涣然"即兼具"散貌"和"盛貌"二义；"焕"则只具其中一义，即"盛美"义。而在担当"盛美"一义时，"涣涣""焕焕"二词则可通用，"涣烂""焕烂"几无差别。《诗·郑风·溱洧》："溱与洧，方涣涣兮。"毛《传》："涣涣，春水盛也。"《释名·释采帛》："纨，焕也。细泽有光，焕焕然也。"《后汉书·延笃传》："百家众氏，投闲而作，洋洋乎其盈耳也，涣烂乎其溢目也，纷纷欣欣其独乐也。"《文选·江赋》："鳞甲锥错，焕烂锦斑。"《洛阳伽蓝记·景明寺》："妆饰华丽，侔于永宁。金盘宝铎，焕烂霞表。"既然"奂"（"涣""焕"）字本身就有歧解，"涣其群元吉"这一个命题存在判若鸿泥的仁智之见也就不足为奇了。有书为证：赵简子将袭卫，使史默往睹之，期以一月，六月而后反。赵简子曰："何其久也？"史默曰："谋利而得害，犹弗察也。今遽伯玉为相，史鳅佐焉，孔子为客，子贡使令于前，甚听。《易》曰：'涣其群，元吉。'涣者，贤也；群者，众也；元者，吉之始也。涣其群元吉者，其佐多贤也。"——《吕氏春秋·恃君览·召类篇》。可见，在"涣其群"的意义指向上，存在不同的理解，"群"也许是"圣人之所欲焕美者"，而非"圣人之所欲解散涤荡者"。我们姑且抛开种种歧义不谈，只针对苏的"天下之至文"生发开去，一心一意探究涣卦一往情深的现象学底蕴。

散开实体，形成虚象"，始终围绕"文与质（美与真与善的关系）"立言，所强调的重心在匠心经营、雕饰成文①。宗白华先生谓杨诚斋"不制于水，而制于风，惟风之听，而水无拒焉"之义"本于苏老泉"，其实大谬不然。因为杨诚斋已经大大偏离了苏老泉的原义。孟子又何尝不然？"观水有术，必观其澜"的说法早已大大背离了孔子的原旨。

用现象学的术语说，风与水均具有独一无二的质。水的质不是化学家眼中的由氢、氧两种元素组成的无机物，更不是《大戴礼记·劝学》的"夫水者，君子比德焉"，风的质也无须分解为氧、氮、氢、氦、氖、氩、氪、氙、水蒸气、二氧化碳等，而是浑然一体，不可分析，不可剖判的。风的质也好，水的质也好，都是肉身直接感触的，无须借助任何工具。风的质是灵动的、自由的，水的质是活泼的、无形的，它们以瞬间的质呈现于头脑，此时此刻头脑没有思虑，甚至就连一丝惘然也没有。风之质至大至刚乎？水之质至静至柔乎？智者乐水乎？这些分析判断与第一性的质风马牛不相及，与情感的明灭道不同不相为谋。水的质、风的质乃至普遍的第一性，均是不拘时、不拘地、不拘人的。无论它何时、何地呈现于何人的头脑，它的生命始终是充盈的。它是世界的原初，生命的本相。先于任何关系，先于任何思想，独立而不倚。皮尔斯的"第一性"是鸢飞鱼跃的第一性，而非"绝对精神"的"理念"。

水的质只是一种潜在性、可能性，它将如何实现为现实性呢？风的质亦然。"……者，是水也，而风实起之。……者，是风也，而水实形之"，水的质、风的质是一种活脱脱的生命，无拘限的自由，来去无踪迹的自在，无端崖的汪洋自恣。这种无形的质要获得现实性的形式，必须依赖一个对立物，二者彼此发生作用力与反作用力，发生对抗，发生斗争，各自独一无二的质才能彰显。"风水之相遭"正是两种质的碰撞激发，起之形之，相推相凌，乃至无穷。风水的无穷动殊状异态，气象万千，叹为观止。风和水各自拥有独立不倚的第一性，风和水不期然相遭则各自相对于对方均为第二性，而且这里暂不涉及第三性，即不牵涉思想因素在里面，所以"观止"的问题暂且免谈。

"风水之相遭"诚然仪态万方，无形无垠，但绝非无迹可寻，相反，倒是

① 宗白华著，林同华主编：《中国美学思想专题研究笔记》，选自《宗白华全集》第二卷，合肥：安徽教育出版社，2008年，第501～562页。

有理可据。这个"理"就是大自然的一般规律，就是任何个体存在都无以脱逃的普遍性之渊薮。没有普遍性，没有规律性，纯粹的质或纯粹的关系就是一种纯粹的虚无。风的飘忽，水的流转，行乎所当行，止乎所不可不止，正是遵循自然规律的一种惯性表现。风水相遭，交错成文。文无定质，然舍文无以成就风水，舍风水无以成就天下之至文，斯已不可不谓为天下第一美谈矣。"风行水上涣"是大自然的杰作，不烦人工。"文"是第三性的最佳表象。"物之相使，而文出于其间也"，一语道破天机——第三性的秘密。第三性是一种居间性、过程性、趋向性、意向性，必须依赖第一性的质与第二性的现实关系才能呈现，但第三性又是一种普遍性，远远大于单个的个体或行动。简言之，第三性出于第一性和第二性，又大于第一性和第二性之和。"物之相使"，即两个或多个不同质的第一性相互碰撞，彼此纠缠，形成彼此之间的第二性；"文出于其间"，即作为第三性的"文"往来斡旋，居间调停，以普遍性勾连偶然性，以规律性贯通现实性，使物既保持质的生命与自由，又保持关系的有序与进化，使整个宇宙进退自如，生生不息，绵延不已。"文"是不期然而然的必然，不求缘而缘自生，不自为大故能成其大。一般性、无限性、连续性、渗透性、生成性以及智能性在"文"身上无不得到完美演绎。"不能不"无比透彻地挑明了风水相遭而成文的必然性、不可分解性、不可还原性。显而易见，苏洵所谓"文"，强调的是上文所说的"无意乎相求，不期而相遭"，因此将"非不温然美矣"的玉驱逐出"文"苑；苏洵所谓"至"，强调的是"自然"，是"无营而生"，因之将"刻镂组绣"贬出"天下之至文"之列。显然，"十年读《易》费膏火"的苏洵完全秉持"自然"的理念，视"文"为风行水上涣一般的"道之文"，"无营"而兴，物相杂而成文。

　　苏洵最后以立功、立言劝勉苏涣，这既是儒家传统的"三不朽"观念的直接体现，更是中国先秦以来"通神明之德"观念的延续和新的发展，也是中西方"连续性"哲学理念的又一范本。为什么从"风行水上涣"的前提就可以得出"不求有功，不得已而功成，则天下以为贤；不求有言，不得已而言出，则天下以为口实"的结论呢？自然现象与社会伦理是截然对立的，还是心心相通的？这就牵扯到中西方哲学史上的一个聚讼不休的话题——连续论。连续论无论在东方西方均有悠久的传统，只是直到皮尔斯才明确确立"连续论"的术语伦理价值。

苏洵另一文《太玄论》① 则不失为《仲兄字文甫说》的有益补充。其文曰：

> 苏子曰：言无有善恶也，苟有得乎吾心而言也，则其辞不索而获。夫子之于《易》吾见其思焉而得之者也，于《春秋》吾见其感焉而得之者也，于《论语》吾见其触焉而得之者也。思焉而得，故其言深，感焉而得，故其言切，触焉而得，故其言易。圣人之言得之天，而不以人参焉。故夫后之学者可以天遇，而不可以人得也。方其为书也，犹其为言也；方其为言也，犹其为心也。书有以加乎其言，言有以加乎其心，圣人以为自欺。后之不得乎其心而为言，不得乎其言而为书，吾于扬雄见之矣。

苏洵把扬雄骂得狗血喷头，驳得体无完肤，二人有私怨乎？当然没有。盖因"圣人之言得之天，而不以人参焉"，扬雄则恰恰反其道而行之，自欺欺人，欺心欺天，这在苏洵看来，是可忍孰不可忍。所谓"圣人之言得之天，而不以人参焉"，即指圣人之言"思焉而得之""感焉而得之""触焉而得之"，"思""感""触"的对象不限于某个具体物象，而是以洪荒宇宙为一天书，为一大的符号系统，"思"之，"感"之，"触"之，由天地符号进而形成自我独特的解释符号，于是乎有《易》，有《春秋》，有《论语》。所谓"不以人参"，即如风行水上涣般地得之于不得不然，"无营而文生之"，"不求有言，不得已而言出"，这才是为文的最高境界——天地符号与人文符号自由转换，畅通无阻，连续无垠。扬雄实则仿《易》而作《太玄》，而且内在动因正是要以三分来取代二分，但苏洵乃至朱熹却大不以为然。朱熹批评扬雄"只是将前人腔子，自做言语填放他腔中，便说我这个可以比并圣人"。此三分非彼三分，正如黑格尔的正反合的三分，不同于皮尔斯第一性、第二性、第三性的三分，扬雄的三分也不同于《易》的三分，苏洵对此虽无理论自觉和逻辑思辨，但天赋的宇宙大符号的自觉却让他独具只眼。

苏轼则是历史上最为钟情于水的文学家。其《自评文》（郎本卷五十七题

---

① （宋）苏洵著，曾枣庄、金成礼笺注：《嘉祐集笺注》卷七《太玄论》，上海：上海古籍出版社，1993 年，第 169 页。

作《文说》）曰：

> 吾文如万斛泉源，不择地皆可（郎本"皆可"作"而"）出，在平地滔滔汩汩，虽一日千里无难。及其与山石曲折，随物赋形，而不可知也。所可知者，常行于所当行，常止于不可不止，如是而已矣。其他虽吾亦不能知也。①

苏轼继承父亲遗风，奉水之质为行文之真经。水的质是什么？要之即初无定质，一无挂碍，自在活泼，收放自如，即阴柔即豪放无不妥帖，即自然即人生无不和畅，即文即诗即词即画即书无不通达。诗画本一律，一律在什么地方？就在于这如水之质，鲜活、生动、无拘无束，寓无限的可能性于有形无形之间。

不仅如此，苏轼还将水之质、水之性描摹为道的本体。其《日喻》曰：

> 生而眇者不识日，问之有目者。或告之曰："日之状如铜槃。"扣槃而得其声。他日闻钟，以为日也。或告之曰："日之光如烛。"扪烛而得其形。他日揣籥，以为日也。日之与钟、籥亦远矣，而眇者不知其异，以其未尝见而求之人也。道之难见也甚于日，而人之未达也，无以异于眇。达者告之，虽有巧譬善导，亦无以过于槃与烛也。自槃而之钟，自烛而之籥，转而相之，岂有既乎！故世之言道者，或即其所见而名之，或莫之见而意之，皆求道之过也。然则道卒不可求欤？苏子曰："道可致而不可求。"何谓致？孙武曰："善战者致人，不致于人。"子夏曰："百工居肆以成其事，君子学以致其道。"莫之求而自至，斯以为致也欤？南方多没人，日与水居也，七岁而能涉，十岁而能浮，十五而能浮没矣。夫没者，岂苟然哉，必将有得于水之道者。日暮途穷与水居，则十五而得其道。生不识水，则虽壮，见舟而畏之。故北方之勇者，问于没人，而求其所以没，以

---

① （宋）苏轼著，孔凡礼点校：《自评文》，《苏轼文集》第五册卷六十六《题跋》，选自《苏轼文集》（全六册），北京：中华书局，1986年，第2069页。

其言试之河，未有不溺者也。故凡不学而务求道，皆北方之学没者也。[1]

"学"是一种生命体验，"道"是对"学"的领悟升华，"道"如"水"，可致而不可求，道之体，水之质，虽然缥缈如海上仙山，难觅如捕风捉影，但终究是可以体验，可以把握的，门径即在无门径，唯有自体自悟之一方。这种自体自悟，不是寂然枯坐，不是道听途说，而是"不入虎穴，焉得虎子"，要知梨子滋味，就得亲自尝一口。苏轼所说的"道可致而不可求"，其实是一种严格的符号解读过程。生而眇者为什么屡启不发，始终搞不明白"日"究竟是什么东西？唯因它的符号解读过程不完整。对象、符号、解释项是不可分解的三位一体的关系，不能以任何方式还原为二元的关系。眇者的符号解读，所缺少的正是"对象"一项，所以才自槃而之钟，自烛而之籥，始终抓不住符号的表象功能，而错把符号的某一方面的物质性误攀为符号关系或符号理念，解释项始终难产。为什么南方多"没人"？因为南方人拥有得天独厚的环境，"日与水居"，耳鬓厮磨，在亲历水的过程中参悟了水性。这是一种活生生的生命体验，也是三元符号关系的完整呈现。孔子说："不愤不启，不悱不发。举一隅不以三隅反，则不复也。"（《述而第七》）[2]"愤"与"悱"，均不是单纯的心理行为，而是生命体验的郁积，符号过程的身心合一的上下求索；"启"与"发"也非单纯的语言点拨，而是符号三元关系的慧心调协，醍醐灌顶，一如火山熔岩的喷薄怒放，厚积千年，只等待这一瞬间的淋漓欢畅。

孔子为什么把"智"与"水"贯通起来呢？根源即在智与水在第一性的质上的相通性、契合性。孔子言论直接涉及"水"的主要有以下几处〔子曰："饭疏食，饮水，曲肱而枕之，乐亦在其中矣。不义而富且贵，于我如浮云。"（《述而第七》），虽言"水"，但并非"山水"意义上的"水"，可忽略〕：

子曰："道不行，乘桴浮于海。从我者，其由与？"子路闻之喜。子曰："由也好勇过我，无所取材。"（《公冶长第五》）

---

① （宋）苏轼著，孔凡礼点校：《日喻》，《苏轼文集》第五册卷六十四《杂著》，选自《苏轼文集》（全六册），北京：中华书局，1986年，第1980～1981页。

② （梁）皇侃撰，高尚榘校点：《论语义疏》卷三《述而第七》，北京：中华书局，2013年，第158页。

子谓仲弓，曰："犁牛之子且角，虽欲勿用，山川其舍诸？"（《雍也第六》）

子曰："知者乐水，仁者乐山；知者动，仁者静；知者乐，仁者寿。"（《雍也第六》）

子谓颜渊曰："用之则行，舍之则藏，唯我与尔有是夫！"子路曰："子行三军，则谁与？"子曰："暴虎冯河，死而无悔者，吾不与也。必也临事而惧，好谋而成者也。"（《述而第七》）

子曰："凤鸟不至，河不出图，吾已矣夫！"（《子罕第九》）

子在川上曰：逝者如斯夫，不舍昼夜。（《子罕第九》）

子路、曾皙、冉有、公西华侍坐。子曰："以吾一日长乎尔，毋吾以也。居则曰：'不吾知也！'如或知尔，则何以哉？"子路率尔而对曰："千乘之国，摄乎大国之间，加之以师旅，因之以饥馑。由也为之，比及三年，可使有勇，且知方也。"夫子哂之。"求！尔何如？"对曰："方六七十如五六十，求也为之，比及三年，可使足民。如其礼乐，以俟君子。""赤！尔何如？"对曰："非曰能之，愿学焉。宗庙之事如会同，端章甫，愿为小相焉。""点！尔何如？"鼓瑟希，铿尔，舍瑟而作，对曰："异乎三子者之撰。"子曰："何伤乎？亦各言其志也。"曰："莫春者，春服既成，冠者五六人，童子六七人，浴乎沂，风乎舞雩，咏而归。"夫子喟然叹曰："吾与点也。"三子者出，曾皙后。曾皙曰："夫三子者之言何如？"子曰："亦各言其志也已矣。"曰："夫子何哂由也？"曰："为国以礼，其言不让，是故哂之。""唯求则非邦也与？""安见方六七十如五六十而非邦也者？""唯赤则非邦也与？""宗庙会同，非诸侯而何？赤也为之小，孰能为之大？"（《先进第十一》）

子曰："民之于仁也，甚于水火。水火吾见蹈而死者矣，未见蹈仁而死者也。"（《卫灵公第十五》）

长沮、桀溺耦而耕，孔子过之，使子路问津焉。长沮曰："夫执舆者为谁？"子路曰："为孔丘。"曰："是鲁孔与？"曰："是也。"曰："是知津矣。"问于桀溺。桀溺曰："子为谁？"曰："为仲由。"曰："是鲁孔丘之徒与？"对曰："然。"曰："滔滔者，天下皆是也，而谁以易之？且而与其从辟人之士也，岂若从辟世之士哉！"耰而不辍。子路行以告。夫子怃然曰：

"鸟兽不可与同群，吾非斯人之徒与而谁与？天下有道，丘不与易也。"（《微子第十八》）

智与水在第一性的质上的相通性、契合性即在于质的无拘束的自由，质的无限量的可能性。无论《孔子家语·三恕》《荀子·宥坐》的拟水于九德，还是《大戴礼记·劝学》的十一德，《说苑·杂言》的十一德，《韩诗外传》的八德，这些"德""道""仁""义""勇""智""察""贞""包蒙""善化""正""法""度""意""志""力""持平""礼""知命""圣"，无论再罗列多少项，也不足以涵盖水之质于万一。因为这些"比德"有意无意间撕裂了"水"的质，将"水"五马分尸而了无愧色。第一性不是人伦道德这样的概念所能规范得了的，也不是物质意识二分的理念所能驾驭得了的。孔子为什么屡屡扫子路的兴头？就是因为子路勇过之而谋不足，思虑不周全，处分不得宜，一心勇往直前，无暇瞻前顾后，对"智""仁"理解均不到位。孔子并不能做到像庄子所说的那样"六合之外，圣人存而不论；六合之内，圣人论而不议"，无论出处，孔子始终坚守自己的本性不变，也就是保持独立的人格不变，保持质的一如既往、一以贯之，这就是他对三代的一往情深，对恢复周礼的一生痴迷。在遭遇现实性之前，这一质是独立的、自由的，是略无羁绊的。在遭遇现实性之后，这一质也是固守不变的，也许形态上千变万化，不拘一端，但质上却是始终如一的。孔子是个入世主义者，六合之外，幽暗难测，孔子并不主张一概否认、怀疑、拒斥，而是采取中庸的态度。"子之所慎：齐，战，疾。"（《述而第七》）"齐"（斋）即鬼神祭祀前的净身净心仪式。季路问事鬼神。子曰："未能事人，焉能事鬼？"曰："敢问死。"曰："未知生，焉知死？"（《先进第十一》）鬼神不可知，既不可能证实，也不可能证伪，对于这类事物不是一概粗率否定，也不是"知之为知之，不知为不知"，断然划出阴阳二界，而是采取一种"敬而远之"的智者的立场和行事方式。樊迟问知。子曰："务民之义，敬鬼神而远之，可谓知矣。"（《雍也第六》）"敬"而"远"，分寸如何拿捏？枢纽在"务民之义"。当然，这是就执政者而言。就一般人而言又当如何呢？《论语·八佾》："祭如在，祭神如神在。"子曰："吾不与祭，如不祭。"（《八佾第三》）"祭如在，祭神如神在，"即还原祭祀对象的活生生的存在状态，祭祀者以一种活生生的生命体验来感受祭祀对象的存在，以一种现象学还原的原初状态来切身领受鬼神如其自身而存在的灵魂震颤，还鬼神自如如的状态的同时，也还体验者自身自如如的生命状态。六合之内，孔子也做不到论而不议，孔子是一个复古主义者，视现世礼崩乐坏，虽不欲观之，但决不会作壁上观，至如隐者连观也不观。"逸民：伯夷、叔齐、虞仲、夷逸、朱张、柳下惠、少连。子曰：'不降其志，不辱其身，伯夷、叔齐与！'谓'柳下惠、少连，降志辱身矣。言中伦，行中虑，其斯而已矣。'谓'虞仲、夷逸，隐居放言，身中清，废中权。我则异于是，无可无不可。'"（《微子第十八》）"用之则行，舍之则藏"即"无可无不可"的另一种表达，也是孔子处于乱世的行止策略，如水一样，"行于所当行""止于所不可不止"，处于自由与限制、万变与不变的微妙平衡之中。王孙贾问曰："与其媚于奥，宁媚于灶，何谓也?"子曰："不然。获罪于天，无所祷也。"《八佾第三》）"子见南子。子路不悦。孔子矢之曰：'予所否者，天厌之！天厌之！'"子见南子（《雍也第六》），阳货欲见孔子（《阳货第十七》），公山弗扰以费畔，召，子欲往（《阳货第十七》），佛肸召，子欲往（《阳货第十七》），从句读到义理，古今一笔烂账，根源不在于《论语》原文暧昧，而在于后世对孔子的"智"理解不到位，这与子路的屡屡不悦形容仿佛。孔子的无可无不可，顶多做到宁武子式的"邦有道则知，邦无道则愚"（《公冶长第五》），但决不会真的"乘桴浮于海"，"小舟从此逝，江海寄余生"，或"披发左衽，居九夷而不返"（《子罕第九》），顶多也就是心向往之，顶多也就是醒复醉、醉复醒，顶多也就是一种积极消极难辨真伪的自我心理调节，顶多也就是"常恨此身非吾有，何时忘却营营"感慨系之而已。除去水之智，在第一性的完美呈现上，孔子所艳羡不已的唯有"天"："天何言哉？四时行焉，百物生焉，天何言哉?"（《阳货第十七》），"天"拥有最自由、最伟大的人格。"子欲无言"，但又无论如何做不到，遑论"为木铎"的大理想大目标，就是一言一行之细枝末节，也得不得不言，言而又言，言之不足则矢之，矢之不足则去之，人生为何如此栖栖惶惶，欲做"智者"而不得？孔子感慨宁武子"其知可及也，其愚不可及也"，其实孔子何尝不知"愚"也是宁武子"智"的一个必不可少的要素？孔子其实心里明白，别说是"天"遥不可及，就连宁武子这样的智者，也只能望洋兴叹。

孔子不欣赏子路式的"暴虎冯河，死而无悔"，而欣赏"临事而惧，好谋而成"，赞赏颜渊"用之则行，舍之则藏"的态度。孔子曾预言"若由也，不得其死然"（《先进第十一》），不幸而言中，这是子路尚"勇"而不尚"智"的人生态度所必然。颜渊的态度即"智者"的态度，孔子感叹只有自己和颜渊两人能够做到。"用之则行，舍之则藏"即如"水"的行于所当行，止于所不可不止，宛转屈伸，其体自若，而不是一种硬拿鸡蛋去碰石头、宁为玉碎不为瓦全的态度。"邦有道，不废；邦无道，免于刑戮"，孔子认为南容很不简单，就把"兄之子"嫁给他。孔子说："笃信好学，守死善道。危邦不入，乱邦不居。天下有道则见，无道则隐。邦有道，贫且贱焉，耻也；邦无道，富且贵焉，耻也。"（《泰伯第八》）"邦有道，谷；邦无道，谷，耻也。"（《宪问第十四》）"邦有道，危言危行；邦无道，危行言孙。"（《宪问第十四》）君子出处有道，这个"道"是什么？就是"智"。孔子之"智"，不是明哲保身，不是随波逐流，不是乡愿（"乡原，德之贼也"《阳货第十七》），不是世人皆醉我独醒，而是随分处置，因地制宜，与时消息，既保持独立不倚的个人品性，又不辜负天赐良机。孔子曾评价卫国的两位大夫："直哉史鱼！邦有道如矢，邦无道如矢。君子哉蘧伯玉！邦有道则仕，邦无道则可卷而怀之。"（《卫灵公第十五》）史鱼生谏加尸谏，当然很难得，但蘧伯玉"卷而怀之"的处世原则尤为孔子所佩服。"邦有道则仕"，一如"在平地滔滔汩汩，虽一日千里无难"，大鹏展翅恨天低；"邦无道则可卷而怀之"，则一如"与山石曲折，随物赋形，而不可知也"，便有终焉之志也未可知。

孔子的知者乐水，无非是还存在（being）本身最大的可能性，还自然与人类本身最大的可能性，无论是已知的，还是未知的，无论是现在的，还是过去的、未来的。

第三节　山与第二性

第二性是现实性，是无情的蛮力，是两个第一性相互作用的状态。

如果我问你一个事件现实性何在，你会告诉我它就在**彼时彼地**发生。**彼时彼地**的具体要求包含了它与其他存在的所有关系。事件的现实性看来在于它与存在万有的关系。法庭可以对我签署强制令和判决书，我甚至不屑于弹一个响指。我可以视之如浮云。但是当我感觉到警长把手按在我的肩上，我就开始有了现实性的感觉。现实性是**粗暴**的，没有理性。我举个例子：把肩抵着门，使劲顶开它，你会感到一股视之不见、听之不闻、无以名状的阻力。我们有了两方面的知觉，即努力与阻力，这在我看来颇近似于现实性的纯粹感觉。大体上，我觉得我们拥有了事物的一种存在方式：它存在于第二个东西如何存在。我称之为"第二性"。（1.24）

第二的理念必须被看作容易领会的理念。第一的理念如此纤弱，以至不毁掉它就难以触摸；第二的理念却是异乎寻常的坚硬和可触可感的。它又如此熟悉，每天强加于我们身上，它就是生活的主修课。青春年少，世界是新鲜的，我们看上去自由自在；但是，限制、冲突、约束乃至普遍的第二性，构成了经验的全部教义。

第一性就好比

"一艘新下水的船只扬帆出港的当儿"；第二性就好比

"可是等到它回来的时候，船身已遭风日的侵蚀，船帆也变成了百结的破衲"。

但是尽管这种观念熟稔于心，尽管我们每时每刻都不得已感受到它，我们仍然永远不能了解它；我们永远不能直接意识到有限性，或直接意识到任何东西，除了天赐的自由，存身于原始的第一性，无拘无束。（1.358）[1]

山最好地代表了现实性，代表了自然与社会所强加于人的一切限制、冲突、约束。山代表了外界的不可移易，代表了现实的不可理喻，代表了现实的粗暴、野蛮、冷酷。"力拔山兮气盖世"，"山"代表的当然是一种现实的限制，项羽力能拔山，当然表示他在现实性的限制面前是无所畏惧的，本应拥有较多自由，事实上却正相反，最后四面楚歌，自刎乌江。司马迁虽然怜惜项羽的乌骓、虞姬，但对项羽"天之亡我也非战之罪也"并不表示同情。韩信也说项羽只有"匹夫之勇""妇人之仁"。那么，究竟什么才是"仁"的真正境界呢？

"仁"并非如李泽厚先生所说的"'仁'主要是指一种心理情感和精神境

---

① Peirce, C. S., *Collected Papers of Charles Sanders Peirce*, Volume Ⅰ－Ⅵ, edited by Charles Hartshorne and Paul Weiss, Cambridge, Harvard University Press, 1931－1935；Volume Ⅶ－Ⅷ, edited by Arthur W. Burks, Cambridge, Harvard University Press, 1958.

界"，"朱注解己立立人已明仁乃心理本体"。朱注也许确乎在说"仁乃心理本体"，但朱注并不切合孔子的原意。"仁"恰恰代表的是一种第二性——现实性，即人存身于世的现实状态，既不可抗拒，又不得不抗拒。而且，在孔子看来，"仁"更多地代表了人存身于浊世的一种生存状态。世之浊反衬得人之生之艰。世之浊作用于人生，而令世与人之间的第二性冲突更为惨烈，更为典型。"八佾舞于庭"，孔子说"是可忍，孰不可忍"，礼崩乐坏当然是空前的现实性的压迫。"圣"虽然是孔子自称不可企及的高度，"隐"虽然是孔子艳羡不已但又舍不得身体力行的境界，但孔子事实上又在终生同时践行着"朝圣"与"向隐"看似背道而驰的两种努力。"仁"其实正是"天"或"命"与人遭遇的现实产物，正是"朝圣"与"向隐"争相撕扯的遍体鳞伤，正是知其不可为而为之的韧性抵抗。

郭沫若先生对孔子"朝圣"的努力做过以下分析："认清了孔子的讴歌禅让，也才能够正视他的'君君、臣臣、父父、子子'的这个提示。这是说君要如尧、舜那样的君，臣要如舜、禹那样的臣，父也要如尧、舜那样的父（不以天下传子），子也要如舜、禹那样的子（幹父之蛊）。齐景公不懂得他的深意，照着传统的奴隶社会的观念讲下去，便为：'信如君不君，臣不臣，父不父，子不子，虽有粟吾得而食诸？'只顾到自己要吃饭，没有顾到老百姓也要吃饭，但这责任不能归孔子来负。"① 郭沫若先生以上这段话有很大的推测成分，对孔子也有很大的理想化的成分。孔子只说"君君臣臣父父子子"，但并没有明言"君"到底要像什么样的"君"，"臣"到底要像什么样的"臣"，"父"到底要像什么样的"父"，"子"到底要像什么样的"子"。孔子在此只是引用成语（《国语·晋语四》寺人勃鞮曾拿"君君臣臣，是谓明训"来为自己辩护②，《管子·形势》也说"君不君则臣不臣，父不父则子不子"③，可见当日"君君臣臣，父父子子""君不君臣不臣，父不父子不子"的说法很流行），显然是话里有话，究竟作何解，当然视听话者亦即解释者（interpretant）的立场而

---

① 郭沫若：《孔墨的批判》，《十批判书》，北京：东方出版社，1996 年，第 103 页。

② 陈桐生：《国语》之《晋语四》，北京：中华书局，2013 年，第 407 页。

③ 管仲撰，吴文涛、张善良编著：《管子》之《形势第二》，北京：北京燕山出版社，1995 年，第 27 页。

异。① 皇《疏》曰："于时齐弱，为其臣陈恒所制，景公患之，故问政方法于孔子也。孔子随其政恶而言之也。言为风政之法，当使君行君德，故云'君君'也。君德谓惠也。臣当行臣礼，故云'臣臣'也。臣礼谓忠也。父为父法，故云'父父'也。父法谓慈也。子为子道，故云'子子'也。子道谓孝也。"② 皇《疏》是把孔子之言看作齐将内乱的预言，而且似乎将"君君臣臣父父子子"归功于孔子的即兴创作，并把一套君惠臣忠父慈子孝的后世伦理规范强加于孔子头上。钱穆先生则说："鲁昭公末年，孔子适齐，时齐大夫陈氏专政，而景公多内嬖，不立太子，故孔子答其问如此。"③ 看来钱穆先生是把孔子视为善于揣度君上心思的臣子，其看法与郭沫若先生大相径庭，大异其趣：郭氏认为孔子是在讴歌逝去的黄金时代，希望当世能有明君，恢复禅让，破除父子相承的家天下制，任贤与能；钱氏则认为孔子几乎是在赤裸裸地暗示齐景公不惜一切手段巩固父子相承的家天下制，赶紧立太子才是平息内忧的不二法门。郭氏眼中的孔子胆子太大，野心太大；钱氏眼中的孔子胆子也不小，而且颇有几分巧言令色的味道。李零先生说，圣人、善人都是死人，没有一个是活人；又说，孔子不敢自称圣人。这些诚然是对的，但也只说对了一半。死人并非与活人毫无关系，正如历史对现实并非毫无影响，不然孔子也不会把圣人和唐虞三代老挂在嘴边。孔子不敢自称圣人，并非表示老人家没有"朝圣"的心思和努力。李零先生当然也不会看不到这一点。圣人、善人其实都是仁人，只是仁人的上层罢了。看来关键在度的把握上。孔子说过：中庸之为德也大矣。民鲜久矣。孔子确乎心仪唐虞三代，心仪到了夜梦周公的境地，但无论如何，他老人家也决不至于不识时务到如此不可救药的地步，甘冒天下之大不韪，公然兜售禅让的美德；他所说的"克己复礼"，如果确乎能施之于君主身上，顶多也就是"行夏之时，乘殷之辂，服周之冕，乐则《韶》《舞》。放郑声，远佞人"而已。④

① 于省吾：《甲骨文字释林》《释臣》，北京：中华书局，2009年，第333页。
② （梁）皇侃撰，高尚榘校点：《论语义疏》卷六《颜渊第十二》，北京：中华书局，2013年，第310页。
③ 钱穆：《颜渊第十二》，选自《论语新解》，北京：生活·读书·新知三联书店，2012年，第285页。
④ （梁）皇侃撰，高尚榘校点：《论语义疏》卷八《卫灵公第十五》，北京：中华书局，2013年，第399～402页。

孔子把"仁"的标准设得很高。

孟武伯问："子路仁乎?"子曰："不知也。"又问,子曰："由也,千乘之国,可使治其赋也,不知其仁也。""求也何如?"子曰："求也,千室之邑,百乘之家,可使为之宰也,不知其仁也。""赤也何如?"子曰："赤也,束带立于朝,可使与宾客言也,不知其仁也。"(《公冶长第五》)

子张问曰："令尹子文三仕为令尹,无喜色;三已之,无愠色。旧令尹之政,必以告新令尹。何如?"子曰："忠矣。"曰："仁矣乎?"曰："未知,焉得仁?""崔子弑齐君,陈文子有马十乘,弃而违之。至于他邦,则曰:'犹吾大夫崔子也。'违之。之一邦,则又曰:'犹吾大夫崔子也。'违之,何如?"子曰："清矣。"曰："仁矣乎?"曰："未知,焉得仁?"(《公冶长第五》)

在孔子眼里,子路、求、赤均"不知其仁也";令尹子文、陈文子均"未知"其"仁",孔子自己也不敢当。

子曰："若圣与仁,则吾岂敢? 抑为之不厌,诲人不倦,则可谓云尔已矣。"公西华曰："正唯弟子不能学也。"(《述而第七》)

那么在孔子心目中,究竟谁才配得上"仁"呢?

冉有曰："夫子为卫君乎?"子贡曰："诺,吾将问之。"入,曰："伯夷、叔齐何人也?"曰："古之贤人也。"曰："怨乎?"曰："求仁而得仁,又何怨?"出,曰："夫子不为也。"(《述而第七》)

子路曰："桓公杀公子纠,召忽死之,管仲不死。"曰："未仁乎?"子曰："桓公九合诸侯,不以兵车,管仲之力也。如其仁! 如其仁!"(《宪问第十四》)

子贡曰："管仲非仁者与? 桓公杀公子纠,不能死,又相之。"子曰："管仲相桓公,霸诸侯,一匡天下,民到于今受其赐。微管仲,吾其被发左衽矣。岂若匹夫匹妇之为谅也,自经于沟渎而莫之知也。"(《宪问第十四》)

微子去之，箕子之为奴，比干谏而死。孔子曰："殷有三仁焉。"（《微子第十八》）

微子虽弃商奔周，后封诸侯（春秋宋之先祖）；箕子虽佯狂为奴，后封朝鲜，但与伯夷、叔齐终归是一路人，均为隐逸之祖。比干则是所谓"杀身以成仁""蹈仁而死者"（《卫灵公第十五》）；管仲则是最坚韧的一类，发愤而作，能屈能伸，不卑不亢，在第二性的限制中将第三性发挥到了极致，大概要算得上除圣人和善人以外最得"仁"之精义者。在管仲身上，再次印证了"仁"并非一种纯粹的道德评价，更非一种纯粹的政治伦理，亦非一种纯粹的宗教伦理。"仁"的全部内涵在于第二性，其外延要远远超越道德伦理、政治伦理和宗教伦理的总和。因为这些形形色色的伦理，过分强调了人类社会，而遗忘了广漠无边的自然存在。"仁"无关乎"细行""大德"之辩，"仁"乃第二性或现实性的无条件呈现。孔子曾经措辞激烈地批评管仲器小、不知俭、不知礼[1]，但却毫不犹豫且毫不吝啬地将"仁"的桂冠奉送予管仲。这与后世理学家的评价（比如朱熹说"器小，言其不知圣贤大学之道，故局量褊浅，规模卑陋，不能正身修德以致主于王道"）[2] 可谓大相径庭。辜鸿铭先生称管仲为"当世的俾斯麦"[3]，虽然其情可怜，但效果却适得其反。

皮尔斯曾经这样描述第二性的状态：

第二以诸如此类的事实与我们邂逅：另一个，关系、力量、影响、依赖、独立、对抗、发生、现实、终结。一物不可能是另一个，对抗、独立，如果没有第一，或者说，正是有了第一，它才可能是另一个，对抗、独立。然而，这还不是深刻的第二性；因为第一也许在这些场合中被破坏了，使得第二性的本性完全依然故我。当第二因第一的行为而发生了某些改变，并且依赖于它，第二性才是更为纯粹的。但是这种依赖不能够走得

---

① （梁）皇侃撰，高尚榘校点：《论语义疏》卷二《八佾第三》，北京：中华书局，2013年，第73~76页。

② （宋）朱熹集注，陈戍国标点：《四书集注》，长沙：岳麓书社，1987年，第94页。

③ Ku Hung-Ming, *The Discourses And Sayings of Confucius：A New Special Translation, Illustrated With Quotations From Goethe And Other Writers*, Shanghai：Kelly & Walsh, LTD., 1898, P.123.

太远，以至于第二仅仅是第一的附庸或附属品，否则第二性就又退化了。纯粹的第二性忍受而仍抵抗，就像死物质，它的存在正在于它的惰性。也请注意，因为第二性拥有我们已然看到的属于它自身的不可变易性，它必须固定不动地为第一所决定，其后依然固定不变；俾不可移易的不变性成为它的特性之一。我们在发生中发现第二性，因为发生是这样一种东西：它的存在正在于我们偶然撞上它。铁的事实亦然，也就是说，它是某种东西，它就在那儿，我不能去想它，但是又不得不承认它是与我——主体或第一——无关的对象或第二，它构成了我的意志训练的素材。（1.358）①

皮尔斯所描述的第二性的状态最切合孔子一生的行状。孔子一生郁郁不得志，他渴望能像圣人那样"博施于民而能济众""修己以安百姓"，能像善人那样"为邦百年，亦可以胜残去杀""教民七年，亦可以战矣"，能像楚狂接舆、长沮桀溺那样凤歌耦耕，但他又比谁都要明白"博施于民而能济众""修己以安百姓"其实就连尧、舜也做不到（"修己以安百姓，尧、舜其犹病诸"——《论语·宪问》），他一介草民，无权无位，又如何做得到？"滔滔者，天下皆是也"，孔子又何尝不知？孔子也自知无以易之，但他依然去父母之邦，栖栖惶惶，周游列国，知其不可易而强易之，"鸟兽不可与同群，吾非斯人之徒与而谁与？天下有道，丘不与易也"。乱世方显仁者本色，浊世虽浊，但我不立浊世又能立哪里呢？李零先生说："他的观点是，天下越乱才越要掺乎"②，诚为有得之言！"知其不可而为之"（《宪问第十四》）正是"纯粹的第二性"的表现："忍受而仍抵抗"，不去不避，不降不退，既不对现实性屈服，降志辱身，放弃自己的理想追求，完全失却第一性，也不隐逸山林，逍遥快活，为第一性而第一性。既不向残酷的现实低头，为第二性而损伤第一性，也不与现实直面冲突。比如卫灵公问陈，孔子不软不硬，"俎豆之事，则尝闻之矣；军旅之事，未之学也"，并于第二天离卫。孔子的适齐与去齐，媚奥媚灶

① Peirce, C. S., *Collected Papers of Charles Sanders Peirce*, Volume Ⅰ－Ⅵ, edited by Charles Hartshorne and Paul Weiss, Cambridge, Harvard University Press, 1931－1935；Volume Ⅶ－Ⅷ, edited by Arthur W. Burks, Cambridge, Harvard University Press, 1958.

② 李零：《丧家狗——我读〈论语〉》《微子第十八》，太原：山西人民出版社，2007 年，第 315 页。

并不令他上心，子见南子也不值得大惊小怪①，只是现实性使然，孔子专注的是"天"，"获罪于天，无所祷也"（《八佾第三》），夫奥、灶之与"天"也，岂可同日而言之哉？"曾谓泰山不如林放乎？"这里泰山所代表的其实正是"天"，是绝对的第二性，普遍的第二性，人怎么可以在"天"面前耍小聪明呢？第二性是人类无可逃避的渊薮与劫数，是人类不得不然的现实存在方式。"三军可夺帅，匹夫不可夺志也"（《子罕第九》），不是与现实顽固对抗，而是对第二性的不可抵挡的抵挡。这就是，守住第一性，任尔东西南北风，我自岿然不动；而在守住第一性的同时，时刻准备着抓住第二性的天赐良机，即便不能一匡天下，也要为天下木铎，徘徊于"天之将丧斯文也"与"天之未丧斯文也"之间。子贡曰："有美玉于斯，韫椟而藏诸？求善贾而沽诸？"子曰："沽之哉！沽之哉！我待贾者也。"（《子罕第九》）楚人和氏抱其璞而哭于楚山之下，三日三夜，泪尽而继之以血；生逢乱世，孔子虽怀璞抱玉，却不能如太公望"以渔钓奸周西伯"，只能一如和氏急于"奉而献之"，三试三黜，三黜三试，试之不已，但孔子并不哭之以血泪，而是一如现代自由市场一样讨价还价，善价而沽，既不过于主动，陷自身于"媚"，也不过于被动，陷自身于"不时"。有韧性，不撞南墙不回头，但也不失活泛，活泛而不至巧言令色，不会像匹夫匹妇一样动不动就自经于沟渎而莫之知，一点幽默感也没有，一点现实感也没有；也不会轻易许以军旅，或如冉求"季氏富于周公，而求也为之聚敛而附益之"。或轻于鸿毛，或重于泰山，这一点原则孔子心里还是有底的。现实性既然是一种纯粹的蛮力，无法可想，"待贾"也许就是乱世之中唯一可取的生存之道了。

　　不曰坚乎，磨而不磷；不曰白乎，涅而不缁。吾岂匏瓜也哉？焉能系而不食？②

　　凤鸟不至，河不出图，如之奈何？真的就此"已矣夫"？！孔子的抉择是，

---

① 朱熹说："盖子路性直，见子去见南子，心中以为不当见，便不说（悦）。夫子似乎发咒模样。夫子大故激得来躁，然夫子却不当如此。古书如此等晓不得处甚多。"黎靖德编，王星贤点校：《朱子语类》（全8页），北京：中华书局，1986年，第838页。
② 程树德撰，程俊英、蒋见元点校：《论语集释》（2版），卷三十四《阳货上》，北京：中华书局，2014年，第1546~1557页。

既保持"坚"与"白"的"质"不变，又任其"磨"，任其"涅"，在第二性的蛮力面前既不负隅顽抗，也不避之唯恐不及。与其任其时光流逝，日薄西山，系而不食，不若深入虎穴，见机行事，虽不必挽狂澜于既倒，但一试身手总归不枉此生。否则，不曰坚乎，不磨又怎见得其坚？不曰白乎，不涅又怎见得其白？"磨而不磷，涅而不缁"，适足以证明正是第二性成就了第一性，正是现实性成就了质，正是磨而又磨、涅而又涅，成就了"不磷""不缁"。也正印证了皮尔斯的这句话："（除非）它们得以现实化，否则我们将对这些可能性一无所知。"（1.25）[①] 正是现实的污浊，更衬出孔子的"坚""白"；正是现实的无奈，更衬出孔子的坚韧与伟大；正是现实的嘈杂，更衬出孔子之质的纯粹；正是现实的逼仄，更衬出孔子的从容；正是现实的无情，更衬出孔子的理性；正是现实的清浊难辨，更衬出孔子的困兽犹斗。孔子是中国的西西弗斯，屡战屡败，屡败屡战，生命不息，"推石"不止。

第四节　乐与第三性

如果说"水"代表"第一性"，"山"代表第二性，那么"水"与"山"就似乎没什么可"乐"。第一性不是质的本然的存在状态吗？第二性不是现实的本然的存在状态吗？孔子为什么还会"乐水""乐山"呢？这就牵涉第三性的问题，因为第三性归根结底是一种创造性、生成性，虽然在第一性和第二性之间起中介作用，但又生成了第一性和第二性所难以涵盖难以企及的东西。

第三性是什么呢？皮尔斯说：

醒着的时候我们不做某种预言哪怕五分钟也过不去；大多数情形下，这些预言应验了。然而，预言本质上具有普遍的性质，永远不能完全应验。说预言具有必然应验的倾向，是说未来事件一定程度上确实为规律所支配。一副骰子连掷5次都是6点，这只是一种同一性（uniformity）。也许掷上1 000次，骰子都碰巧偶然是6点。但是这丝毫不能保证下一次还

① Peirce，C. S.，*Collected Papers of Charles Sanders Peirce*，Volume Ⅰ－Ⅵ，edited by Charles Hartshorne and Paul Weiss，Cambridge，Harvard University Press，1931－1935；Volume Ⅶ－Ⅷ，edited by Arthur W. Burks，Cambridge，Harvard University Press，1958.

是 6 点。如果预言总会应验，那么必然是未来事件总会符合普遍规则。"噢，"但唯名论者会说，"这种普遍规则只不过是一个词或几个词而已！"我的回答是："没有人会否认普遍法则具有普遍符号的性质；但是问题在于未来事件是否符合。如果符合，那么你的形容词'只不过'好像就放错了地方。"规则本身就很重要，未来事件总会符合规则，规则是导致那些事件发生的一个重要因素。这种存在方式存在于，请记住我的话，这种存在方式存在于这一事实：第二性的未来行为具有确定的普遍性，我称之为"第三性"。(1.26)①

第三性仅仅从外部看是"法则"，而当我们从盾牌的两面看时我们称之为"思想"。思想既非质亦非事实（1.420）②。自然界的一切都是由法则决定的，人类的一切行为举止都是由思想决定的。质是一元的，事实是二元的，十足纯粹的三元与质或事实的世界完全分离，只存在于"表象的领域"（the universe of representations）（1.480）。③

"子畏于匡"，险些丢掉性命，孔子却说"文王既没，文不在兹乎？天之将丧斯文也，后死者不得与于斯也；天之未丧斯文也，匡人其如予何"；司马桓魋欲杀孔子，孔子却说"天生德于予，桓魋其如予何"；"在陈绝粮，从者病，莫能兴"，孔子却说"君子固穷，小人穷斯滥矣"；自己的大弟子颜回穷困，孔子则赞曰："贤哉回也！一箪食，一瓢饮，在陋巷，人也不堪其忧，回也不改其乐。贤哉回也！"（《雍也第六》），孔子又说"饭疏食，饮水，曲肱而枕之，乐亦在其中矣。不义而富且贵，于我如浮云"（《述而第七》），"其为人也，发愤忘食，乐以忘忧，不知老之将至云尔"（《述而第七》）。这些行为举止在常人看来简直非愚即痴，可是孔子屡屡说"乐"，究竟"乐"在何处？

---

① Peirce, C. S., *Collected Papers of Charles Sanders Peirce*, Volume Ⅰ－Ⅵ, edited by Charles Hartshorne and Paul Weiss, Cambridge, Harvard University Press, 1931－1935；Volume Ⅶ－Ⅷ, edited by Arthur W. Burks, Cambridge, Harvard University Press, 1958.

② Peirce, C. S., *Collected Papers of Charles Sanders Peirce*, Volume Ⅰ－Ⅵ, edited by Charles Hartshorne and Paul Weiss, Cambridge, Harvard University Press, 1931－1935；Volume Ⅶ－Ⅷ, edited by Arthur W. Burks, Cambridge, Harvard University Press, 1958.

③ Peirce, C. S., *Collected Papers of Charles Sanders Peirce*, Volume Ⅰ－Ⅵ, edited by Charles Hartshorne and Paul Weiss, Cambridge, Harvard University Press, 1931－1935；Volume Ⅶ－Ⅷ, edited by Arthur W. Burks, Cambridge, Harvard University Press, 1958.

如果没有第三性的参与，何"乐"之有？"子路问君子"，孔子的回答其实可视为孔子对君子之乐之三种境界的概括描述。

> 子路问君子。子曰："修己以敬。"曰："如斯而已乎？"曰："修己以安人。"曰："如斯而已乎？"曰："修己以安百姓。修己以安百姓，尧、舜其犹病诸。"（《宪问第十四》）

就三性的关系而言，质的第一性属第一，因为没有第二、第三，第一也照样独立存在；第二性只能排第二，因为第二性必须依赖第一性而存在，但可以不考虑第三性；第三性则只能屈居第三，因为第三性是一种中介性，必须依赖第一性和第二性方能立足。当然这种排序只是就存在的形式因素和逻辑因果而言。"修己以敬""修己以安人""修己以安百姓"是君子人格形成的三个阶段，是君子由"小我"逐步实现"大我"的符号化过程。"修己以敬"，可视之为君子对一己的美质的珍视，即对第一性的珍视，这是君子安身立命的基础，但并非人格修养的高阶；"修己以安人"，是在保持一己人格美德的基础上，又善于与人周旋应对，己欲立而立人，己欲达而达人，可视之为君子对个别个体（贵族）的处分，即对现实性亦即对第二性的对待，虽比"修己以敬"略微前进了一步，但仍不足以号称人格修养的极致，仍有很大的上升空间；"修己以安百姓"，则是在既保持一己人格美德，又善于与人周旋应对的基础上更上一层楼，博施于民而能济众，国泰民安，其乐融融，可视之为君子对可预见及不可预见的事物的一种洞察力、判断力，即对规律性亦即第三性的了如指掌。

"乐"，正是君子、智者、仁者发挥他们的第三性的思想连接的作用的表征。"乐"来源于第一性的质与第二性的现实，又完全超越第一性或第二性的全部。"乐"是动词，是联结，是沟通，是贯穿，是中介，是点石成金，是化腐朽为神奇，是心有灵犀一点通，是"会当凌绝顶，一览众山小"的雄奇创造。苹果落地，是现实的、偶然的，发生过千万次，世人浑然不觉，只有牛顿（Isaac Newton）预言万有引力定律的存在，从此人类文明发生了巨变。山山水水每日静默于我们面前，我们一无所感，唯有孔子从"水"中读出了"智"，从"山"中读出了"仁"，在川上读出了"逝者如斯夫，不舍昼夜"，"饭疏食，饮水，曲肱而枕之"，人人日日重复生活于其中，唯有孔子读出了其中的

"乐"。第三性本质上是一种外在的思想，与纯然的个体和纯然的个体行为无关，可以产生，可以成长。君子一旦通达"智""仁"之要义，便可不费吹灰之力在万事万物的现实存在中发现并生成"乐"，从无中生出有，从有中生出无，循环往复，周流不已，并且由己及人，将"智""仁"之要义传播八方，乃至惠及子孙万代。

"修己以安百姓"，孔子认为是圣人之事，连尧舜也做不到，自己当然更无望；"修己以安人"，孔子认为是仁者之事，自己也无缘；"修己以敬"，自己只能勉力而为。那么孔子所剩下的还有什么？只有"无知"，只有"空空如也"。孔子所能做的还有什么？只有"叩其两端而竭焉"，只有"中庸"而已。孔子所能"乐"的还有什么？只有"述而不作"而已。"述而不作"并非没有创造，而恰恰是"在'述'中'作'"，在解释中创造。"述"本身既是一种阐释，也是一种创造，是阐释与创造的合一，是无限符号衍义过程中的一个节点。孔子的"好古敏以求之"，"好"什么？唯有古，唯有三代之礼，"求"什么？就是求"克己复礼"，恢复周礼。别说圣人，别说尧舜，别说周公，孔子就连司马迁的"成一家之言"的野心也没有。孔子只求"温故知新"，只求"举一隅而以三隅反"，如斯而已。"述而不作"，也就是"君子不器"的别一称谓而已，在可能性、未来性与现实性的莫名冲突中自由游走，还原生命的本真体验，即使无人欣赏，也自得其乐。

虽则"修己"的目标是"修己以敬""修己以安人""修己以安百姓"三种层层递升的境界，但"修己"的手段却有千百万种。"修"之道是活泼泼的人生，秋风萧瑟、愁云惨淡、雷霆万钧、大江东去、月落乌啼乃至婚丧嫁娶、食不语、寝不言，不拘一格，都不失为"修"之活泼泼的方式。"智者乐水，仁者乐山"，正是孔子对君子修己之道的一种隐喻，但不是一种伦理隐喻、道德隐喻，而是一种人生隐喻、生命隐喻、存在（being）隐喻。"智者乐水，仁者乐山"是存在（being）的现象学隐喻。

美学所关注的，既非纯粹的伦理，也非纯粹的自然，而是物质与意识的连续状态，第一性、第二性与第三性的交融状态，亦即孔子"知者乐水，仁者乐山"所欲达之宗旨。

皮尔斯现象学是以第一、第二、第三的三位一体的面貌出现的，但这种第一、第二、第三，即可能性、现实性、规律性，不同于黑格尔的正反合。皮尔斯在构建自己的现象学大厦时，虽然只提到了黑格尔而没有提及胡塞尔，但他的现象学与胡塞尔现象学却没有隔膜，而与黑格尔的现象学南辕北辙。皮尔斯本人早就意识到了自己与黑格尔的决裂。同样是三分，但黑格尔的三分建立在心物二元论的基础之上，是笛卡儿二元分裂主义的忠实信徒，在他那里，只有绝对精神的无限完美的运动，而没有坚硬现实的踪影。皮尔斯的三分，则建立于现象学和连续主义的基础之上，物质、意识是相通的。皮尔斯自然科学家的出身，决定了他不可能背弃自己的科学精神，不可能在探究之路上设置人为的障碍，而故意对现实置若罔闻。在黑格尔那里，美只是理念的感性显现；在皮尔斯这里，美则是"没有任何隐秘的理由而客观地值得赞美的事物"(1.191)①。

所以，皮尔斯虽然坚持美的第一性的品格，但与此同时，也从不曾对美所包含的第二性和第三性视而不见。他在举例何为"第一性"时，毫不迟疑地将《李尔王》标举为第一性的杰出代表，这是大有深意在的。

> 第一性在纯粹感觉的完全的质上取得了例证。它完全单纯，没有部分，每一种东西都有自己的质。因此，悲剧李尔王有它的第一性，有它自成一格的韵味。所有这样的质的一致之处就是普遍的第一性，第一性的真正存在。"可能性"这个词很适合它，只可惜可能性暗示了与存在之物的关系，而普遍的第一性只意味着自身的存在方式。这解释了为什么需要一个新的词来表达它。不然，"可能性"也可李代桃僵。(Lowell Lectures，CP 1.531，1903)②

《李尔王》有它独一无二的质，有它举世无匹的神韵，我们在品味它的唯一性和单纯性时，似乎完全遗忘了其中的暴风骤雨、人情浇漓。宗白华先生说："戏剧与人生对他是一个东西"，"全剧有一种'情调'的创造"，"他冷静

---

① Peirce, C. S., *Collected Papers of Charles Sanders Peirce*, Volume Ⅰ—Ⅵ, edited by Charles Hartshorne and Paul Weiss, Cambridge, Harvard University Press, 1931—1935；Volume Ⅶ—Ⅷ, edited by Arthur W. Burks, Cambridge, Harvard University Press, 1958.

② Peirce, C. S., *Collected Papers of Charles Sanders Peirce*, Volume Ⅰ—Ⅵ, edited by Charles Hartshorne and Paul Weiss, Cambridge, Harvard University Press, 1931—1935；Volume Ⅶ—Ⅷ, edited by Arthur W. Burks, Cambridge, Harvard University Press, 1958.

得像一个上帝"，"诗人的智慧和广大的同情里流出泉水般的'黄金的幽默'，像朵朵细花洒遍在沉痛动人的生命悲剧上"，"在莎士比亚的世界里是圣洁的白莲和淫秽的泥沼织成人生的诗与真理"，盛赞莎士比亚以第二性的狂暴与第三性的慧心成就第一性的"情调"的上帝或天上神使一样的工作。① 虽然第一性必须以独立于第二性和第三性为前提，但要真正触摸第一性而不让它飞走，则除舍第二性的蛮力冲突和第三性的中介勾连别无他途。因为脱离了第二性和第三性的第一性，只是纯然的混沌和虚无。

中国古典美学对美的三性融合有着深刻的理解，因此中国的古典美才不致流于虚空。孔子之言"知者乐水，仁者乐山"，启示了物质与意识浑然无间的连续状态，物我两忘，主客两失，三性圆融，而从司马迁到韩愈到欧阳修，则鲜明标示了一个以张扬第二性乃至第三性来成全第一性的不二法门，是孔子三性融合传统的发扬光大。

"人之将死，其言也善""甚矣吾衰也！久矣吾不复梦见周公！"痛哉斯言！称美三代是孔子一以贯之的情结，岂止"衣带渐宽终不悔"，简直是愈老愈执迷不悟，凤鸟不至，河不出图，也没让他老人家死了心，反而愈激发起老人家的斗志。

> 子曰："巍巍乎，舜、禹之有天下也而不与焉！"
> 子曰："大哉尧之为君也！巍巍乎！唯天为大，唯尧则之。荡荡乎！民无能名焉。巍巍乎！其有成功也。焕乎！其有文章！"

孔子拿什么来盛赞尧、舜、禹的功德呢？答案是：山与水。"巍巍乎"，形容"山"之高峻；"荡荡乎"，形容"水"之浩渺；"焕乎"也可以写作"焕焕乎"或"涣涣乎"，因为"焕焕乎"或"涣涣乎"的本字均为"奂"，"涣涣乎"在这里为"盛美"义，"涣涣乎"也是形容"水"之大。这里有自然与社会的强分吗？没有。这里有物质与意识的断裂吗？没有。

司马迁虽然自标道家，但显然更多地继承了孔子的衣钵。"风萧萧兮易水

---

① 宗白华著，林同华主编：《莎士比亚的艺术》《我所爱于莎士比亚的》《〈文学应该表现生活全部的真实〉编辑后语》，选自《宗白华全集》第二卷，合肥：安徽教育出版社，2008年，第156～160页，176～178页，179页。

寒",哪里见得一丝一毫的道家气象,倒更像是孔子"知者乐水,仁者乐山"的翻版。但这里却更强调了易水的第二性的特征,即作为另一个第一性而与人发生第二性对撞冲突的"水"。前面也提到过,即便孔子对"知""仁""水""山"的区分也是相对的而非绝对的,也是象征意义上的而非物理现实意义上的。因为第一性与第二性是均等地存在于山水之间的。只是为了比较,为了突显,为了区分彼此的个性,才生出"乐水""乐山"之说。山水当然实际上是一体的,不可分的。仁智实际上也是不可分的,尧、舜、禹实际上均仁智兼美,而决不会偏执一隅。

> 夫《诗》《书》隐约者,欲遂其志之思也。昔西伯拘羑里,演《周易》;孔子厄陈、蔡,作《春秋》;屈原放逐,著《离骚》;左丘失明,厥有《国语》;孙子膑脚,而论兵法;不韦迁蜀,世传《吕览》;韩非囚秦,《说难》《孤愤》;《诗》三百篇,大抵贤圣发愤之所为作也。此人皆意有所郁结,不得通其道也,故述往事,思来者。[①]

"发愤"即为贤圣遭遇了第二性,"作"即为第三性的符号呈现。当然司马迁这里所强调的重点在第二性。

司马迁所言"拘""厄""放逐""失明""膑脚""适""囚",所言"发愤",正是第二性的强烈表现,或曰第二性的极端表现。司马公本人也遭遇了人生之大不幸,发而为言,格外痛切。现实的不可抗拒性、不可回避性、无可协商性、无可通融性,在《史记》里表现得格外惨烈,格外触目惊心,格外惊心动魄,格外惊天地泣鬼神。在这一意义上,可以说,《史记》是第二性的绝唱。

与此同时,司马迁也颂美了第三性的伟大力量,这就是,所有这些仁者、智者,在命运的肆虐下,在第二性的围困中,并不向命运低头,并不向现实性认输,而是做某种绝望的反抗,压迫愈重,韧性愈坚;如一座活火山,压抑得愈久,生命力就愈顽强,创造力就爆发得愈辉煌。在这一意义上则可以说,

---

① 司马迁撰,裴骃集解,司马贞索隐,张守节正义:《史记》卷一百三十《太史公自序第七十》,北京:中华书局,1959年,第3300页。

《史记》是第三性的赞美诗。

魏晋时期的"世遭离乱，故梗概而多气"，也是第二性（世遭离乱）的压迫使然，第三性的创造力（梗概而多气）于此空前夺目，是史迁传统的发扬光大。韩愈对魏晋文学的评价略有出入，但对司马精神则不吝赞美，并从理论上加以发扬光大：

大凡物不得其平则鸣。草木之无声，风挠之鸣。水之无声，风荡之鸣，其跃也或激之，其趋也或梗之，其沸也或炙之。金石之无声，或击之鸣。人之与言也亦然，有不得已者而后言。其歌也有思，其哭也有怀，凡出乎口而为声者，其皆有弗平者乎！

乐也者，郁于中而泄于外者也，择其善鸣者而假之鸣，金、石、丝、竹、匏、土、革、木八者，物之善鸣者也。维天之于时也亦然，择其善鸣者而假之鸣。是故以鸟鸣春，以雷鸣夏，以虫鸣秋，以风鸣冬。四时之相推夺，其必有不得其平者乎！其于人也亦然。人声之精者为言，文辞之于言，又其精也，尤择其善鸣者而假之鸣。其在唐虞，咎陶、禹，其善鸣者也，而假以鸣。夔弗能以文辞鸣，又自假于《韶》以鸣。夏之时，五子以其歌鸣。伊尹鸣殷，周公鸣周。凡载于《诗》《书》六艺，皆鸣之善者也。周之衰，孔子之徒鸣之，其声大而远。传曰"天将以夫子为木铎"，其弗信矣乎！其末也，庄周以其荒唐之辞鸣。楚，大国也，其亡也，以屈原鸣。臧孙辰、孟轲、荀卿，以道鸣者也。杨朱、墨翟、管夷吾、晏婴、老聃、申不害，皆以其术鸣。秦之兴，李斯鸣之。汉之时，司马迁、相如、扬雄，最其善鸣者也。其下魏、晋氏，鸣者不及于古，然亦未尝绝也。就其善者，其声清以浮，其节数以急，其辞淫以哀，其志驰以肆，其为言也乱杂而无章。将天丑其德，莫之顾邪？何为乎不鸣其善鸣者也！

唐之有天下，陈子昂、苏源明、元结、李白、杜甫、李观，皆以其所能鸣。其存而在下者，孟郊东野始以其诗鸣。其高出魏、晋，不懈而及于古，其他浸淫乎汉氏矣。从吾游者，李翱、张籍，其尤也。三子者之鸣信善矣，抑不知天将和其声，而使鸣国家之盛邪，抑将穷饿其身，思愁其肠，而使自鸣其不幸邪？三子者之命，则悬乎天矣。其在上也奚以喜，其在下也奚以悲。东野之役于江南也，有若不释然者，故吾道其命于天者以解之。①

如果说司马迁强调第二性的困厄，那么，韩愈则在强调第一性和第二性的基础上大力强调了第三性。"物不得其平则鸣"，正是对存在的三种方式最简洁的说明，而又格外强调了第三性的核心作用。物本身以自身的方式存在，是为第一性；不得其平，即物与他物发生蛮力对撞，是为第二性；鸣，即以思想性或中介性将第一性和第二性勾连熔为一炉，是为第三性。

韩愈不忽略第二性，如他在卷四《荆潭唱和诗序》中也说过：

> 夫和平之音淡薄，而愁思之声要妙；欢愉之辞难工，而穷苦之言易好也。是故文章之作，恒发于羁旅草野。至若王公贵人，气满志得，非性能而好之，则不暇以为。②

第二性即"不得其平"，即"愁思""穷苦"，即"羁旅草野"，当然，"和平""欢愉"也是第二性的表现形态之一，但远不如"愁思""穷苦""羁旅草野"表现得鲜明、突出、强烈。第二性是艺术家创造的现实基础，但韩愈在这里所着力强调的则是第三性的"善鸣"作用，即第三性对第一性和第二性的勾连、浓缩和升华作用，也就是皮尔斯所说的"一般性、无限性、连续性、渗透性、生成性以及智能性"（1.340）③。只有靠善鸣者的天造地设之才，第一性的质和第二性的对抗才能最终趋向于第三性的和。这就是韩愈所标榜的"古道"，即儒家之道。韩愈之所以对魏晋颇有微词，亦在于此。

尤为可贵的是，韩愈这里的"善鸣者"，不限于人，而是首推于"天"；不限于文辞，而是平等及于《韶》、歌；不限于立言，而是平等及于立功、立德。可以说，这种视精神、物质为一体，视天与人平等的符号，即使在千载之下也

---

① （唐）韩愈：《韩昌黎全集》卷十九《书六》《序一》《送孟东野序》，北京：中国书店，1991年6月第1版，据1935年世界书局本影印，第276～277页。

② （唐）韩愈：《韩昌黎全集》卷二十《序二》《荆潭唱和诗序》，北京：中国书店，1991年6月第1版，据1935年世界书局本影印，第290～291页。

③ Peirce, C. S., *Collected Papers of Charles Sanders Peirce*, Volume Ⅰ－Ⅵ, edited by Charles Hartshorne and Paul Weiss, Cambridge, Harvard University Press, 1931－1935; Volume Ⅶ－Ⅷ, edited by Arthur W. Burks, Cambridge, Harvard University Press, 1958.

殊为难得。"匹夫而为天下师，一言而为天下法""文起八代之衰，而道济天下之溺"，信矣夫渊源有自。苏轼归之为"参天地，关盛衰，浩然而独存者"，诚韩公知音也矣。韩愈的这种连续主义精神和他独造的符号观，在中外哲学史和美学史上均可谓戛戛独步。

宋欧阳修提出"非诗之能穷人，殆穷者而后工"，对第二性与第三性的辩证关系做了进一步的深刻探究。

> 予闻世谓诗人少达而多穷。夫岂然哉！盖世所传诗者，多出于古穷人之辞也。凡士之蕴其所有而不得施于世者，多喜自放于山巅水涯，外见虫鱼草木、风云鸟兽之状类，往往探其奇怪，内有忧思感愤之郁积，其兴于怨刺，以道羁臣寡妇之所叹，而写人情之难言。盖愈穷则愈工。然则非诗之能穷人，殆穷者而后工也。（卷四十二《梅圣俞诗集序》）①

"诗"作为符号，作为第三性，只是起到中介的作用，必须依赖第一性的质和第二性的现实性才能存在，但纯粹的第二性和第一性却完全不必依赖第三性而存在，"穷"即这种不可抗拒的第二性、现实性。"非诗之能穷人"，即作为第三性的诗对不可抗拒的第二性并不能施加任何直接影响；"殆穷者而后工也"，即作为第二性的现实体验愈丰富，作为第三性的诗歌创作才会愈有基础，愈有开拓和升华的可能空间，愈符合诗歌的规律，随心所欲而不逾矩。

第五节　山水作为一体：栏杆拍遍，无人会，登临意——亭台楼阁作为符号

梁思成先生虽不专治文学，但对文学的见解较之一般专治文学的冬烘先生却要高明得多、透彻得多。1935 年，在《石栏杆简说》一文中，梁思成先生曾经说过以下一段话：

---

① （宋）欧阳修：《欧阳修全集》（上下），《居士集》卷四十二《序》，北京：中国书店，1986 年 6 月第 1 版，据世界书局 1936 年版影印，第 295 页。

栏杆在中国建筑中是一种极有趣味的部分；在中国文学中，也占了特殊的位置，或一种富有诗意，非常浪漫的名词。六朝唐宋以来的诗词里，文人都爱用几次"阑干"。画景诗意，那样合适，又那样现成。但是滥用的结果，栏杆竟变成了一种伤感、作态细腻乃至于香艳的代表。唐李颀诗"苔色上钩阑"，李太白"沉香亭北倚栏杆"，都算是最初老实写实的词句，与后世许多没有阑干偏要说阑干，来了愁思便倚上去的大大不同。①

寥寥数行，却道尽了中国文学千年的沧桑。栏杆的依托，当然在于亭台楼阁，或如先生所说"台，楼，廊，梯，或其他居高临下的建筑物"，栏杆只是亭台楼阁的一个缩影或代名词。亭台楼阁作为建筑的某种范式，首要的当然是其实用价值，比如遮风避雨，比如"防止人物下坠"（栏杆），但作为一种特殊形态的建筑，亭台楼阁的实用价值则往往让位于审美价值。但亭台楼阁的审美价值从何而来？这一问题当然早已逗惹了大家的兴致，各家说辞异彩纷呈。叶朗先生在《中国美学史大纲》中称："楼台亭阁的审美价值主要并不在于这些建筑物本身，而在于通过这些建筑物，通过门窗，欣赏到外界无限空间中的自然景物。"② 一言以蔽之，无论园林还是园林中的建筑，楼、台、亭、阁，都要"服从于创造艺术意境的要求，要有助于扩大空间，要有助于丰富游览者的美的感受"。

那么这种艺术意境是如何创造的呢？这就必须从亭台楼阁的符号意义说起。当且仅当亭台楼阁具备了符号意义，才能产生亭台楼阁的审美意味；没有亭台楼阁的符号意义，亭台楼阁的审美意味就是空中楼阁。

正如朱光潜先生所早经指出的："其实'自然美'三个字，从美学观点看，是自相矛盾的，是'美'就不'自然'，只是'自然'就还没有成为'美'。"③但美感并不起于形象的直觉，而是起于形象的符号过程。美感符号是一种情感（Feeling）符号。山水（亭台楼阁）具有自身独特的存在方式，具有自身独有

---

① 梁思成：《石栏杆》《中国建筑艺术图集（上、下）》，天津：百花文艺出版社，1999年，第50页。

② 叶朗：《中国美学史大纲》，上海：上海人民出版社，1985年，第439~450页。

③ 朱光潜：《朱光潜全集》第二卷《谈美》之七《"情人眼底出西施"——美与自然》，合肥：安徽教育出版社，1987年，第46页。

的质，是一种第一性的存在，要成为美的对象，必须与观赏者的意识发生碰撞，产生作用与反作用，成为第二性的存在，才能以蛮力的方式进入观赏者的大脑。而这种质的可能性的存在以及蛮力的第二性的存在，只有经过解释者即观赏者的解释，即通过观赏者的中介作用，山水（亭台楼阁）作为对象的意义才能尽情彰显，亦即朱光潜先生所说的"我的情感和物的姿态交感共鸣，才能见出美的形象"。因此，山水（亭台楼阁）要成为美，必须经由对象、符号、解释者三者的协同作用才能实现，也就是说，必须经由一个乃至多个完整的符号过程才能得以完美呈现。纯粹物理存在的自在的山川峰谷、亭台楼阁，只是一个潜在的美学对象，必须经由解释者的第三性作用，即连接和中介作用，亭台楼阁的美学内涵才能如其自身显现。这是一种三价符号关系，不得以任何方式简化为二元关系。皮尔斯在 1907 年 3 月至 4 月间的一份手稿中写下这样一段话：

> 理解我所说的"semiosis"是什么意思至关重要。所有动力行为，或者说蛮力行为，物理的或心灵的，要么发生在两个主体之间——无论是否彼此势均力敌，或者一个是施事，另一个是受事，完全地或部分地——要么在任何意义上都是一对主体间这样行为的后果。但是，恰恰相反，我用"semiosis"这一术语，指的是一种行为，或影响，这种行为或影响是，或者包含了三个主体，这就是符号、对象以及解释项。这种三价关系影响不能以任何方式简化为两个对象间的行为。（EP2.411）①

符号学就是研究可能的符号过程的基本性质和基础种类的学说。符号是第三性的代表，是连续性、生成性、心智性、扩散性的典型案例。吾手师心，心师目，目师华山，这种符号三价关系是美产生的前提。在符号三价关系中，对象决定符号，并通过符号的中介作用间接决定解释项。山水（亭台楼阁）要在观赏者的心中创造美，创造意境，必须通过"semiosis"，使得形式的交流成为可能，而要使这种形式的交流成为可能，必须使山水（亭台楼阁）符号化，

---

① Peirce, C. S., *THE ESSENTIAL PEIRCE*: *Selected Philosophical Writings*, Volume 2 (1893—1913), edited by the Peirce Edition Project, Indiana University Press, Bloomington and Indianapolis, 1998.

思想化。"恒患文不逮意，意不称物"，由眼中之竹，到胸中之竹，再到手中之竹，这正是艺术创造的一个完整的符号过程。无论沧海桑田，符号的三价关系永远不变，符号的无限衍义永远没有完结。山水的欣赏，即山水的符号化过程。

我们从符号过程来看子路、曾皙、冉有、公西华侍坐，即能参悟孔子的慧心。

> 曰："莫春者，春服既成，冠者五六人，童子六七人，浴乎沂，风乎舞雩，咏而归。"夫子喟然叹曰："吾与点也。"①

为何唯独曾皙之言，"于我心有戚戚焉"？②

皇疏：孔子闻点之愿，是以喟然叹也。既叹而云"吾与点也"，言"我"志与点同也。所以与同者，当时道消世乱，驰竞者众，故诸弟子皆以仕进为心，唯点独识时变，故与之也。故李充云："善其能乐道知时、逍遥游咏之至也。夫人各有能，性各有尚，鲜能舍其所长而为其所短。彼三子者之云，诚可各言其志矣。然此诸贤既已渐染风流，飡服道化，亲仰圣师诲之无倦，先王之门岂执政之所先乎：呜呼！遽不能一忘鄙愿，而暂同于雅好哉！谅知情从中来，不可假已。唯曾生起然，独对扬德音，起予风仪。其辞精而远，其指高而适，矕矕乎！固盛德之所同也。三子之谈，于兹陋矣。"③ 大意是在出处之间，孔子更羡慕曾皙的处，此之谓乐道知时。苏子由《古史》：四子之言，皆其志也。夫子之哂由也以其不让，而其与点也以其自知之明与？如曾皙之狂，其必有不可施于世者矣。"自知之明"一语已经透露出苏氏对曾皙既欣赏又不无保留的倾向。朱熹注曰：曾点之学，盖有以见夫人欲尽处，天理流行，随处充

---

① 前人的注释五花八门，也不乏过于深求者。如皇《疏》存有一说：或云："冠者五六"，冠者三十人也；"童子六七"，六七四十二人也。四十二就三十合为七十二人也。孔子升堂者七十二人也，云云。古人居然在此一本正经玩起了算术，然而七十二人者，从学有先后，亦非孔子钦点，如何呼之即来恐怕很成问题。见（梁）皇侃撰，高尚榘校点：《先进第十一》，选自《论语义疏》，北京：中华书局，2013年，第294页。

② 杨义：《曾子门人编纂的篇章学依据》《"十哲无曾"的千古公案》《曾门重修及编纂的年代、人数》，选自《论语还原》，北京：中华书局，2015年，第109~114页，128~143页，267~285页。

③ （梁）皇侃撰，高尚榘校点：《先进第十一》，选自《论语义疏》，北京：中华书局，2013年，第295页。

满，无少欠阙，故其动静之际，从容如此。而言其志，则又不过即其所居之位，乐其日用之常，初无舍己为人之意。而言其胸次悠然，直与天地万物上下同流，各得其所之妙，隐然自见于言外。视三子之规规于事之末者，其气象不侔矣，故夫子叹息而深许之。而门人记其本末独加详焉，盖亦有以识此矣。又引程子曰："古之学者，优柔厌饫，有先后之序。如子路、冉有、公西赤言志如此，夫子许之，亦以此自是实事。后之学者好高，如人游心千里之外，然自身却只在此。"又曰："孔子与点，盖与圣人之志同，便是尧、舜气象也。诚异三子者之撰，特行有不掩焉耳，此所谓狂也。子路等所见者小。子路只为不达为国以礼道理，是以哂之。若达，却便是这气象也。"又曰："三子皆欲得国而治之，故夫子不取。曾点，狂者也，未必能为圣人之事，而能知夫子之志，故曰'浴乎沂，风乎舞雩，咏而归'，言乐而得其所也。孔子之志，在于'老者安之，朋友信之，少者怀之'，使万物莫不遂其性。曾点知之，故夫子喟然叹曰：'吾与点也。'"又曰："曾点、漆雕开，已见大意。"① 明杨慎《丹铅录》云："朱子易箦之前，悔不改此节注，留后学病根。"张氏甄陶曰："可见夫子之意，完全感慨身世，自伤不遇。所谓与点者，不过与汝偕隐之意。而以为人欲净尽，天理流行，已属隔膜之谈。况又以为具备尧、舜气象，岂非痴人说梦哉！"张履祥《备忘录》："四子侍坐，固各言其志，然于治道亦有次第。"程树德加按语："曾点在孔门无所表现，其学其才均在三子之下。朱子语类中关于此章论述不少，惜皆沿其师尧、舜气象谬说，并天理流行一派套语，多隔靴搔痒之谈，兹故不录"云云。② 这一场笔墨官司从古打到今，概括起来就一句话：区区一个曾皙，哪里配什么圣人气象？！但对孔子是大圣人这一点，大家似乎均无异议。其实，孔子自己早说过了若圣与仁，则吾岂敢？连尧、舜也并不配当一个完美的合格的圣人，而大家往往熟视无睹，肆逞胸臆，打得个你死我活却浑然忘却了究竟为什么而打。

　　放在今天看，古人的争论似乎很可笑。其实也不尽然。因为"吾与点也"其中的奥妙至今也还没有人从根上说清楚。古人只道出了其然，而没有道出其所以然。只在迂回曲折地顾左右而言他，而没有直面现象本身。山水与人之间

① 朱熹集注，陈戍国标点：《四书集注》，长沙：岳麓书社，1987年，第190页。
② 程树德撰，程俊英、蒋见元点校：《论语集释》（2版）卷二十三《先进下》，北京：中华书局，2014年5月第2版，第1029～1053页。

的符号交流，意义沟通，思想共鸣，是人生在世的根本，是人人得而观察的现象，可以随时随地自由地呈现在任何人的心里，与夫圣人与否扯不上半点关系，匹夫匹妇、黄发垂髫皆可胜任，甚至山水与动物、山水与植物、山水与山水、山水与风云，山水与鸿蒙之间，也无时无刻不存在着意义的交流、符号的传递，否则动物、植物将何以生存？整个大自然将何以进化？

舞雩台在这里即充当了山水与人之间的指示符号，所以这里存在着双重符号关系，山水作为第一重符号关系而存在，舞雩台则作为第二重符号关系而存在，而二者又是互相往还的。郦道元《水经注》卷二十五《泗水·沂水·洙水》曰："门南隔水有雩坛，坛高三丈，曾子所欲风舞处也。"① 雩坛是通天祈雨的所在，地位与今天所见的天坛相似，首先作为"天"的像似符号而存在。雩坛的构造形制已不可考，但我们从天坛、地坛、日坛、月坛的遗存可以大略推知大概情形，如天坛圜丘无非是"天圆地方""天有九重"等观念的形式再造。雩坛其次又作为山水的指示符号而存在。远有泰山，近有沂水，雩坛可以让人登高望远，由脚下而将视线引向不可及的悠远。坛的作用就在"指示"，如佛祖的一根手指，指向江山，指向不可知的所在，把你的眼光顺着手指指点的方向无限延伸开去。坛的存在并不为了坛，而为了坛外的乾坤。坛的存在，是一个"俯仰""收纳""开阖""出入""含聚"的符号，"俯仰""收纳""开阖""出入""含聚"即"指示"的不同称谓；正是"俯仰""收纳""开阖""出入""含聚"，把坛外的"无"（心力不及、目力不及）变成了游者眼中的"有"（心力及之、目力及之），并把坛内的"有"变成了"无"。雩坛又作为象征符号而存在，象征什么？象征鲁之敬神明，象征鲁乃礼仪之邦，象征百姓熙熙，象征唐虞盛世，象征天下归仁，象征逍遥狂士？恐怕真的是仁者见仁，智者见智。雩坛一旦作为象征符号，则无论雩坛，还是山水，都由"有"（现实性的存在）演变成了"无"（意义的存在或第三性的存在）。

曾皙的态度，正是"美者"的态度，与"有不可施于世者"与否并无必然联系，与穷通贤愚出处并无必然逻辑，庙堂之高，江湖之远，一样不妨碍美符号的传递。

疑古派怀疑孔子作《易传》之说，但近年来出土简帛却雄辩地证实了孔子

---

① 郦道元撰，杨守敬纂疏，熊会贞补疏：《水经注疏》卷二十五《泗水·沂水·洙水》。

与《易传》的思想联系并非子虚乌有。① 马王堆帛书《要》说："夫子老而好《易》，居则在席，行则在囊。"② 果真如此，那么《易传》的"仰则观象于天，俯则取法于地"，与《论语》的"知者乐水，仁者乐山"就是同一义理的两种表达版本，是中国古老的连续论传统的一再重申。《易传》的"仰则观象于天，俯则取法于地"，与《论语》的"知者乐水，仁者乐山"，与老子的"有无相生"，庄子的齐物、逍遥，乃至佛教的中空，多方汇聚，共同成就了中国艺术乃至百姓日用而不知的洋洋审美大观。作为像似符号、指示符号、象征符号，山水与亭台楼阁拥有涵泳不尽的韵味，因为它们囊括了宇宙、人生、历史、未来，衔接了可能性、现实性、未来性，熔铸了时间、空间，包罗万有又超越万有。"子曰：'知者乐水，仁者乐山'""子在川上曰：'逝者如斯夫，不舍昼夜'"，开启了中国士大夫乃至平民百姓天人之乐的传统。王羲之《兰亭集序》"仰观宇宙之大，俯察品类之盛，所以游目骋怀，足以极视听之娱，信可乐也"，直承孔子与《易传》传统，一个"游"字道尽了天地与人心的驰骋往返与广大无边。陈子昂《登幽州台歌》"前不见古人，后不见来者，念天地之悠悠，独怆然而涕下"，将无限的时间、空间收纳于方寸之间，天地之连绵不绝反衬得人的现实性之渺小与人类探究共同体的可能性之洪大。崔颢《黄鹤楼》之"昔人已乘黄鹤去，此地空余黄鹤楼。黄鹤一去不复返，白云千载空悠悠"，李白《黄鹤楼送孟浩然之广陵》之"故人西辞黄鹤楼，烟花三月下扬州。孤帆远影碧空尽，唯见长江天际流"，"空""悠""孤""远"，将黄鹤楼作为指示符号的作用发挥得淋漓尽致，江山之美、人情之美、洪荒之美，令人叹为观止，无限怅惘。苏轼写有《赤壁赋》《后赤壁赋》《凌虚台记》《超然台记》《眉远景楼记》《石钟山记》《放鹤亭记》《清风阁记》等，或自赋自记，或为人请托，纵情大化，不可胜记。郭熙独推"三远"③，计成叹美"轩楹高爽，窗户虚邻，纳千顷之汪洋，收四时之烂缦"④，其实无论艺术，无论园冶，无论人生，无

① 廖名春：《钱穆先生关于孔子与〈周易〉关系说考辨》，选自《中国学术史新证》，成都：四川大学出版社，2005年，第199—219页。
② 张政烺：《马王堆帛书〈周易〉经传校读》，北京：中华书局，2008年，第159页；裘锡圭，《帛书〈要〉篇释文校记》，选自《道家文化研究》第18辑，北京：生活·读书·新知三联书店，2000年，第297页。
③ 郭熙著，周远斌点校纂注：《林泉高致》，济南：山东画报出版社，2010年，第51页。
④ 计成著，陈植注释：《园冶注释》，北京：中国建筑工业出版社，1981年，第44页。

一例外均是一个符号过程，又均是像似符号、指示符号和象征符号交互作用的完整的符号过程，因为有了符号，才有意义的创造。

开篇已经引述了我们自己对孔子的伦理涂抹，临终篇不妨再引证几句外人对孔子的伦理偏见。仍以黑格尔为例。

黑格尔对东方哲学鄙夷不屑，《哲学讲演录》甚至不把东方哲学列入正文。黑格尔说："首先要讲的是所谓东方哲学。然而东方哲学本不属于我们现在所讲的题材和范围之内；我们只是附带先提到它一下。我们所以要提到它，只是为了表明我们何以不多讲它，以及它对于思想，对于真正的哲学有何种关系。"[①] 黑格尔的表述中，充斥着"我们""他们"的字眼，俨然东方民族是化外之民。黑格尔对东方艺术也充满鄙视："古代东方诗歌的内容，如果只看成一种单纯幻想的游戏，似乎在这方面最为光辉，但在诗歌中重要的是内容，内容要严肃。甚至荷马的诗歌对于我们也是不够严肃的，因此那样的诗歌在我们里面是不会发生的。东方的诗歌中并不是没有天才；天才的伟大是一样的，但内容却与我们的内容不同。所以印度的、东方的诗歌，就形式论，可能是发展得很成熟的，但内容却局限在一定的限度内，不能令我们满足。"[②] 黑格尔可能陈义过高，荷马也难入他的法眼，东方诗歌横遭斥逐也就不足为奇了。究其原因，日耳曼民族的傲慢还在其次，更关键的是二元论思维在作怪。黑格尔所谓的"思想"与皮尔斯所说的"思想"虽外表同一，但内涵却相去千里。众所周知，皮尔斯深受黑格尔影响；皮尔斯对黑格尔正因爱之深，所以更恨之切，屡屡不无痛惜地大加挞伐。

黑格尔对孔子更不客气，下面这段话是大家做噩梦都要梦到的：

关于中国哲学首先要注意的是在基督降生五百年前的孔子的教训。孔子的教训在莱布尼兹的时代曾轰动一时。它是一种道德哲学。他的著作在中国是最受尊重的。他曾经注释了经籍，特别是历史方面的〔他还著作了一种历史〕。他的其他作品是哲学方面的，也是对传统典籍的注释。他的

---

① 黑格尔著，贺麟、王太庆译：《哲学史讲演录》第一卷，北京：商务印书馆，1959年，第115页。

② 黑格尔著，贺麟、王太庆译：《哲学史讲演录》第一卷，北京：商务印书馆，1959年，第118～119页。

道德教训给他带来最大的名誉。他的教训是最受中国人尊重的权威。孔子的传记曾经法国传教士们由中文原著翻译过来。从这传记看，他似乎差不多是和泰利士同时代的人。他曾做过一个时期的大臣，以后不受信任，失掉官职，便在他自己的朋友中过讨论哲学的生活，但是仍旧常常接受咨询。我们看到孔子和他的弟子们的谈话〔按即"论语"——译者〕，里面所讲的是一种常识道德，这种常识道德我们在哪里都找得到，在哪一个民族里都找得到，可能还要好些，这是毫无出色之点的东西。孔子只是一个实际的世间智者，在他那里思辨的哲学是一点也没有的——只有一些善良的、老练的、道德的教训，从里面我们不能获得什么特殊的东西。西塞罗留下给我们的"政治义务论"便是一本道德教训的书，比孔子所有的书内容丰富，而且更好。我们根据他的原著可以断言：为了保持孔子的名声，假使他的书从来不曾有过翻译，那倒是更好的事。[1]

黑格尔就差说"孔子活过还不如不活的好，多一个不多，少一个不少"了，刻薄得令人发指。抛开情绪化的东西，我们应该追问的是：黑格尔对孔子的偏见为何如此之深？

借助皮尔斯现象学与符号学，我们可以无比澄明地看到二元论与三元论孰轻孰重，孰是孰非，看清黑格尔二元论的真面目，还原孔子哲学的现象学和符号学真谛，释放孔子哲学的真正内涵。

剥离"知者乐水，仁者乐山"浓重的伦理色彩，剥离孔子"万世师表"的炫目的圣人光环，去除孔子"世间智者"的强加的冠冕，才能恢复万境自如如的本相，还原孔子生气淋漓的本真状态。"知者乐水，仁者乐山"是孔子哲学思想的总纲，其中透露出现象学与符号学的个中消息。国人乃至西方人往往误解中国哲学重直觉，重感悟，轻逻辑，少理性，误会中国艺术传统得之于道家者多，而取之于儒家者少。深入剖析"知者乐水，仁者乐山"的现象学与符号学内涵，盖可拨开云雾见青天，柳暗花明，还原孔子的真形象、真面目，重新估定儒家哲学在世界哲学苑囿中的历史地位和影响。

---

[1]　黑格尔著，贺麟、王太庆译：《哲学史讲演录》第一卷，北京：商务印书馆，1959 年，第119～120 页。

最后需要强调的一点是，我们所要去除的"知者乐水，仁者乐山"的浓重的伦理色彩，指的是世俗道德、世俗伦理色彩，而非哲学伦理色彩。因为从最本质的意义上而言，孔子"知者乐水，仁者乐山"是最富哲学伦理色彩的，孔子仍然是并将永远是迄今中国乃至世界最伟大的伦理学家和最伟大的思想家、哲学家。

第四章　庄子与皮尔斯现象学
——《逍遥游》与《齐物论》的现象学与符号学解读

第一节　《逍遥游》何谓

《逍遥游》的意旨根本无关乎"小大之辩"，而是试图彻底摆脱"exsisting"的现实存在的限制，而臻于"being"的完整的存在方式。

《庄子》开篇即谓："北冥有鱼，其名为鲲。鲲之大，不知其几千里也。化而为鸟，其名为鹏。鹏之背，不知其几千里也；怒而飞，其翼若垂天之云。是鸟也，海运将徙于南冥。南冥者，天池也。"① 鲲鹏之大，是远远超乎人类想象的。这跟技术无关，跟存在无关，而只专注质的可能性。如果用皮尔斯的术语来表达，那么，鲲鹏之大，只关乎第一性，而不关乎现实性，更不关乎习惯性（1.356，1.357，1.531）②。郭象、成玄英诸公的注疏多似是而非、舍本逐末之妄语，距离庄子的本意何可以道里计。究其实，正是郭象、成玄英诸公以相对主义置换了庄子的终极探究，以学鸠斥鴳置换了大鹏逍遥。

一、小与大

庄子首先引入了"小大之辩"。朝菌朝生暮死，自然无由经验晦朔；蟪蛄春生夏死，夏生秋死，自然难历春秋。朝菌、蟪蛄乃至以五百岁为春、五百岁为秋的冥灵，以八千岁为春、八千岁为秋的大椿，以久特闻的彭祖，虽然有小

---

① 陈鼓应：《庄子今注今译》（全三册），北京：中华书局，1983年，第1页。

② Peirce, C. S., *Collected Papers of Charles Sanders Peirce*, Volume Ⅰ－Ⅵ, edited by Charles Hartshorne and Paul Weiss, Cambridge, Harvard University Press, 1931－1935; Volume Ⅶ－Ⅷ, edited by Arthur W. Burks, Cambridge, Harvard University Press, 1958.

大之分，但都难以逃脱拘于时的命运，严格地说，都难以摆脱"exsisting"的现实存在的限制，从而无缘于完整的"being"，无缘于大道。"水之积也不厚，则其负大舟也无力。覆杯水于坳堂之上，则芥为之舟；置杯焉则胶，水浅而舟大也。风之积也不厚，则其负大翼也无力。故九万里，则风斯在下矣，而后乃今培风；背负青天而莫之夭阏者，则后乃今将图南"①，绝大多数人可能都把这些论述当作庄子持相对论的铁证。其实恰恰相反，庄子这里所企图匡正的只是人们的机械论的痼疾。"无极之外，复无极也。"不仅上下四方"无极之外，复无极也"，小大之辩亦然。所谓"小"与"大"，只是囿于一定的时间、空间限制，囿于个别的个体限制，囿于现实性的限制。一旦脱开"现实性"的樊篱，也就马上获得了可能性、潜在性的自由，获得了无限的飞翔自由，化"有极"为"无极"，化"有限"为"无限"。《庄子》外篇、杂篇对此多有发挥，尤以《秋水》篇为最。《秋水》曰："井蛙不可以语于海者，拘于虚也；夏虫不可以语于冰者，笃于时也；曲士不可以语于道者，束于教也。"② "虚"即空间，"时"即时间，"教"即社会伦理，要之，"虚""时""教"均是现实性的不同表现形式，"虚"与"时"是自然的第二性，"教"则是社会的第二性。可能性是第一性，不必依赖于任何他物而存在，不必依赖于现实性而存在。只有去除可能性身上的现实性，去除第一性身上的第二性的拘牵，才能窥见完满充沛而自在的第一性。

二、待与无待

庄子的鲲鹏之大，虽然无可比拟，众看客已然快目饫心，但庄子的落脚点显然不在于此。他紧接着又列举了"知效一官，行比一乡，德合一君而征一国者"，以及看似高大上的宋荣子，"举世而誉之而不加劝，举世而非之而不加沮，定乎内外之分，辩乎荣辱之境"，似乎遗世而独立，以及"御风而行，泠然善也，旬有五日而后反"的列子，常人也许已经视之为仙人，但庄子对之依然不很满意，认为他"犹有所待也"，不足为奇。

---

① 陈鼓应：《庄子今注今译》（全三册），北京：中华书局，1983年，第5、6页。
② 陈鼓应：《庄子今注今译》（全三册），北京：中华书局，1983年，第411页。

那么庄子所期许的到底是什么样的神仙式的境界呢？这也就是下文所说的：

> 若夫乘天地之正，而御六气之辩，以游无穷者，彼且恶乎待哉！[①]

直到这里，庄子方才口吐真言，"无待"方是"逍遥游"的真正境界。既然能"游"于"无穷"，就必然拥有一个既始终保持不变（"乘天地之正"）又始终变化万端（"御六气之辩"）的质，即皮尔斯所说的第一性，这个"质"得以实现"逍遥游"的必要条件是"乘天地之正，而御六气之辩"，亦即无形式的形式，不可分解的自由，无始无终，无部分无总体，先于任何分析和判断，先于任何思考和行动，随机生发，随地处分，"无己""无功""无名"都只是"无待"的别名而已。

郭象于"若夫乘天地之正，而御六气之辩，以游无穷者，彼且恶乎待哉"之句注曰：

> 天地者，万物之总名也。天地以万物为体，而万物必以自然为正。自然者，不为而自然者也。故大鹏之能高，斥鴳之能下，椿木之能长，朝菌之能短，凡此皆自然之所能，非为之所能也。不为而自能，所以为正也。故乘天地之正者，即是顺万物之性也；御六气之辩者，即是游变化之涂也。如斯以往，则何往而有穷哉！所遇斯乘，又将恶乎待哉！此乃至德之人玄同彼我者之逍遥也。苟有待焉，则虽列子之轻妙，犹不能以无风而行，故必得其所待然后逍遥耳，而况大鹏乎！夫唯与物冥而循大变者，为能无待而常通，岂〔独〕自通而已哉！又顺有待者，使不失其所待，所待不失，则同于大通矣。故有待无待，吾所不能齐也。至于各安其性，天机自张，受而不知，则吾所不能殊也。夫无待犹不足以殊有待，况有待者之巨细乎！[②]

---

① 陈鼓应注译：《庄子今注今译》（全三册），北京：中华书局，1983年，第14页。

② 郭象注，成玄英疏，曹础基、黄兰发点校：《庄子注疏》，北京：中华书局，2011年，第11页。

成玄英疏曰：

> 天地者，万物之总名。万物者，自然之别称。六气者，（季）〔李〕颐云："平旦朝霞，日午正阳，日入飞泉，夜半沆瀣，并天地二气为六气也。"又杜预云："六气者，阴阳风雨晦明也。"又支道林云："六气，天地四时也。"辩者，变也。恶乎，犹于何也。言无待圣人，虚怀体道，故能乘两仪之正理，顺万物之自然，御六气以逍遥，混群灵以变化。苟无物而不顺，亦何往而不通哉！明彻于无穷，将于何而有待者也！①

若说相对主义，郭象、李颐、杜预、支道林与成玄英诸公才是真正的相对主义。但诸公明显曲解了庄子的原意，却冤枉庄子做了如许年的相对主义的所谓鼻祖。一句"无待犹不足以殊有待，况有待者之巨细乎"，彻底暴露了郭象的相对主义本质。"无待"与"有待"当然是有质的根本区别的，"无待"是一种"可能性"（1.531）②，完全以自身方式而存在，而无须依赖任何他物，无须与他物发生现实性的作用与反作用，是一种先于现实存在的可能性。"天地之正"不复是"天地"，"六气之辩"亦不复是"六气"，而是不依赖于"天地""六气"而存在的一种普遍的可能性，即普遍的第一性，它只意味着自身存在方式，而不暗示与存在之物的任何联系，所以与"万物"无涉。"有待"则是一种第二性的存在状态（8.330）③，是一种存身于作用与反作用之中的现实性的存在，但仍与规律性无涉，即与"自然"无涉。

以下尧让天下于许由、肩吾问于连叔、宋人资章甫而适诸越、尧往见四子、惠子庄子辩难，都只是有待与无待的活注脚。

王先谦谓《逍遥游》的题旨是"言逍遥乎物外，任天而游无穷也"，又言

---

① 郭象注，成玄英疏，曹础基、黄兰发点校：《庄子注疏》，北京：中华书局，2011年，第11～12页。

② Peirce, C. S., *Collected Papers of Charles Sanders Peirce*, Volume Ⅰ－Ⅵ, edited by Charles Hartshorne and Paul Weiss, Cambridge, Harvard University Press, 1931－1935; Volume Ⅶ－Ⅷ, edited by Arthur W. Burks, Cambridge, Harvard University Press, 1958.

③ Peirce, C. S., *Collected Papers of Charles Sanders Peirce*, Volume Ⅰ－Ⅵ, edited by Charles Hartshorne and Paul Weiss, Cambridge, Harvard University Press, 1931－1935; Volume Ⅶ－Ⅷ, edited by Arthur W. Burks, Cambridge, Harvard University Press, 1958.

"无所待而游于无穷，方是《逍遥游》一篇纲要"，先贤境界无出其右，但同时又视"逍遥游"为一种纯粹的"自全之道"，视庄子为"逃世"[①]，真赝悬越，貂狗相属，与庄子"逍遥游"真义失之交臂，殊为可惜。

三、知之聋盲

"庖人虽不治庖，尸祝不越樽俎而代之矣。"[②] 疱人专治第二性，尸祝专事第一性；第二性实现与否，第一性并不萦怀。

> 藐姑射之山，有神人居焉，肌肤若冰雪，绰约若处子；不食五谷，吸风饮露；乘云气，御飞龙，而游乎四海之外。其神凝，使物不疵疠而年谷熟。[③]

接舆所言神人显然能够乘天地之正，而御六气之辩，以游无穷，是第一性的化身，无所依傍，自由来去。下面连叔的一大段话只是接舆有关神人的续神话：

> 瞽者无以与乎文章之观，聋者无以与乎钟鼓之声。岂唯形骸有聋盲哉？夫知亦有之。是其言也，犹时女也。之人也，之德也，将旁（磅）礴万物以为一，世蕲乎乱，孰弊弊焉以天下为事！之人也，物莫之伤，大浸稽天而不溺，大旱金石流、土山焦而不热。是其尘垢秕糠，将犹陶铸尧舜者也，孰肯分分然以物为事。[④]

得了第一性，即得了可能性，得了无限量的自由，现实性奈何不了可能性，可能性永远是第一位的。尧往见四子象征着神人神话的延续，"窅然丧天下焉"，象征着第一性对第二性和第三性的唯有幽人自来去。

---

① 王先谦撰：《庄子集解》，刘武撰，沈啸寰点校：《庄子集解内篇补正》，北京：中华书局，1987年，第1、4、6、8页。

② 陈鼓应：《庄子今注今译》（全三册），北京：中华书局，1983年，第18页。

③ 陈鼓应：《庄子今注今译》（全三册），北京：中华书局，1983年，第21页。

④ 陈鼓应：《庄子今注今译》（全三册），北京：中华书局，1983年，第21页。

今子有五石之瓠，何不虑以为大樽而浮乎江湖，而忧其瓠落无所容？则夫子犹有蓬之心也夫！①

"有蓬之心"即"知之聋盲"，只知机械的个体的存在，只知第二性，而不知有自由的第一性和将第一性和第二性一以贯之的第三性（3.422）②。

今子有大树，患其无用，何不树之于无何有之乡，广莫之野，彷徨乎无为其侧，逍遥乎寝卧其下。不夭斤斧，物无害者，无所可用，安所困苦哉！③

"无何有之乡，广莫之野"，即第一性的无所依傍的状态。

第二节　《齐物论》真义何在

一、《齐物论》究竟是相对主义还是连续主义

如果说《逍遥游》一意于第一性的质的无限溯洄、无限倒退、无限回归的话，那么《齐物论》则专注于探索第一性呈现的途径，即连续性。什么时候做到了"吾丧我"，什么时候排除掉"自我"与"非我"的对抗的一切东西，什么时候排除掉第二性与第三性，什么时候才有可能实现真正的道通为一，实现真正的连续的大宇宙、大自然，物、我二分才有可能彻底打破，万物的第一性才有可能得以无条件无拘牵地自由呈现。这就是所谓的"天籁"：

---

① 陈鼓应：《庄子今注今译》（全三册），北京：中华书局，1983年，第27页。

② Peirce, C. S., *Collected Papers of Charles Sanders Peirce*, Volume Ⅰ－Ⅵ, edited by Charles Hartshorne and Paul Weiss, Cambridge, Harvard University Press, 1931－1935；Volume Ⅶ－Ⅷ, edited by Arthur W. Burks, Cambridge, Harvard University Press, 1958.

③ 陈鼓应：《庄子今注今译》（全三册），北京：中华书局，1983年，第29～30页。

夫天籁者，吹万不同，而使其自己也，咸其自取，怒者其谁邪！①

也就是不仅舍弃个人的偏爱，而且舍弃人类自以为是的所谓"智慧"的拘牵，直达"天"，直达"道"。

庄子的哲学观，历来被视为极端相对主义，尤以《齐物论》为总纲。这种看法其实是天大的误解。庄子的哲学从本质上是超越二元论的，而视庄子哲学为极端相对主义的看法则是小知不知大知，坐井观天的结果，根源则在于二元分裂主义。翻译传播也在庄子的误读中推波助澜。其他语种姑且勿论，最经典的几种《庄子》英译本，即对《齐物论》做出了相对主义的误译。仅从《齐物论》篇名的翻译上即可略窥端倪。理雅各译为"KhiWuLun, or The Adjustment of Controversies"，冯友兰译作"The Equality of Things and Opinions"，葛瑞汉译作"The Sorting Which Evens Things out"，无不是相对主义的误读误译。②

我们不妨对照一下皮尔斯与庄子在"知"问题上的异同，一步步小心翼翼地揭开其神秘的面纱，洞幽烛微，使庄子超越时代的、初看无比诡异，实则恢宏无比的眼光胸怀重新袒露无遗，大放光明。皮尔斯在《信念的确定》（5.358－387）③中认为人类有四种消除焦虑和不安宁状态的方法，这就是：固执的方法，权威的方法，理性的方法或曰先验的方法和科学的方法。皮尔斯认为，前三种方法都不可取；"为了消除我们的怀疑，必须找到确定我们信念的方法，这种信念的确定与任何人为的东西无关，而是源于某种外在的永恒之物——我们的思想对之没有丝毫影响的事物"。皮尔斯视"真理"为"公共之物"（something public），为客观存在，不取决于你、我、他，不取决于任何个人。

在这一点上，庄子也持相同的主张。庄子说：

---

① 陈鼓应：《庄子今注今译》（全三册），北京：中华书局，1983年，第34页。

② James Legge, *The Sacred Books of China: The Texts of Taoism*, Oxford: Oxford University Press, 1891; Fung You-Lan, *Chuang Tzu: A New Selected Translation with an Exposition of the Philosophy of Kuo Hsiang*, Shanghai: The Commercial Press, 1933; Graham A. C., *The Seven Inner Chapters and Other Writings from The Book Chuang Tzu*, London: George Allen & Unwin, 1981.

③ Peirce, C. S., *Collected Papers of Charles Sanders Peirce*, Volume Ⅰ－Ⅵ, edited by Charles Hartshorne and Paul Weiss, Cambridge, Harvard University Press, 1931－1935; Volume Ⅶ－Ⅷ, edited by Arthur W. Burks, Cambridge, Harvard University Press, 1958.

　　既使吾与若辩矣，若胜我，我不若胜，若果是也，我果非也邪？我胜若，若不吾胜，我果是也，而果非也邪？其或是也，其或非也邪？其俱是也，其俱非也邪？我与若不能相知也，则人固受其黮闇，吾谁使正之？使同乎若者正之？既与若同矣，恶能正之！使同乎我者正之？既同乎我矣，恶能正之！使异乎我与若者正之？既异乎我与若矣，恶能正之！使同乎我与若者正之？既同乎我与若矣，恶能正之！然则我与若与人俱不能相知也，而待彼也邪？①

　　真理是公共的，而不是私密的；你、我、他，任何个人，都不能充当真理的评判人，因为任何个人都"固受其黮闇"，都难免受个人的感情好恶、出身、社会地位、思想观念等的影响。而在接近真理的具体途径上，却可以看出皮尔斯与庄子在细节上的微妙差异和神韵上的殊途同归。皮尔斯与庄子都认为，真理不取决于个人。那么真理到底取决于什么呢？皮尔斯的答案是：取决于"某种外在的永恒之物"，取决于"某种不受我们思想的影响的事物"。庄子的答案是"天"，是"道"，超越于你、我、他，超越于任何个人，也超越于整个人类，超越于众窍之地籁，也超越于比竹之人籁。皮尔斯与庄子的共同答案则是人类与天的连续性（the continuity），人的头脑与最高的道或最高神（the Most High）的思想上的可沟通性。（6.307）② 唯一不同的是，虽然二人都不承认个人的主观意见的真理性，但在皮尔斯这里，似乎还存在一个缓冲地带，这就是"人类整体"或"共同体"（a whole people or community）（6.307）③，也就是经过了无限长的充足的探究（inquiry），人类所暂时达到的一致意见。皮尔斯说，死亡随时会攫取每一个人的生命，因此可能性的观念和推理的观念依赖于一个前提，即"数量的无穷大"，"他们不能止步于自己的宿命，而必须

---

　　① 陈鼓应：《庄子今注今译》（全三册），北京：中华书局，1983年，第88页。

　　② Peirce，C. S.，*Collected Papers of Charles Sanders Peirce*，Volume Ⅰ－Ⅵ，edited by Charles Hartshorne and Paul Weiss，Cambridge，Harvard University Press，1931－1935；Volume Ⅶ－Ⅷ，edited by Arthur W. Burks，Cambridge，Harvard University Press，1958.

　　③ Peirce，C. S.，*Collected Papers of Charles Sanders Peirce*，Volume Ⅰ－Ⅵ，edited by Charles Hartshorne and Paul Weiss，Cambridge，Harvard University Press，1931－1935；Volume Ⅶ－Ⅷ，edited by Arthur W. Burks，Cambridge，Harvard University Press，1958.

拥抱整个共同体。同样，这个共同体，不能被限制，而必须延及众生，我们可以与他们建立起直接的或间接的智力联系。一定会实现，无论如何朦胧，超越地质纪元，超越一切界限"（2.654）①。而庄子则径直抛弃了社会性，径直抛弃了人类的是是非非、大知小知、百家争鸣、白马非马诸如此类的蜗角醋战，径直"照之于天"。皮尔斯也明白所有的思想都是相通的，无论物质或意识无不通过符号来表达思想、连接思想。物质和意识是一体的，在符号表达上是统一的、一贯的；思想是客观的、外在的，根本无须依赖人类的头脑。但他在表达这一思想时又有些瞻前顾后，思虑重重。在 1908 年 12 月 23 日写给韦尔比夫人的信中，皮尔斯对自己的悖论处境不免自伤自悼：

> 首先对符号的性质做出总的到位的分析当然是天经地义的。我把符号定义为这样一种东西：它被别的东西——叫作它的对象——所决定，同时又决定了对某人的效果——这种效果我叫作解释项，后者因此间接地被前者所决定。我插入"对某人"是不得已丢给狗的肉骨头，因为我对人们是否理解我的更宏伟的构想感到绝望。（SS，80）②

"丢给狗的肉骨头"真义何在？皮尔斯的"更宏伟的构想"意欲何为？"人"在"更宏伟的构想"中是一种无之必不然的必不可少的要素，还是一种不得不借助的媒介，最终须得鱼而忘筌？

皮尔斯在构建自己的符号学大厦时不得已仍然遵从传统习惯，依然把"人"暂时抬举到首位。但皮尔斯"更宏伟的构想"则是要彻底抛弃人在符号学中的中心地位，还符号学一个统一的纯真的本然面目，这就是不依赖于人的符号学的本然面目。这正是"大符号学"的真面目，即物质与意识浑然无间的符号学，建立于现象学基础上的符号学，亦即建立于连续主义基础之上的符号学。

---

① Peirce，C. S.，*Collected Papers of Charles Sanders Peirce*，Volume Ⅰ－Ⅵ，edited by Charles Hartshorne and Paul Weiss，Cambridge，Harvard University Press，1931－1935；Volume Ⅶ－Ⅷ，edited by Arthur W. Burks，Cambridge，Harvard University Press，1958.

② Peirce，C. S. and Welby，Victoria，*Semiotic and Significs：The Correspondence between C. S. Peirce and Victoria Lady Welby*，edited by Charles S. Hardwick with the assistance of James Cook，Bloomington and Indianapolis，Indiana University Press，1977.

连续主义（Synechism），即使在其不那么坚固的形式下，也绝不容忍所谓的二元论。……连续主义者不会认同物质的和心灵的现象是完全分开的——不论是属于不同的实体范畴，还是同一盾牌完全不同的两面——而只会坚持所有现象都具有同一特征，尽管一些更多是精神上的或自发的，而另一些则更多是物质上的或有规律的，尽管如此，它们都同样混杂着自由与约束——这促使它们，确切地说，使得它们成为目的论的（teleological）或有目的的（purposive）。（7.570）[1]

正是在连续性这一终极意义上，皮尔斯把表现林林总总的物质法则和精神法则的连续性符号称为"准心智"（quasi-mind）（4.551）[2]，符号正是通过林林总总的"准心智"来传递形式，交流思想，而不必依赖人的头脑或心智。

庄子的态度却要果决得多。庄子不仅认为个体的人，比如你、我、他，谁也做不了真理的最终评判人，而且，人类与其他物种甚至无机物，在可能性的"道"的面前均为个体，谁也不拥有全面的评判能力：

民湿寝则腰疾偏死，鰌然乎哉？木处则惴慄恂惧，猿猴然乎哉？三者孰知正处？民食刍豢，麋鹿食荐，蝍蛆甘带，鸱鸦嗜鼠，四者孰知正味？猿猵狙以为雌，麋与鹿交，鰌与鱼游。毛嫱、西施，人之所美也；鱼见之深入，鸟见之高飞，麋鹿见之决骤，四者孰知天下之正色哉？[3]

民、鰌、猿猴，三者孰知正处？民、麋鹿、蝍蛆、鸱鸦，四者孰知正味？毛嫱、西施，鱼，鸟，麋鹿，四者孰知天下之正色？庄子用三个反问结束了所有个体包括人类自身对意见或真理的霸权垄断。正处、正味、正色，是适用于所有族类、所有个体的统一的一以贯之的符号系统，这一符号系统只有"可能

---

① Peirce，C. S.，*Collected Papers of Charles Sanders Peirce*，Volume Ⅰ－Ⅵ，edited by Charles Hartshorne and Paul Weiss，Cambridge，Harvard University Press，1931－1935；Volume Ⅶ－Ⅷ，edited by Arthur W. Burks，Cambridge，Harvard University Press，1958.

② Peirce，C. S.，*Collected Papers of Charles Sanders Peirce*，Volume Ⅰ－Ⅵ，edited by Charles Hartshorne and Paul Weiss，Cambridge，Harvard University Press，1931－1935；Volume Ⅶ－Ⅷ，edited by Arthur W. Burks，Cambridge，Harvard University Press，1958.

③ 陈鼓应：《庄子今注今译》（全三册），北京：中华书局，1983年，第80页。

性"本身才掌握，也就是只有"天"才掌握，只有"道"才掌握，或只有
"the Most High"（1893，6.307）① 才掌握。

皮尔斯与庄子在消除怀疑达到信念的现象学追问上其实是殊途同归的，只
不过皮尔斯走的是自然科学的康庄大道，而庄子走的是人文科学的曲径通幽。
甚至连人文科学都不是，而只是人的天性使然，就像皮尔斯说的，人在推理研
究（logica docens）之先，已经具备了天赋的推理能力（logica utens）（HP 2：
891－892）②；人在自然科学乃至人文科学之先，也早已具备了与大自然、大
宇宙自由沟通的本能，即与可能性的"道"自由对话的本能。无论如何，二者
的本质都不失为一种"挣扎"（struggle），一种"探究"（inquiry）（5.374）③。
作为一个自然科学家，皮尔斯可能对断然抛弃人类的中心地位来探究宇宙的奥
秘心存疑虑，唯恐失去了自然科学的庞大支撑；作为一个追寻"大道"即追寻
人与宇宙的连续性的先驱，庄子则视"道"为唯一准则、唯一天启，认为人与
天的直面直通是最直接、最快捷、最全面、最不隔膜的，无论自然科学或社会
科学或人文科学都不免有成有毁，甚至毁大于成，所以"莫若以明"④。庄子
一以贯之大声疾呼一种整体性的探究，反对节节寸寸地肢解：

> 彼是莫得其偶，谓之道枢。
>
> 道行之而成，物谓之而然。有自也而可，有自也而不可。有自也而
> 然，有自也而不然。恶乎然？然于然。恶乎不然？不然于不然。恶乎可，
> 可于可。恶乎不可？不可于不可。物固有所然，物固有所可。无物不然，
> 无物不可。故为是举莛与楹，厉与西施，恢诡谲怪，道通为一。其分也，
> 成也；其成也，毁也。凡物无成与毁，复通为一。唯达者知通为一，为是

---

① Peirce, C. S., *Collected Papers of Charles Sanders Peirce*, Volume Ⅰ－Ⅵ, edited by Charles Hartshorne and Paul Weiss, Cambridge, Harvard University Press, 1931－1935；Volume Ⅶ－Ⅷ, edited by Arthur W. Burks, Cambridge, Harvard University Press, 1958.

② Peirce, C. S., *Historical Perspectives on Peirce's Logic of Science：A History of Science*, 2 vols., Carolyn Eisele, ed., Mouton De Gruyter (catalog page), Berlin, New York, Amsterdam, 1985.

③ Peirce, C. S., *Collected Papers of Charles Sanders Peirce*, Volume Ⅰ－Ⅵ, edited by Charles Hartshorne and Paul Weiss, Cambridge, Harvard University Press, 1931－1935；Volume Ⅶ－Ⅷ, edited by Arthur W. Burks, Cambridge, Harvard University Press, 1958.

④ 陈鼓应：《庄子今注今译》（全三册），北京：中华书局，1983 年，第 54 页。

不用而寓诸庸。庸也者，用也；用也者，通也；通也者，得也。适得而几矣。因是已，已而不知其然谓之道。劳神明为一而不知其同也，谓之"朝三"。何谓"朝三"？狙公赋芋，曰："朝三而暮四。"众狙皆怒。曰："然则朝四而暮三。"众狙皆悦。名实未亏而喜怒为用，亦因是也。是以圣人和之以是非而休乎天钧，是之谓两行。①

"和之以是非而休乎天钧"，"和之以是非"并非从此就没有了"理据"，恰恰相反，个人的是非或个体的是非都要交由"天"或"道"来裁决，"天"或"道"才是最后的也是最大的"因"（final cause）（1.211，1.212）②，也是使意见（opinion）确定下来的唯一的"因"。因为只有"天"或"道"才能寓"秩序"于"混沌"之中，寓"目的性"于"可能性"之中。

与皮尔斯相仿佛，庄子也以追问世界的方法的不同把人分为四大类：

古之人，其知有所至矣。恶乎至？有以为未始有物者也，至矣，尽矣，不可以加矣。其次，以为有物矣，而未始有封也。其次，以为有封焉，而未始有是非也。是非之彰也，道之所以亏也。③

最后一类人，也是最下一等人，"是非之彰也，道之所以亏也"，割裂物质意识，肢解不可分解的第一性第二性第三性，这大略就是二分状态下人的写照，与"朝三暮四"的众狙智力上没有太大的区别。"以为有封焉，而未始有是非也"，这一类人稍胜最后一类人一筹，虽然他们知道有自然规律的存在，即所谓"封"的存在，但是能够与规律一体，而不逞己之强，也就是不把人抬到天之上，不争辩人定胜天的问题。再上一等的人是"以为有物矣，而未始有封也"，承认事物的现实存在状态，与物消息，而不去追究什么放之四海而皆准的普遍规律。最上一等人，则"以为未始有物者也，至矣，尽矣，不可以加

---

① 陈鼓应：《庄子今注今译》（全三册），北京：中华书局，1983年，第61～62页。

② Peirce, C. S., *Collected Papers of Charles Sanders Peirce*, Volume Ⅰ−Ⅵ, edited by Charles Hartshorne and Paul Weiss, Cambridge, Harvard University Press, 1931−1935；Volume Ⅶ−Ⅷ, edited by Arthur W. Burks, Cambridge, Harvard University Press, 1958.

③ 陈鼓应：《庄子今注今译》（全三册），北京：中华书局，1983年，第66页。

矣"，他们不探究规律性，甚至连存在也漠不关心，而只关注一切的"可能性"。转换成皮尔斯的术语，最上一等人是关心第一性的人，次一等的人是关心第二性的人，再次一等的人是专一信奉扭曲的第三性的人。

按照庄子的分类，惠子只能属于最末一等人。

> 庄子与惠子游于濠梁之上。庄子曰："儵鱼出游从容，是鱼之乐也。"惠子曰："子非鱼，安知鱼之乐？"庄子曰："子非我，安知我不知鱼之乐？"惠子曰："我非子，固不知子矣；子固非鱼也，子之不知鱼之乐，全矣！"庄子曰："请循其本。子曰：'汝安知鱼乐'云者，既已知吾知之而问我。我知之濠上也。"①

惠子正是摆脱不了"是非之彰"的人，所以视人与鱼为完全不同的存在，就像笛卡儿的物质意识二分的观点，人是有灵魂的高等生物，鱼则不具备任何思维能力。庄子"我知之濠上也"并非诡辩，而是一种以现象学为根基的符号学表白。"鱼之乐"是符号三角中的对象（object），"出游从容"是"鱼之乐"的符号表象（representamen），庄子是通过"出游从容"的符号表象而读懂"鱼之乐"这一对象的解释者（interpretant），"知之濠上"就是使得"鱼之乐"和"庄子之乐"连贯起来的中介（2.228）②。"知之濠上"是一种现象学的生成方式，对象、符号表象、解释者三者同时发生，不可分解，不可还原。惠子因为不知连续主义为何物，所以做不了"鱼之乐"的解释者：

> 有成与亏，故昭氏之鼓琴也；无成与亏，故昭氏之不鼓琴也。③

"有成与亏，故昭氏之鼓琴也；无成与亏，故昭氏之不鼓琴也"，老子也说过"五色令人目盲"④ 的话，那么为了追寻绝对的"无成与亏"，或者说，为

① 陈鼓应：《庄子今注今译》（全三册），北京：中华书局，1983年，第443~444页。
② Peirce, C. S., *Collected Papers of Charles Sanders Peirce*, Volume Ⅰ－Ⅵ, edited by Charles Hartshorne and Paul Weiss, Cambridge, Harvard University Press, 1931－1935；Volume Ⅶ－Ⅷ, edited by Arthur W. Burks, Cambridge, Harvard University Press, 1958.
③ 陈鼓应：《庄子今注今译》（全三册），北京：中华书局，1983年，第66页。
④ 王弼著，楼宇烈校释：《王弼集校释》（全二册），北京：中华书局，1980年，第28页。

了追寻纯粹的"道"，就需要切切实实的"昭氏之不鼓琴"吗？就需要彻底弃绝"五色"吗？答案显然是否定的。否则只能死于句下。事实上，"昭氏之鼓琴"充当了三重符号角色：第一，"昭氏之鼓琴"是一种像似符号，以自身的相似性来代表对象，而不论对象的有无，这是所有艺术的本性；第二，"昭氏之鼓琴"又是一种指示符号，由音乐本身而指向音乐之外，由"有"而指向了"无"，由"象"指向了"境"；第三，"昭氏之鼓琴"还是一种象征符号，必须经由解释项的解释，对象和符号才能产生意义，这就涉及自然宇宙以及人类社会的广阔空间。孔子闻韶而三月不知肉味[①]，当然是韶乐作为像似符号、指示符号和象征符号的交互作用使然，个中滋味很难向外人道。

> 昔者庄周梦为胡蝶，栩栩然胡蝶也，自喻适志与！不知周也。俄然觉，则蘧蘧然周也。不知周之梦为胡蝶与，胡蝶之梦为周与？周与胡蝶，则必有分矣。此之谓"物化"。[②]

"周与胡蝶，则必有分矣"，符号与对象是不同的两个东西。然而这里却难辨谁是真正的"符号"，谁是真正的"对象"。"栩栩然胡蝶"与"蘧蘧然周"，究竟谁是"符号"，谁是"对象"？"自喻适志"究竟是"胡蝶"的自明心迹，还是庄周的洋洋自得？"物化"其实正是排除掉属于"自我"与"非我"的对抗的一切东西的一种极致状态，一种审美的状态。

"美学即有关美（beauty）的理论"，这一定义严重损害了这一科学。"美"（beauty）的概念仅仅是这一科学的产物，是企图抓住美学想要阐明白的东西的一次非常不够好的尝试。伦理学追问所有的努力应该指向什么目的。这一问题的解答明显依赖于另一个问题，这就是：抛开努力不谈，我们会喜欢怎样的体验。但是为了说清楚纯粹的美学问题，我们应该把它排除掉——不单单是有关"努力"的一切思虑，而且是有关"作用"与"反作用"的一切思虑，包括我们所接受的"欢愉"的一切思虑，一言以

---

① 朱熹：《四书集注》，长沙：岳麓书社，1987年，第137页。
② 陈鼓应：《庄子今注今译》（全三册），北京：中华书局，1983年，第92页。

蔽之，属于"**自我**"与"**非我**"的对抗的一切东西。我们的语言中还找不到一个合格的词来概括。希腊语｛kalos｝，法语"beau"，只是勉强凑合，远未直击要害。"Fine"则是蹩脚的替代。"Beautiful"则更坏；因为存在（being）的一种方式即｛kalos｝本质上依赖于一种根本不美的质。然而，也许，"不美之美"的措辞算不上糟糕透顶。而且，"beauty"太肤浅了。如果使用｛kalos｝一词，美学的问题是这个样子的：在呈现的瞬间，｛kalos｝是一种什么样的质？（2.199）[①]

"物化"就是排除任何第三性的东西，即排除任何理性或思想，也排除任何第二性的东西，即排除"努力"，排除"自我"与"非我"的对抗，只保留第一性的质。"物化"正是连续主义发挥到极致的表现。这时，只有这时，美才会自由呈现，即如其自身而呈现。｛kalos｝是存在（being）的一种方式，即质的可能性的存在。｛kalos｝本质上依赖于一种根本不美的质。皮尔斯在科学分类中，把第一性赋予了美学，因为第一性关乎新鲜、生命、自由等概念（1.302）[②]，而与美否无关。中国古典美学所孜孜以求的是道，道即一种最大限度的可能性，所以合不合乎道才是中国古典美学的核心价值观念。

庄子这里，厉与西施，道通为一，世俗的美丑无碍于心。这不是相对主义，也不是后世命名的"美学"或"丑学"，而是一以贯之的质的任性的自由，可能性的充分舒展，第一性的如其自身而在，必须自始至终坚定排除现实性的干扰。

---

① Peirce, C. S., *Collected Papers of Charles Sanders Peirce*, Volume Ⅰ－Ⅵ, edited by Charles Hartshorne and Paul Weiss, Cambridge, Harvard University Press, 1931－1935; Volume Ⅶ－Ⅷ, edited by Arthur W. Burks, Cambridge, Harvard University Press, 1958.

② Peirce, C. S., *Collected Papers of Charles Sanders Peirce*, Volume Ⅰ－Ⅵ, edited by Charles Hartshorne and Paul Weiss, Cambridge, Harvard University Press, 1931－1935; Volume Ⅶ－Ⅷ, edited by Arthur W. Burks, Cambridge, Harvard University Press, 1958.

二、"道"究竟是"理性"还是"第一性"

"道"的解释历来纷纭，翻译上也颇多问题。老子《道德经》[①] 的翻译即很成问题。

一种方法是直译。最常见的是译为"way"，安乐哲与郝大维认为这种翻译意味着"道"（路）已铺好，"道"就被约束和限定住了，是对"道"的"客体化"，"事实上背叛了它的流动性和自反性。赋予这种翻译以优先权一开始就在用物质本体论抹杀对过程的感受力"，因此主张用"way-making"来替代"way"，以彰显"道"为"过程"而非"产品"。[②] 安乐哲曾明言自己是受到了"著名哲学家怀特海、威廉·詹姆士和约翰·杜威所倡导的过程哲学思维方式"[③] 的启发，并热情呼吁认真研究"既已成熟的中国过程哲学思想"。怀特海对皮尔斯推崇备至，威廉·詹姆士和约翰·杜威则继承了皮尔斯实用主义的衣钵，所以安乐哲这里的提示是颇值得我们玩味的。

另一种方法是意译。最常见的一种即把"道"理解为"理性"，或等同于"逻各斯"，早期传教士们的翻译就是如此，黑格尔的《道德经》启蒙也根于此。[④]

把"道"解释为"理性"或"逻各斯"，恰恰与老庄的哲学思想南辕北辙，背道而驰。"道"的本义是第一性，必须完全排除第二性和第三性。"道"即排除第二性与第三性之后所剩下来的东西。"道"是减而又减的东西。第一步，先减去第三性即规律性；第二步，再减去第二性即现实性；减之又减，就得到了第一性。宇宙万物都是先拥有第一性；再与现实打交道，从而拥有第二性，

---

① 钱穆：《先秦诸子系年》，北京：九州出版社，2011 年（《钱穆先生全集》新校本），第 232 页。钱穆先生在卷二《老子杂辨》之《老子书之年代》中说："老子之辨既定，则今传道德五千言者，又出何人之手乎？曰：此引无可指诬。其成书年代，亦无之证，可资论定。据其书思想议论，及其文体风格，盖断在孔子后。当自庄周之学既盛，乃始有之。汪氏以为太史儋之书，亦非也。纵有太史儋，其人乃在庄周先，此书犹当稍晚，不能出儋手。"

② 安乐哲、郝大维著，何金俐译：《道不远人：比较哲学视域中的〈老子〉》，北京：学苑出版社，2004 年，第 66~69 页。

③ 安乐哲著，温海明编：《和而不同：比较哲学与中西会通》前言，北京：北京大学出版社，2002 年，第 5 页。

④ 黑格尔著，贺麟、王太庆译：《哲学史讲演录》第一卷，北京：商务印书馆，1959 年，第 124~132 页。

再与他物发生必然性的勾连，从而拥有第三性。这就是老子所说的"道生一，一生二，二生三，三生万物"的真正内涵。这里的"生"不应理解为生理或物理上的纠缠，而应理解为逻辑上的次第关系，因之"introduce"比之于"give birth to"要妥帖得多，较少引起歧义。

老子的不尚贤，不贵难得之货，不见可欲，绝圣弃智，绝仁弃义，绝巧弃利，即强调首先去除第三性；飘风不终朝，骤雨不终日，飘风、骤雨止步于第二性，欲与道亲近，也必须弃绝。这就是"为道者日损"的要义。损之又损，以至于无为，无为则无不为，损了第三性，又损了第二性，就可以一窥第一性的真颜了，就可以得见第一性的自由状态了。这种"损之又损"，不是一次二次，而须千次万次，须一日三损。"不出于户，以知天下。不窥于牖，以知天道。其去弥远，其知弥尠。是以圣人弗行而知，弗见而名，弗为而成。"其去弥远，即追逐第二性与第三性，迷而不返，所以愈追逐愈迷失，愈追逐愈与第一性渐行渐远。所谓"治大国，若烹小鲜"，也是呼吁在治国方略上去除第三性与第二性，去除苛政，去除损不足以奉有余，去除人之道，还生民以熙熙然鼓腹而游的第一性。老子的"小国寡民。使有什伯之器而不用。使民重死，而不远徙。虽有舟舆，无所乘之；虽有甲兵，无所陈之。使民复结绳而用之。甘其食，美其俗，安其居，乐其俗。邻国相望，鸡犬之声相闻，民至老死，不相往来"，无非是在反复强调，去其生生之厚，去五色五声五味，去驰骋田猎，去难得之货，实现善摄生，无死地；无非是在反复申明：只有排除第三性和第二性的干扰，才能获得纯粹的第一性。大至一大国，小至一小民，概莫能外。

老子对于"道"为第一性曾做过多角度的描述。《道德经》第一章句读及义理歧解纷纭。[1] 如果转换成皮尔斯的术语，第一章第一句可作如下翻译：

道作为第一性，如其自身存在，一旦说道出来，就不是真正的道了。

再简化一番，或者用逻辑语言来表述，就是：

第一性，一旦用第三性表达出来，就不是真正的第一性了。

---

[1]　沙少海、徐子宏：《老子全译》，贵阳：贵州人民出版社，1989年，第1~3页。

第一性是什么样子的呢？老子还是做了一番内涵规定的。黑格尔曾经攻击"中文里面的规定（或概念）停留在无规定（或无确定性）之中"，将中国哲学、亚非哲学、希腊罗马哲学、近代哲学以至基督教等宗教哲学一网打尽，毫不心慈手软，"在纯粹抽象的本质中，除了只在一个肯定的形式下表示那同一的否定外，即毫无表示。假若哲学不能超出上面那样的表现，哲学仍是停在初级的阶段"①。我们先来看看老子的表述，再来分析黑格尔的评价是否得当。仍然用黑格尔举过的例子：

> 视之不见名曰夷，听之不闻名曰希，搏之不得名曰微。此三者不可致诘，故混而为一。一者，其上不皦，其下不昧，绳绳兮不可名，复归于无物。是谓无状之状，无物之象，是谓惚恍。迎之不见其首，随之不见其后。执古之道，以御今之有，能知古始，是谓道纪。

在第一性、第二性和第三性的现象学构成中，"道"只属于第一性。"道"只存在于自身，不指向任何东西，也不隐藏于任何东西背后。"道"视之不见，听之不闻，摩之不得，因为视之、听之、摩之，其中已经夹杂了第二性和第三性，已经听命于知觉或感觉，所以第一性已经老化，不复为新鲜的、活泼的、自由的、自在的第一性了。"道"为第一性，与第二性无涉，所以复归于"无物"，所以呈现为"无状之状""无物之象"。"惚恍"即为尚与第二性没有瓜葛的第一性的别名，或曰"可能性"的别名。"迎之不见其首，随之不见其后"，因为"道"先于人的知觉，更先于人的逻辑判断，先于分析，先于思索，先于人的先天后天的一切努力。所谓"古之道"，所谓"古始"，即混沌初开的那一刹那，也即皮尔斯所说的亚当第一次睁开眼睛的那一刹那。

> 纯粹第一的理念必须与任何他物的或指向他物的观念彻底分离开来；如果包含第二，它本身就是相对于那个第二的第二。第一因此必须是自我

---

① 黑格尔著，贺麟、王太庆译：《哲学史讲演录》第一卷，北京：商务印书馆，1959年，第128、129页。

呈现的，倏忽而逝的，而不是描述的第二。它必须是开始的和新生的，因为一旦老化，就沦为原来状态的第二。它必须是首创的、原始的、自发的和自由的，否则就沦为某个决定因素的第二。它又是生气勃勃和逍遥自在的，完全避免沦为某种感觉的对象。它先于所有的综合与区分；没有整体，也没有部分。它不能被清晰地思考：断言它，就失去了它特有的天真；因为断言总是暗示着对别的东西的否定。别去想它，一想它就飞了。当亚当第一次睁开眼睛时，这个世界是什么样子，在他做出任何区分以前，或者在他开始意识到自身的存在以前——它是最初的、自我呈现的、倏忽而逝的、开始的、新生的、首创的、原始的、自发的、自由的、生气勃勃的、逍遥自在的、无常的。只请牢记一点：每一种描述都是不靠谱的。(1.357)[1]

老子的第十四章与皮尔斯的 CP1.357 是否可称得上绝配？无须多言，读者自有分辨。

问题是，皮尔斯是不是也要上黑格尔的黑名单，被攻击为"在纯粹抽象的本质中，除了只在一个肯定的形式下表示那同一的否定，即毫无表示"呢？

问题的症结出在黑格尔，而非他人。黑格尔终其一生，都在思想的自我发展的辩证法中徘徊，而且其影响始终阴魂不散，殃及世界上一大批哲学家。黑格尔抱定他的二元论哲学，看不到世界的丰富多彩，看不到自然的美轮美奂，遗忘了深刻的第二性，只深钻绝对精神的牛角尖，用庄子的话说，属于标准的蜗角战犹酣的人。黑格尔当然更看不到第一性的最初、自我呈现、倏忽而逝、开始、新生、首创、原始、自发、自由、生气勃勃、逍遥自在、无常，看不到第一性的无分别、无归类，看不到或看不起或曰因看不起而看不到第一性的无现实性、无规律性，看不到第一性的自在性、自由性。

老子为什么说"上善若水"？为什么说"含德之厚者，比于赤子"？就因为水之性、赤子之情最合于"道"，最合于第一性。水至柔至刚，驰骋无疆，拥有最一以贯之又最灵活多变的形式，赤子"餐六气而饮沆瀣兮，漱正阳而含朝

①　Peirce, C. S., *Collected Papers of Charles Sanders Peirce*, Volume Ⅰ－Ⅵ, edited by Charles Hartshorne and Paul Weiss, Cambridge, Harvard University Press, 1931－1935；Volume Ⅶ－Ⅷ, edited by Arthur W. Burks, Cambridge, Harvard University Press, 1958.

霞",尚未濡染第二性和第三性,保持着最天真最纯洁的第一性。

所以老子的"信言不美,美言不信。善者不辩,辩者不善。知者不博,博者不知",并非"不免始于辩证法而终于形而上学",恰恰相反,这几句所申明的与"道,可道,非常道;名,可名,非常名"是同一思想,同一义理,也就是说,老子仍在不厌其烦地申说第一性必须去除第三性和第二性才能澄明之的哲学思想。明一理,即可举一反三。老子统篇,始于现象学而终于现象学,始于第一性而终于第一性。大概很多人对这些都熟视无睹。

最后,我们还是以庄子的"心斋"与"坐忘"来善始善终。

> 颜回曰:"回之家贫,唯不饮酒不茹荤者数月矣。如此,则可以为斋乎?"
>
> 曰:"是祭祀之斋,非心斋也。"
>
> 回曰:"敢问心斋。"
>
> 仲尼曰:"若一志,无听之以耳而听之以心,无听之以心而听之以气。耳止于听,心止于符。气也者,虚而等物者也。唯道集虚。虚者,心斋也。"①

"心斋"与"坐驰"是截然相反的两种哲学态度。"坐驰"即沉湎于第二性和第三性而流宕忘返。"心斋"即瞻彼阒者,虚室生白,也即老子所说的致虚极、守静笃,即涤除第三性与第二性,而玄览(鉴)第一性。"耳"和"心"是第二性和第三性的代名词,唯有"气",唯有"虚",才得第一性的真谛。

那么,怎样才能实践"心斋"之境呢?庄子告诉我们,通往"心斋"之路并不平坦,并不容易。

> 颜回曰:"回益矣。"
>
> 仲尼曰:"何谓也?"
>
> 曰:"回忘礼乐矣。"
>
> 曰:"可矣,犹未也。"

---

① 陈鼓应:《庄子今注今译》(全三册),北京:中华书局,1983年,第116~117页。

他日，复见，曰："回益矣。"

曰："何谓也？"

曰："回忘仁义矣。"

曰："可矣，犹未也。"

他日，复见，曰："回益矣。"

曰："何谓也？"

曰："回坐忘矣。"

仲尼蹴然曰："何谓坐忘？"

颜回曰："堕肢体，黜聪明，离形去知，同于大通，此谓坐忘。"

仲尼曰："同则无好也，化则无常也。而果其贤乎！丘也请从而后也。"①

　　庄子的"坐忘"与老子"绝圣弃智"可谓双璧。庄子的"坐忘"似乎更具体。一般人可能初见之下，极易把庄子的这些话视作汗漫不着边际，肢体如何"堕"得了？形如何"离"得去？聪明如何"黜"废？知如何"去"除？

　　但了解了皮尔斯的现象学之后，蓦然回首，你将惊讶地发现：原来庄子的话是如此平易，其中的哲理是如此深刻，简直叹为观止。庄子只不过说出了大家欲说而说不出的话而已。"坐忘"是一种修为，一种朝圣，不经九九八十一难不能取到真经。"坐忘"是追寻第一性的不二法门。"坐忘"的实质就是，首先去除第三性，其次去除第二性，然后方能一睹第一性的素颜。所谓"忘礼乐""忘仁义""黜聪明""去知"，即已经全然排除了第三性的干扰；所谓"堕肢体""离形"，即已经全然排除了第二性的干扰，即排除了现实性的干扰，排除了"自我"与"非我"的干扰，排除了感觉、知觉的意识。此时，唯有此时，你才"嗒然忘其身"，恍惚与对象同化，也就是庄子所说的"物化"，对象的本真面目才能自由呈现。一旦"自我""非我"的意识觉醒，对象的本真面目将立即从眼前消失，而沦为"非物"，即已经遭受了第二性和第三性侵犯和损害的第一性。所谓"堕肢体""离形"，并无须堕损残害肉体，而只是一种精神上的炼狱过程，即老子所说的"为道者日损。损之又损，以至于无为，无为

---

① 陈鼓应：《庄子今注今译》（全三册），北京：中华书局，1983年，第205～206页。

则无不为"。所谓"同于大通",即实现自然与心灵的共通（community），实现人与"道"的同心（commens），实现第一性的鸢飞鱼跃。西方很多现象学家都不约而同地描述过这种状态。中国古代的诗人哲人也以不同方式探讨过这一悬搁判断还原本质的深刻的现象学原理。以三为体是一种方法，更是一种境界，并非饱食终日无所用心即唾手可得，就像皮尔斯所说，这需要经过长期严格的刻苦的科学训练。

第五章 《声无哀乐论》与皮尔斯现象学

第一节 "历世滥于名实"：嵇康与皮尔斯的拯救

《声无哀乐论》文字简古，义趣幽眇，历世虽众说纷纭，却并未切中要害，深层原因在于没有揭示出《声无哀乐论》背后深藏的哲学观念，没有明了嵇康所秉持的哲学立场，唠叨费词无功而返也就不足为奇了。

《声无哀乐论》[①] 一开篇即云：

> 有秦客问于东野主人曰："闻之前论曰：'治世之音安以乐，亡国之音哀以思。'夫治乱在政，而音声应之，故哀思之情表于金石，安乐之象形于管弦也。又仲尼闻《韶》，识虞舜之德；季札听弦，知众国之风。斯已然之事，先贤所不疑也。今子独以为声无哀乐，其理何居？若有嘉讯，今请闻其说。"
>
> 主人应之曰："斯义久滞，莫肯拯救，故令历世滥于名实。今蒙启导，将言其一隅焉。"

嵇康《声无哀乐论》矛头所指即"治世之音安以乐，亡国之音哀以思"这一"大罔后生"的弥天大谎。

> 夫推类辨物，当先求之自然之理；理已定，然后借古义以明之耳。今

---

① 戴明扬：《嵇康集校注》卷五，北京：中华书局，2014年，第345～400页。标点符号及分节略有改动。以下有关《声无哀乐论》引文均出自本校注，不再一一注明。

未得之于心，而多恃前言以为谈证，自此以往，恐巧历不能纪耳。

嵇康所致力的正是釜底抽薪、拨云见日的推类辨物、考正名实之举。嵇康企图消除人为的混乱，还原自然的简易面目。《声无哀乐论》的价值既不在于词锋的纵横捭阖，也不在于清谈的宛转高致，而在于哲理神思的"言论覆幽妙，理乱穷端由"。

一言以蔽之，《声无哀乐论》与《礼记·乐记》的哲学基础迥异其趣。《声无哀乐论》以不可还原、不可分解的三价关系的现象生成为基础，《礼记·乐记》为代表的一派则以分裂的二元论哲学为总纲。用皮尔斯的分析也许更能妥帖地描述嵇康与世俗的势不两立：

　　争论的核心在于这一点。现代的哲学家们——每个人，谢林除外——都只承认一种存在（being）的方式，个别的东西或事实的存在。这种存在存身于物体在森罗万象中为自己挤出一个地方，可以这样说，凭借事实蛮力，反抗其他一切东西。我称之为"实存"（existence）。（CP 1.21）①

　　另一方面，亚里士多德，他的体系，像所有最伟大的体系一样，是发展变化的，承认此外还有一种萌芽期的存在，比如深藏在种子中的树的存在，比如未来偶然事件的存在，取决于一个人决定如何行动。有那么几个章节，亚里士多德似乎对第三种存在方式即将潜能变为现实的能动本原即"隐德来希"（entelechy）有了模糊的惊鸿一瞥。对亚里士多德而言，萌芽期的存在是这种存在，他称之为"物质"，物质在所有的事物中都相似，并在进化的过程中呈现为"形式"。"形式"是另一种存在方式。神学家们的整个哲学体系就是将亚里士多德的这一学说锻造为与基督真理相协调的尝试。这种协调不同的神学家尝试不同的实现途径。但是所有的唯实论者都一致同意颠倒亚里士多德的发展顺序——使形式位居第一，而形式的个体化位居第二。因此，他们也承认两种存在方式；但是它们不是亚里士多

① Peirce, C. S., *Collected Papers of Charles Sanders Peirce*, Volume Ⅰ－Ⅵ, edited by Charles Hartshorne and Paul Weiss, Cambridge, Harvard University Press, 1931－1935；Volume Ⅶ－Ⅷ, edited by Arthur W. Burks, Cambridge, Harvard University Press, 1958.

德的两种存在方式。(CP 1.22)①

　　我认为有三种存在方式。我认为我们可以直接观察它们，在任何时间以任何方式呈现在我们头脑的任何要素。它们是：原质的可能性的存在，真实事实的存在，以及支配未来事实的规律的存在。(CP 1.23)②

　　以《礼记·乐记》为代表的主流意识形态，事实上完全不承认质的可能性的存在，彻底混淆了第一性与第二性的概念，第二性与第三性也纠缠不清，第三性的特性也就难以正常发挥。《声无哀乐论》则把音声与哀乐视作不可分解、不可还原的第一性、第二性及第三性的现象生成方式，即音声与哀乐既拥有原质的可能性的存在，又在相互作用中拥有真实的事实性的存在，同时也拥有作为二者的联系中介和进化过程的第三性的存在。

　　这里需要提醒注意的是皮尔斯所说的"还依赖于一个人决定如何行动"，这里的"一个人"毋宁用"心智"或"准心智"来代表。"还依赖于一个人决定如何行动"相当于"还依赖于习惯"，"习惯"是"心智"或"准心智"的行为准则。

第二节　"和声无象"与第一性

　　《声无哀乐论》是一个千古之谜，皮尔斯现象学则是解开这一千古之谜的一把金钥匙。借助皮尔斯现象学第一性、第二性、第三性范畴，《声无哀乐论》这个被沉埋千载的宝藏将重见天日，并大放异彩。

　　以下这一段表述可视为皮尔斯现象学的总纲：

　　　　关系逻辑的全面研究证实了在深入这项研究之前我业已得出的结论。它表明逻辑术语要么是一价的，要么是二价的，要么是多价的，多价的并

---

　　① Peirce, C. S., *Collected Papers of Charles Sanders Peirce*, Volume Ⅰ－Ⅵ, edited by Charles Hartshorne and Paul Weiss, Cambridge, Harvard University Press, 1931－1935; Volume Ⅶ－Ⅷ, edited by Arthur W. Burks, Cambridge, Harvard University Press, 1958.

　　② Peirce, C. S., *Collected Papers of Charles Sanders Peirce*, Volume Ⅰ－Ⅵ, edited by Charles Hartshorne and Paul Weiss, Cambridge, Harvard University Press, 1931－1935; Volume Ⅶ－Ⅷ, edited by Arthur W. Burks, Cambridge, Harvard University Press, 1958.

没有引进任何与三价中发现的元素完全不同的元素。因此我把所有对象分成一价、二价和三价；当前质询的第一步是弄清什么是纯粹一价的概念，从所有二价与三价的缠夹不清中离析出来；弄清二价的概念（本身包含一价的概念），从所有三价的污染侵蚀中离析出来；弄清三价的概念（本身包含一价和二价的概念），弄清三价的特性到底是什么。(CP 1.293)①

嵇康的论述有没有准确揭示第一性、第二性及第三性的特性呢？先从嵇康有关第一性的描述看起：

> 夫天地合德，万物贵生，寒暑代往，五行以成。故章为五色，发为五音。音声之作，其犹臭味在于天地之间，其善与不善，虽遭遇浊乱，其体自若而不变也。岂以爱憎易操、哀乐改度哉？

为什么要离析音声与哀乐？或者说，为什么要区分第一性、第二性、第三性范畴？首先，在嵇康看来，"其体自若而不变"是音声的质，是音声的第一性，不必依赖于任何其他东西而存在，也不因任何其他东西而改变自身的本性。音声遭遇治世与乱世，也丝毫改变不了音声的特质，因为音声自有其独一无二的"体"，这个"体"就是音声的质，天荒地老、海枯石烂、冬雨雪夏雷竭也左右不了它。

> 夫食辛之与甚噱，薰目之与哀泣，同用出泪，使易牙尝之，必不言乐泪甜而哀泪苦，斯可知矣。何者？肌液肉汗，蹴笮便出，无主于哀乐，犹濒酒之囊漉，虽笮具不同，而酒味不变也。声俱一体之所出，何独当含哀乐之理也？且夫《咸池》《六茎》《大章》《韶》《夏》，此先王之至乐，所以动天地、感鬼神。今必云声音莫不象其体而传其心，此必为至乐不可托之于瞽史，必须圣人理其弦管，尔乃雅音得全也。舜命夔'击石拊石，八音克谐，神人以和'，以此言之，至乐虽待圣人而作，不必圣人自执也。

---

① 皮尔斯学化学出身，所以喜欢用化学元素比喻。一价、二价、三价、多价，与一元、二元、三元、多元只是不同称谓而已。

何者？音声有自然之和，而无系于人情。克谐之音，成于金石；至和之声，得于管弦也。夫纤毫自有形可察，故离、瞽以明暗异功耳。若乃以水济水，孰异之哉？

嵇康对音声的质的第一性的论述却不怎么高明。嵇康显然把物理的、生理的东西混入了第一性的观念，这无疑比把心理的东西混入第一性的观念更为糟糕。在这一点上，皮尔斯诚然要警觉得多。当然根源在于各自所承继的衣钵不同：嵇康虽然从现象中离析出了第一性，认识到了第一性的独立性、自足性、自由性、生命性，这在东方的混沌思维中已是难得一见的，但他的思维惯性仍在作祟，逻辑推演也显然跟不上；相比之下，浸润于欧洲大陆哲学及英国哲学传统的皮尔斯则要游刃有余得多，形而上的气息也更为浓厚一些。

第一性观念占优的是诸如新鲜、生命、自由一类的观念。自由是指没有其他观念位居其后，决定它的行动；但是一旦作为对立面的另一个观念闯入，另一个观念就闯入了；而这类否定观念必须隐藏于背景，否则我们就不能说第一性处于优势地位。自由只能在无限制和无拘束的多样性和丰赡性中显现自身，并因此第一性在无以测度的多样性和丰赡性观念中占优。它正是康德的"感觉的多样性"的首要观念。但在康德的综合统一体中，第三性观念占优。它是一种获得性的统一体；也许称之为"整体"更为恰当，因为这是他的这种范畴。这种范畴在他的范畴整体中找到归宿。在存在的观念中，第一性占优，不是由于那种观念的抽象性，而是由于它的自足性。第一性独领风骚，不是源于它与质的分离，而是源于某种特性和特质。第一性在感觉中占优，区别于不带感情的知觉、意志和思想。(CP 1.302)[1]

第一性在纯粹感觉的完全的质上取得了例证。它完全单纯，没有部分；每一种东西都有自己的质。因此，悲剧李尔王有它的第一性，有它的自成一格的韵味。所有这样的质的一致之处就是普遍的第一性，第一性的

---

① Peirce，C. S.，*Collected Papers of Charles Sanders Peirce*，Volume Ⅰ－Ⅵ，edited by Charles Hartshorne and Paul Weiss，Cambridge，Harvard University Press，1931－1935；Volume Ⅶ－Ⅷ，edited by Arthur W. Burks，Cambridge，Harvard University Press，1958.

真正存在。"可能性"这个词很适合它，只可惜可能性暗示了与存在之物的关系，而普遍的第一性只意味着自身存在方式。这解释了为什么需要一个新的词来表达它。不然，"可能性"也可李代桃僵。（Lowell Lectures，CP 1.531，1903）[①]

皮尔斯曾大声疾呼"术语伦理学"，强调一个学科的建立与发展兴旺的首务在于规范术语的命名与使用。他在构建自己的哲学大厦时身体力行，对术语的选择一丝不苟，几近苛刻。这从第一性范畴的使用上可见一斑。在他看来，"可能性""潜在性""多样性"等虽然在很大程度上标示出了"第一性"的特性，但因它们均撇不清与"存在之物"的瓜葛而被皮尔斯无情弃绝。只有这样，才能充分保证第一性的纯粹性。这是皮尔斯独特的实在观使然。

嵇康对第一性的论证显然并不充分，但他提出了"和声无象"的命题，一定程度上弥补他的逻辑论证的不足，还原了音声的第一性的形而上的本来面目。"和"恰恰是音声整一的显现过程，是音声的完整体现，是音声独一无二的韵味，是纯粹的瞬息、完全的一刹那、"声音和比"的全过程。"和"是旋律而不是单个的音符，是连续性的而不是原子式的。"无象"即混一性、不可剖判性，亦即皮尔斯所说的"新生性"（orience）、"原生性"（originality）或"原初性"（primity），我行我素，自由自在，不假它物，无论内在、外在，不拘力量、理性。"和声"不必是有形的，不必付之于管弦。这也就是下文所言"乐之为体，以心为主。故'无声之乐，民之父母'也"的要义所在。乐的质，乐的第一性，与经验无关。

不仅音声，哀乐亦如此。哀乐同样首先作为第一性的质而存在，即作为它自身的存在而存在。哀乐的质是自由的、无形的、开放的、任意的、偶然的，随机而发，瞬息万变，不可凝视，不可谛听，不可追忆。哀乐的质就是生命的质，音声的质也是生命的质。正是在这样的意义上，嵇康说"音声无常""外内殊用，彼我异名。声音自当以善恶为主，则无关于哀乐；哀乐自当以情感而后发，则无系于声音""音声有自然之和，而无系于人情""心之于声，明为二

---

① Peirce, C. S., *Collected Papers of Charles Sanders Peirce*, Volume Ⅰ-Ⅵ, edited by Charles Hartshorne and Paul Weiss, Cambridge, Harvard University Press, 1931–1935；Volume Ⅶ-Ⅷ, edited by Arthur W. Burks, Cambridge, Harvard University Press, 1958.

物""声音以平和为体，而感物无常；心志以所俟为主，应感而发。然则声之与心，殊涂（途）异轨，不相经纬，焉得染太和于欢戚，缀虚名于哀乐哉"；正是在强调第一性的独立性、无所依傍性、无所假借性上，嵇康斩钉截铁地声称声音与哀乐"殊涂（途）异轨，不相经纬"，各自独立，彼此自由，见素抱朴，秋毫无犯，婉约娉婷，各逞风情。

第三节　"声音动人有猛静"与第二性

既然音声与哀乐"殊涂（途）异轨，不相经纬"，彼此互相独立，各自拥有自身特定的质，那么它们之间到底会不会发生相互作用和影响呢？如果答案是肯定的，那么它们之间又是如何互相影响、互相作用的呢？

在此，嵇康提出"心动于和声"的命题。"心动于和声"的命题证明嵇康并没有像世人所误解的那样彻底否定音声与情感的联系；恰恰相反，嵇康从正面肯定了音声之于人心的感动作用，音声之于人心的碰撞反应，以及音声之于人心的努力与阻力。

对"心动于和声"这一命题，除第一部分答难简略提及"声音和比，感人之最深者也"外，在第五部分答难中更有详细剖析：

> 主人答曰："难云'琵琶筝笛，令人躁越'；又云'曲用每殊，而情随之变'。此诚所以使人常感也。琵琶、筝、笛，间促而声高，变众而节数，以高声御数节，故使人形躁而志越。犹铃铎警耳，而钟鼓骇心，故'闻鼓鼙之音，思将帅之臣'，盖以声音有大小，故动人有猛静也。琴瑟之体，间辽而音埤，变希而声清，以埤音御希变，不虚心静听，则不尽清和之极，是以听静而心闲也。夫曲用不同，亦犹殊器之音耳。齐楚之曲多重，故情一；变妙，故思专。姣弄之音，挹众声之美，会五音之和，其体赡而用博，故心役于众理；五音会，故欢放而欲惬。然皆以单复、高埤、善恶为体，而人情以躁静、专散为应，譬犹游观于都肆，则目溢而情放；留察于曲度，则思静而容端，此为声音之体，尽于舒疾。情之应声，亦止于躁静耳。"

音声与哀乐分别具有纯粹的第一性,逍遥自在,无拘无束,但纯粹的第一性只是一种潜在性,要实现现实的存在,必须与"它在"发生相应的关系。不与任何"它在"发生联系的"自在"等于纯粹的虚无。第一性与第一性相互发生作用与反作用,彼此互相影响,彼此就成为对方的第二性。纯粹的第二性虽然包含第一性,但须暂且排除第三性。嵇康所谓的"感""动""应"即指音与心之间的作用与反作用。"声音有大小,故动人有猛静也"揭示了一瞬间音声对心灵所产生的撞击与抵抗。所谓"猛",意指如果声音大而疾,那么声音对心灵自我的撞击是突然由静入动,"非我"突然侵扰"自我",打破了以往的宁静,由安宁入躁越,由专入散,情欲放纵,心驰神往;所谓"静",意指声音如果细小而舒缓,那么声音对人的影响则是突然由动入静,"非我"突然侵扰"自我",但不是以暴烈的方式,而是以和风细雨、润物细无声的方式,由躁越入安宁,由散入专,神志安闲,心平气和。

嵇康为什么又反复强调"声音之体,尽于舒疾。情之应声,亦止于躁静耳"?这分明是在警惕第三性的侵袭。因为音声与心情的影响止于作用与反作用的顷刻,不容回想,不暇思虑,不假判断。一旦意识到舒疾和躁静以外的东西,那么意志就侵入了,就由单纯的第二性变成了中介和描述的第三性,纯粹的第二性就不复存在了。"躁静者,声之功也;哀乐者,情之主也。不可见声有躁静之应,因谓哀乐者皆由声音也",这是对第二性和第三性关系的深刻领悟和道地分析。躁静,即声音与心灵的撞击与回应,"功"即音声的蛮力撞击,属于纯粹的第二性;哀乐是情感的符号表达,是情感的符号解释项,属于彻头彻尾的第三性;第二性可以不依赖于第三性而独立存在,躁静也可以不依赖于哀乐而独立存在。因为躁静只是一刹那的触碰、一瞬间的触耳惊心,来不及回味,来不及思索,来不及描述。

再看皮尔斯的描述,与嵇康如出一辙,何其相似乃尔!

第二性观念类型是努力的体验,与意志观念相脱离。也许有人会说,不存在这样的体验,只要努力被认识到,意志就早已存乎心间。这是很值得怀疑的;因为在持久的努力中,我们立刻会让意志退出思虑。无论如何,我坚决摒弃心理学,它与观念科学毫不相干。"努力"一词的存在就是充足的证据,证明人们认为他们确乎拥有这样的一种观念;斯已足矣。

努力的体验就不复存在，如果没有阻力的体验。努力只能凭借被抵抗才成其为努力，没有第三个元素参与。请注意我所说的是努力的"体验"，而不是努力的"感觉"。想象你一个人深夜独自坐在热气球的篮子里，高悬空中，平静地享受旷世的安逸和静谧。突然汽笛刺耳的尖叫打断了你，并且持续了相当长一段时间。安静的感觉是第一性的观念，感觉的质，刺耳的汽笛声不允许你想或做任何事情而只能默默忍受。因此那也是绝对单纯的。另一个第一性。但是寂静被噪音打破是一种体验。人的惰性使他认同在先的感觉状态，倏忽而至的新感觉漠视他，是一种非我。他有自我和非我的双重意识。新感觉破坏旧感觉的作用的意识就是我称之为"体验"的东西。体验通常是生命的进程"迫使"我思考的东西。第二性或者是"纯粹的"或者是"退化的"。有不同程度的纯粹性。概括地说，纯粹的第二性存在于一物对另一物的作用力之中——蛮力。我说"蛮"，因为只要任何"规律"或"理性"的观念闯进来，第三性就闯进来了。当一块石头落地，引力定律没有起作用让它落地。引力定律是法官席上的大法官，他可以宣布法律直到世界末日，但是除非法律的强有力的臂膀——无情的治安官，将法律予以执行，那么法律不过是一纸空文。诚然，如果需要的话，法官可以创造一个治安官；但是他必须有一个。石头真的落地纯粹是彼时彼刻石头与地球之间的私事。这就是反作用力的一个例子。实存亦如此，即一物与它物相互作用的存在方式。　（A Letter to Lady Welby, CP 8.330，1904）①

　　至于第二性，我说过我们对它仅有的直接了解存在于意志中以及知觉的体验中。正是在意志中，第二性最为强烈地呈现出来。但这并不是纯粹的第二性。因为，首先，有意志就有目的，一有目的就使得行动呈现为获取目的的手段。而"手段"一词几乎是"第三性"的不折不扣的同义词。它无疑混入了第三性。而且，有意志的人清醒地意识到正在做什么，活灵活现地向他自己描述他在做什么。但是描述正是彻头彻尾的地道的第三性。你必须想象一种猝发的意识，即刻彻底遗忘，一种完全放弃意志的努

①　Peirce, C. S., *Collected Papers of Charles Sanders Peirce*, Volume Ⅰ－Ⅵ, edited by Charles Hartshorne and Paul Weiss, Cambridge, Harvard University Press, 1931－1935；Volume Ⅶ－Ⅷ, edited by Arthur W. Burks, Cambridge, Harvard University Press, 1958.

力。试图认识如果没有描述的元素意识会是什么样子简直是徒劳的。情形大概是这样：猝不及防炸药轰然爆炸，来不及回过神来，只有安宁被打破的感觉。也许跟普通常识想象一个台球撞击反弹会发生什么差不离。一个球"击中"另一个球，即，发力，"减去"描述的元素。我们可以大致说所有真正的第二性的普遍的第一性是"实存"（exsistence），尽管这一术语只有在作为反应的第一和第二的元素时才用之于第二性。如果第二性意指发生的元素，那么它的第一性就是"现实性"（actuality）。但是现实性和实存是以不同路径表达同一理念的两个词。第二性，严格说来，仅仅是何时何地发生，而没有其他"存在"（being）；因此，不同的第二性，严格说来，本身并没有共同的质。相应地，实存，或者所有第二性的普遍的第一性，事实上根本不是一种质。存入你的银行账号的真的一元钱在任何方面与可能的想象的一元钱并没有什么不同。因为如果它们真的不同，想象的一元钱就可以被想象在那个方面进行交换，以便与真钱一模一样。我们于是看到现实性并不是一种"质"（quality），或者纯粹的感觉方式。因此黑格尔，他忽略第二性，主要源于他不承认除实存以外的其他任何一种存在方式——他所谓的"实存"（existenz）仅仅是"存在"的一种特殊种类，视纯粹的"存在"为乌有。确切地说，"实存"一词，好像是抽象的可能性似的，为的的确确不具任何抽象可能性的存在命名；而这种情形，当你把实存看作唯一的存在时，似乎实存也将化为乌有。（CP 1.532）①

"哀心有主"首先指的是心与声的第二性的作用与反作用，自我与非我之间的抗拒争斗。"哀心"本是一个人已蓄积的情感自我，具有独一无二的质。"和声"突然闯进来，打破了心灵的宁静。因为"和声"是另外一种纯粹的质，一刹那间，你变得无所思，无所想，努力抵抗，欲罢不能。"和声"虽然不像汽笛声一样尖锐刺耳，但突然产生的压迫感、逼临感、漠视感则是共同的。因为再激越、再温柔的"和声"毫无例外都是作为"异物""非我"而闯入内心的。"和声"与"哀心"此时此刻就构成不折不扣的第二性的关系。但嵇康

---

① Peirce，C. S.，*Collected Papers of Charles Sanders Peirce*，Volume Ⅰ－Ⅵ，edited by Charles Hartshorne and Paul Weiss，Cambridge，Harvard University Press，1931－1935；Volume Ⅶ－Ⅷ，edited by Arthur W. Burks，Cambridge，Harvard University Press，1958.

"哀心有主"隐含的另一层意思似乎是"哀心"势必会战胜"和声","自我"一定会战胜"非我",这就是另外一个值得质询的问题了。

悠悠千载之后,皮尔斯不期然而然成了嵇康的知音,看来《广陵散》自此不绝矣。皮尔斯的论述显见得要比嵇康明晰得多,但二者揭示的第二性的内涵以及所使用的手段却惊人地相似。皮尔斯也使用了声音的例子。在皮尔斯的分析中,他首先坚决摒弃了心理学的影响,视心理学与观念科学为陌路。这一点嵇康虽然没有明言,但从离析第二性与第三性即躁静与人情的行为及效果上判断,嵇康显然坚拒心理学于观念科学门外,清醒地保持了观念科学的纯洁性和形而上性。其次,皮尔斯离析了第二性与第一性。其三,皮尔斯定义了第二性即自我与非我的争斗,即蛮力。其四,皮尔斯离析了第二性与第三性。其五,皮尔斯明确了第二性即现实性、即实存,但实存只是存在的一种特殊种类。公平地说,嵇康的论述完全击中了第二性的要害,其深度和广度与皮尔斯差可比肩。

第四节　"哀心有主"与第三性

经过以上不厌其烦地条分缕析,我们便不会再被嵇康的表面文字所迷惑,也不会再因世人的误解而迷茫。因为我们已经理清了嵇康的现象学思路,抓住了嵇康的现象学神髓。

既然"声音之体,尽于舒疾。情之应声,亦止于躁静耳",那么音声与哀乐究竟有无关系,又究竟是何关系?哀心到底因何而起?"哀心"的本质到底为何物?

上文约略提到过,嵇康"哀心有主"隐含的另一层意思似乎是"哀心"势必会战胜"和声","自我"一定会战胜"非我"。这并非嵇康"持之有故,而言之过当",故作惊人之论,肆逞辩难之才,而是"持之有故,而言之有心",为他的"无为"说寻找反面的证据铺垫。

> 夫哀心藏于内,遇和声而后发。和声无象,而哀心有主,因乎无象之和声,其所觉悟,唯哀而已。岂复知'吹万不同,而使其自已'哉。
> 至夫哀乐,自以事会,先遘于心,但因和声以自显发。

夫曲用每殊，而情之处变，犹滋味异美，而口辄识之也。五味万殊，而大同于美；曲变虽众，亦大同于和。美有甘，和有乐。然随曲之情，尽于和域；应美之口，绝于甘境，安得哀乐于其间哉？然人情不同，各师所解，则发其所怀。若言平和，哀乐正等，则无所先发，故终得躁静。若有所发，则是有主于内，不为平和也。以此言之，躁静者，声之功也；哀乐者，情之主也。不可见声有躁静之应，因谓哀乐者皆由声音也。

且声音虽有猛静，猛静各有一和，和之所感，莫不自发。何以明之？夫会宾盈堂，酒酣奏琴，或忻然而欢，或惨尔而泣，非进哀于彼，导乐于此也。其音无变于昔，而欢戚并用，斯非'吹万不同'邪？夫唯无主于喜怒，亦应无主于哀乐，故欢戚俱见。若资偏固之音，含一致之声，其所发明，各当其分，则焉能兼御群理，总发众情邪？由是言之，声音以平和为体，而感物无常；心志以所俟为主，应感而发。然则声之与心，殊途异轨，不相经纬，焉得染太和于欢戚，缀虚名于哀乐哉？

夫火非隆寒之物，乐非增哀之具也。理弦高堂而欢戚并用者，直至和之发滞导情，故令外物所感，得自尽耳。

夫言哀者，或见机杖而泣，或睹舆服而悲，徒以感人亡而物存，痛事显而形潜，其所以会之，皆自有由，不为触地而生哀，当席而泪出也。今见机杖以致感，听和声而流涕者，斯非和之所感，莫不自发也？

嵇康承认声音疾徐与人心躁静的确存在事实上的联系，这就是"躁静者，声之功也"，但又强调另一方面，这就是"哀乐者，情之主也"，屡屡强调"哀心藏于内，遇和声而后发""至夫哀乐，自以事会，先遘于心，但因和声以自显发""若有所发，则是有主于内，不为平和也""声音虽有猛静，猛静各有一和，和之所感，莫不自发""心志以所俟为主，应感而发""理弦高堂而欢戚并用者，直至和之发滞导情，故令外物所感，得自尽耳""斯非和之所感，莫不自发也"，这就由第二性进入第三性的问题。先来看皮尔斯对第三性的描述：

第三性，我指的是绝对起点与终点之间的媒介或联系纽带。起点是第一性，结点是第二性，中间就是第三性。目的是第二性，手段就是第三性。生命之线是第三性，命运之剪，就是第二性。岔路口是第三性，它假设了三条道路；直道，就其仅仅作为两个地点之间的连接而言，是第二性，但是就其暗示穿越中间地带而言，它是第三性。位置是第一性，速度或者两个连续地点之间的关系是第二性，加速度或者三个连续地点之间的关系就是第三性。但是速度就其是连续的而言也包含第三性。连续性几乎尽善尽美地代表了第三性。每一过程都服膺这一首脑。中庸是一种第三性。形容词的原级是第一性，最高级是第二性，比较级是第三性。所有夸张的语言，"至高无上""彻头彻尾""无出其右""连根带叶"，正是只想着第二性而遗忘了第三性的头脑的附属品。行动是第二性，但是指挥是第三性。法律作为有效的强制力是第二性，但是制度和立法是第三性。同情心，血肉之躯，我赖以感觉邻居的感情的东西，是第三性。(CP 1.337)①

一些典型的第三性观念，由于它们在哲学和科学中异乎寻常的重要性，需要做深入的研究，即一般性、无限性、连续性、渗透性、生成性以及智能性。(CP 1.340)②

在第三中，有二级退化。第一级退化在事实本身不存在第三性或中介，但是存在真正的二元性；第二级退化在事实本身甚至不存在真正的第二性。(……)自然本身常常代替理性主体的意图，使第三性成为真正的，而不仅仅是偶然的；就像一个火星——作为第三，掉进一个火药桶里——作为第一，引起了爆炸——作为第二。但是自然如何做到这个？凭借可理解的规律的力量，自然听命于它而行动。如果两个力遵照力的平行四边形结合在一起，它们的合矢量就是一个真正的第三。然而，任何力，按照力的平行四边形，都可以在数学上归结为另外两种力之和，以无穷多的不同方式。然而，这样的要素，仅仅是心智的产物。区别何在？只要孤立的活动进行，就不存在这样的要素。实在的力出现于合矢量中，无非是数学家可以想象的任何要素。但是使实在的力真正存在的是自然的一般规律——它召唤它们，而不召唤合矢量的任何其他要素。因此，可理解性，

---

① Peirce, C. S., *Collected Papers of Charles Sanders Peirce*，Volume Ⅰ－Ⅵ，edited by Charles Hartshorne and Paul Weiss, Cambridge, Harvard University Press, 1931－1935；Volume Ⅶ－Ⅷ，edited by Arthur W. Burks, Cambridge, Harvard University Press, 1958.

② Peirce, C. S., *Collected Papers of Charles Sanders Peirce*，Volume Ⅰ－Ⅵ，edited by Charles Hartshorne and Paul Weiss, Cambridge, Harvard University Press, 1931－1935；Volume Ⅶ－Ⅷ，edited by Arthur W. Burks, Cambridge, Harvard University Press, 1958.

或者客观化的理性，成就了道地的第三性。（谜的猜想，CP 1.366，c. 1890）①

要表达第三性的第一性，中介的独特味道或色彩，我们并没有合适的词。"心智性"一词，也许，有多么妥当，就有多么贫乏和多么不周全。（CP1.533）②

第三性本质上表达的是一种关系，是一种把第一性和第二性联系起来的过程或中介。第三性是一种现象生成方式，但并不直接还原第一性的质，也不直接还原第二性的蛮力，而是以连续性、生成性、智能性的方式贯穿了第一性与第二性，并以无限"退化"的方式朝向现象回归之途。第三性归根结底是一种解释性，是一种以此物代彼物的符号，但这种解释是一种无限衍义的过程，并不存在确定的形式，更不需要对象化的实体。第三性永远处于永不止步的途中。

在嵇康看来，哀乐是早已深埋内心的情感符号，日积月累，风云际会，和声只是压倒骆驼的最后一根稻草。哀乐有自身一套独立运行的符号系统，虽有和声的触发，但本质上有独一无二的运行轨迹，与和声没有必然的瓜葛。这就是嵇康屡次提及"吹万不同，而使其自已"的用意。

嵇康认为"声无哀乐"，并非音声与哀乐的二元论，而是真正的皮尔斯现象学意义上的三元论。嵇康认为音乐的质是所谓"和"，和声无象。和声虽然能对人心产生躁静专散的影响和效果，但和声在人心所产生的解释项并不具有确定的外在形式，更不具有哀乐等明确的内容限定。"揆终始之宜，度贤愚之中"，为之检则，使礼乐相须，共为一体，也是把音乐设置为第三性的表现。

音乐更不限于八音会谐，也包括"无声之乐"，因为"乐之为体，以心为主"，"心"才是"乐"的本体。这个"心"当然不是"哀乐之心"，而是"无为之心"。只有"无为之心"，才是作为音声解释项的必要前提和先决条件。

① Peirce, C. S., *Collected Papers of Charles Sanders Peirce*，Volume Ⅰ—Ⅵ，edited by Charles Hartshorne and Paul Weiss, Cambridge, Harvard University Press, 1931—1935；Volume Ⅶ—Ⅷ，edited by Arthur W. Burks, Cambridge, Harvard University Press, 1958.

② Peirce, C. S., *Collected Papers of Charles Sanders Peirce*，Volume Ⅰ—Ⅵ，edited by Charles Hartshorne and Paul Weiss, Cambridge, Harvard University Press, 1931—1935；Volume Ⅶ—Ⅷ，edited by Arthur W. Burks, Cambridge, Harvard University Press, 1958.

第五节　"神妙独见"：直觉、内省与符号

要说清楚音声的第三性或传达机制，还必须弄清楚直觉与符号的关系。从秦客与主人的唇枪舌剑与针锋相对中可略窥直觉与符号的对立：

> 主人应之曰："……夫喜、怒、哀、乐、爱、憎、惭、惧，凡此八者，生民所以接物传情，区别有属，而不可溢者也。夫人以贤愚为别，味以甘苦为称。今以甲贤而心爱，以乙愚而情憎，则爱憎宜属我，而贤愚宜属彼也。可以我爱而谓之爱人，我憎而谓之憎人，所喜则谓之喜味，所怒则谓之怒味哉？由此言之，则外内殊用，彼我异名。……且季子在鲁，采《诗》观礼，以别《风》《雅》，岂徒任声以决臧否哉？又仲尼闻《韶》，叹其一致，是以咨嗟，何必因声以知虞舜之德，然后叹美邪？"
>
> 秦客难曰："……且师襄奏操，而仲尼睹文王之容，师涓进曲，而子野识亡国之音，宁复讲诗而后下言，习礼然后立评哉？斯皆神妙独见，不待留闻积日，而已综其吉凶矣；是以前史以为美谈。今子以区区之近知，齐所见而为限，无乃诬前贤之识微，负夫子之妙察邪？"
>
> 秦客难曰："至钟子之徒，虽遭无常之声，则颖然独见矣，今曚瞽面墙而不悟，离娄照秋毫于百寻，以此言之，则明暗殊能矣。不可守咫尺之度，而疑离娄之察；执中庸之听，而猜钟子之聪；皆谓古人为妄记也。"

"神妙独见""颖然独见""神心独悟"即所谓的"受性独晓之""触物而达，无所不知"，用现代的哲学术语来表达，就是所谓的"直觉"，也就是不依赖任何先决条件，直接洞达事物的本质。在秦客看来，古圣先贤是有着凡夫俗子所不具备的特异功能的，这就是先天的"直觉"领悟能力。而嵇康和皮尔斯显然坚决反对有这样的天才存在。皮尔斯在《与人据说具有的几种能力相关的几个问题》一文中，分七个小节论证了纯粹的直觉根本不存在，纯粹的内省更是无稽之谈。

> 尽管内省未见得是直观的，我们拥有这种能力却并非不证自明的，因为我们不具有识别意识的五花八门的主观模式的直观能力。这种能力，如

果确乎存在，必得之于这种情形：没有它，事实将无从解释。(5.246)[1]

参照上述有关情绪的论证，必须承认，如果一个人愤怒，那么他的愤怒一般来说并不意味着它的对象拥有某种专属的和永恒的性质。不过，另一方面，几乎不能怀疑外在事物有某种相关的性质使得他愤怒，稍作思索就能证明他的愤怒就在于他对自己说："这个东西真臭，太丑，如此等等"。这毋宁说是一个反过来论证他之所以说"我愤怒"的标志。同样任何情绪都是关于某个对象的论断。这种论断与一个客观的理智判断的主要区别就在于，后者通常与人性或普遍心智相关，前者与某人某刻触景生情相关。这里就普遍情绪所说的话，亦适用于美感和道德。好与坏是情感，首先作为谓语出现，故或者是"非我（not-I）"的谓语，或者被在先的认知所决定（这里不存在识别意识的主观要素的直观能力）。(5.247)[2]

人的所有感觉、思维都是在符号中进行的，思维就是符号的衔接游戏，美感亦然。喜、怒、哀、乐、爱、憎、惭、惧，无一不是符号运作的结果。一个人闻音而哀、闻音而乐，并不意味着音声所代表的对象有"哀"或有"乐"，"哀"或"乐"并不是音声所代表的对象本有的不变的属性。但是，与此同时，一个人闻音而哀、闻音而乐，又确确实实是音声所代表的对象的某种性质使得他或哀或乐，比如节奏的徐疾、旋律的猛静、和声的专散、音色的明暗等。每一个符号的产生必须依赖于前一个符号，由上一个符号衍生出下一个解释项。每一个符号的产生，事实上均是"留闻积日"的结果，季子在鲁，采《诗》观礼，以别《风》《雅》，这是最切近的见闻识记，他的决藏否所依赖的必要条件其实远不止于最切近的见闻识记，而是囊括了他的整个人生阅历。仲尼叹美，也绝不单单取决于眼前的寒温，而是呼吸吐纳其整个哲学思想和"为天下木铎"的人生抱负。师旷知南风不竞，楚师必败，也自是"多识博物"、天下大势了然于胸的结果。在这数例中，音声都只是触发的因缘，也就是新的符号产

---

① Peirce，C. S.，*Collected Papers of Charles Sanders Peirce*，Volume Ⅰ－Ⅵ，edited by Charles Hartshorne and Paul Weiss，Cambridge，Harvard University Press，1931－1935；Volume Ⅶ－Ⅷ，edited by Arthur W. Burks，Cambridge，Harvard University Press，1958.

② Peirce，C. S.，*Collected Papers of Charles Sanders Peirce*，Volume Ⅰ－Ⅵ，edited by Charles Hartshorne and Paul Weiss，Cambridge，Harvard University Press，1931－1935；Volume Ⅶ－Ⅷ，edited by Arthur W. Burks，Cambridge，Harvard University Press，1958.

生的最后和最近诱因，但绝非唯一诱因。音声符号与人内心的其他情感符号是连续的、生发的，音声符号绝不是孤立无援的，也绝不是自导自演的，而是为一切的文字符号、非文字符号所紧紧裹挟，如滚滚潮水，欲罢不能。音声符号的情感符号解释项也并不是唯一的，而是仁者见之谓之仁，智者见之谓之智，哀者见之谓之哀，乐者见之谓之乐。音声符号具有最大限度的无限衍义的可能性，这正是音声符号的美感的无限丰富性的表现。诗无达诂，音无定色，这正是一切艺术的通性。钱锺书《管锥编》对嵇康《声无哀乐论》有过专论。《全三国文卷四九》谓：

嵇康《声无哀乐论》："和声无象而哀心有主，夫以有主之哀心，因乎无象之和声，其所觉悟，唯哀而已。"按即刘向《说苑·书说》、桓谭《新论·琴道》两篇记雍门周对孟尝君，谓贫贱羁孤，困穷无告，"若此人者，但闻飞鸟之号，秋风鸣条，则伤心矣，臣一为之援琴而太息，未有不悽恻而涕泣者也"；亦即陆机《豪士赋》："落叶俟微风以陨，而风之力盖寡；孟尝遭雍门而泣，而琴之感以末。何者？欲陨之叶，无所假烈风；将坠之泣，不足烦哀响也。"盖先入为主，情不自禁而嫁于物（pathetic fallacy），触闻之机（occasion）而哀，非由乐之故（cause）而哀。下文又云："至夫哀乐，自以事会先遘于心，但因和声，以自显发"；申此意更明。"夫味以甘苦为称。今以甲贤而心爱，以乙愚而情憎，则爱憎宜属我，而贤愚宜属彼也。可以我爱而谓之爱人，我憎而谓之憎人，所喜则谓之喜味，所怒则谓之怒味哉？"按《尹文子·大道》篇上论"名、分不可相乱"有曰："名宜属彼，分宜属我。我爱白而憎黑，韵商而舍徵，好膻而恶焦，嗜甘而逆苦；白、黑、商、徵、膻、焦、甘、苦，彼之名也，爱、憎、韵、舍、好、恶、嗜、逆，我之分也"；嵇论正同。人之贤、愚，味之甘、辛，即"彼之名"，而爱、憎、喜、怒，即"我之分"。然彼淆于我，名乱于分，寻常云谓，亦复可征。"憎人""怒味"，固无其语，而《大学》曰："如恶恶臭，如好好色"，岂非所好而谓之"好色"、所恶则谓之"恶臭"欤？嵇持之有故，而言之过当矣。"名"、事物之性德（the qualities）也；"分"、人遇事接物之情态（our feeling towards those qualities）也。亚理士多德尝谓品目人伦，贬为"急躁"者亦可褒为"直率"，仇言曰"傲慢"

者即友所曰"高简"，故诫与誉异词而共指一事（Praise and counsels have a common aspect）（参见《太平广记卷论卷三八〈李泌〉》）；即"分"虽潜伏而"名"不掩盖之例。十八世纪一谈艺者云："人同言醋味酸、蜜味甘、芦荟味苦，亦同言甘可悦而酸与苦不可悦（They all concur in calling sweetness pleasant，and sourness and bitterness unpleasant）。人虽有嗜淡巴菇及酽醋过于糖与牛乳者，然绝不觉二物之味为甘也"（but this makes no confusion in tastes，whilst he is sensible that the tobacco and vinegar are not sweet）；乃"名"不能乱"分"之例。十九世纪一谈艺者云："人有曰：'亚普罗像之悦目，以其形美也。'答之曰：'有是哉！鹿肉之悦口，亦以其味佳也'"（To the assertion "The Apollo pleases us because it is beautiful"，an objector might reasonably reply，"Yes；and the venison pleases us because it is tasty"）；盖谓"美""佳"即娱目、适口之意，于像与肉之性德绝未揭示，空言无物（Scheinsatz），又以"分"淆"名"之例，如"好（上声）色"、"恶（入声）臭"矣。①

钱锺书先生评嵇康为"持之有故，而言之过当"，显然有失公允，从根本上错失了嵇康哲学的要义和精髓。钱先生一则没有搞清楚嵇康的性质、事实与思维，或者说质的可能性、存在与心智性，或者说第一性、第二性与第三性之分；二则没有判明直觉与符号的关系；三则没有指出符号在思维中的作用；四则视"声无哀乐"的命题为单纯的孤立的语词；五则以思维与存在截然对立的二元论哲学为基础，失却了嵇康的连续性和生成性的第三性的现象学内涵。"移情说""感情误置说"（pathetic fallacy）是一种典型的心物二元论，视心与物分别为自在的存在，先分裂再弥合，弥合的结果自然还是分裂，因为它的前提早已决定了它的结论。"名""分"这一对静止的概念实则偷偷置换了嵇康"声无哀乐"的动态符号命题。诚然，嵇康也说过"心之与声，明为二物"的话，但这种说辞是在第一性的意义上伸张的；嵇康也说过"哀心有主"的话，但嵇康并不主张在创作或欣赏音乐时有"哀心"，而是极力推崇"无为"。

---

① 钱锺书：《管锥编》第三册之九一《全三国文卷四九》，选自《管锥编》（全五册），北京：中华书局，1986年，第1092～1093页。

第六节　"乐之为体，以心为主"：无为与解释项

"躁静者，声之功也"，从音声的角度，嵇康分析了音声对哀乐之情究竟是否起作用、起到什么样的作用；反过来，嵇康又提出"乐之为体，以心为主"的命题，从哀乐之情的角度，论述哀乐之情对音声究竟是否起作用、起到什么样的作用，这才是嵇康"声无哀乐"论的最终落脚点。音声有无哀乐，关键在于人心的把持和对音声符号的准确把握。

"乐之为体，以心为主"，不少论者颇感迷惑。因为既然嵇康明确提出"声无哀乐"的命题，为何又要自毁长城，提出看似自相矛盾的命题"乐之为体，以心为主"呢？其实这才是探寻嵇康提出冒天下之大不韪的"声无哀乐"这一命题的深层动机的管钥。下面这条后来被尊奉为"实用主义准则"的原理，同样适用于我们对音声符号意义的探求：

> 因此，（实用主义）所孜孜以求的，是找到弄清任何观念、原则、命题、字词或其他符号的真实含义的方法。符号的对象是一个东西；其意义是另一个东西。其对象是它所适用的东西或场合，不论它多么不明确。其意义是它所赋予该对象的那种观念，不论是通过纯粹的假定，或是作为命令，还是作为主张。（CP 5.6）①
>
> 那么，看来达到第三级理解的明晰性的规则如下：斟酌一下我们所构想概念的对象具有什么样的效果——那很可能会拥有实用意义。那么，我们有关这些效果的概念就是我们有关这一对象的概念的全部。（CP 5.402或 EP 1：132）②

① Peirce, C. S., *Collected Papers of Charles Sanders Peirce*，Volume Ⅰ－Ⅵ，edited by Charles Hartshorne and Paul Weiss，Cambridge，Harvard University Press，1931－1935；Volume Ⅶ－Ⅷ，edited by Arthur W. Burks，Cambridge，Harvard University Press，1958.

② Peirce, C. S., *The Essential Peirce：Selected Philosophical Writings*，Volume 1（1867－1893），Nathan Houser and Christian J. W. Kloesel，eds.，Indiana University Press，Bloomington and Indianapolis，1992；Volume 2（1893－1913），Peirce Edition Project，eds.，Indiana University Press，Bloomington and Indianapolis，1998.

音声作为一种符号，其本质代表了一种不可还原的三价关系。它的对象是一个东西，其意义是另一个东西。音声所适用的对象当然是不明确的，所适用的场合也不那么确定。皮尔斯把"对象"也视为一种"思想传递物"，本身也必须具备"符号"或"思想"的特性，"因为符号不能影响对象而是为对象所影响，因此对象必须能够传递思想，更确切地说，必须具备符号或思想的特性"。基于此，皮尔斯对"对象"又有了"原创项""纯粹积极的相关物""形式""符号的动因""符号的决定物""符号的前件"诸如此类的称谓。其次，也是顺理成章的，三价关系中的"对象"，并不确指某个物理存在的个体，而是指代客观的覆盖全域的对象整体，因此"对象"又有了诸如"部分对象的纠结""部分对象的整体""部分对象的全域""对象的纠结体"之类的意谓。这正是皮尔斯区分"直接对象"和"动态对象"的真义所在。

音声的意义则是它所赋予该对象的某种观念，但这种观念的最终产生必须在解释项中得以实现，也就是皮尔斯一再强调的，对象决定符号，符号以对象为中介决定解释项，即解释项用和符号同样的或发展了的方式代表同一对象。因此皮尔斯对解释项又有"心智效果""心智解释项""纯粹消极的相关物""符号的结果""符号的效果""对象的成果""符号的后件""结论项/终止项""符号所激发的理念或心智作用""符号所激发的对对象的心智作用""某种不明确的理念"等称谓。皮尔斯有时又把解释项直呼为"意义""某种意识""思想－符号""解释性的思想""解释性符号""心智认知"等。音声符号在被解释之前，其意义是潜在的，只有经过解释项的解释，即用另一个符号来解释这一个符号，这一个符号的意义才成为实显的，符号过程才得以完成，符号作用才得以实现。音声对我们的人心所产生的可想象的效果，就是音声的全部明晰的意义。音声的符号过程和符号作用，就是在人心中实现的。

"乐之为体，以心为主"的命题，正是嵇康从形而上的本体论意义上论述音声的第一性的质。在嵇康看来，音声本质上是一种看不见、摸不着的符号关系，"和声无象"阐明的正是这个道理。既然如此，那么这种看不见、摸不着的符号关系又是如何实现为现实性的呢？这就需要作为第二性的人心的碰撞作用。而作为解释项的人心，是否随时随地都可以作为美感符号产生的必然通道呢？嵇康的回答是，不。美感符号的产生是有先决条件的，这就是心灵的"无为"，也就是老子的"玄之又玄，众妙之门"，也就是庄子的"涤除玄鉴""致虚极，守静笃"，也就是管子的"虚一而静"。这就是嵇康提出"乐之为体，以心为主"的要义所在。

在嵇康看来，音声的美感作用与疏导情性乃至"移风易俗"的作用是并行不悖的，归根到底也是一而二、二而一的东西。嵇康也同意"移风易俗，莫善于乐"的观点，但与常人不同的是，他极力强调"无为"在"移风易俗"中的中心地位，强调"乐之为体，以心为主"。这个"心"其实就是"无为""无心"，也就是首先要做到"简易""无为""和心"，其实就是哀乐无动于衷、淫正无犯于心。只有这样，音乐才能真正起到"导其神气""迎其情性"乃至"移风易俗"的作用。

　　　　主人应之曰："夫言移风易俗者，必承衰弊之后也。古之王者，承天理物，必崇简易之教，御无为之治，君静于上，臣顺于下，玄化潜通，天人交泰，枯槁之类，浸育灵液，六合之内，沐浴鸿流，荡涤尘垢，群生安逸，自求多福，默然从道，怀忠抱义，而不觉其所以然也。和心足于内，和气见于外，故歌以叙志，舞以宣情。然后文之以采章，照之以风雅，播之以八音，感之以太和，导其神气，养而就之。迎其情性，致而明之，使心与理相顺，气与声相应，合乎会通，以济其美。故凯乐之情，见于金石，含弘光大，显于音声也。若此以往，则万国同风，芳荣济茂，馥如秋兰，不期而信，不谋而成，穆然相爱，犹舒锦彩，而粲炳可观也。大道之隆，莫盛于兹，太平之业，莫显于此。故曰'移风易俗，莫善于乐。'然乐之为体，以心为主。故'无声之乐，民之父母'也。至八音会谐，人之所悦，亦总谓之乐，然风俗移易，不在此也。"
　　　　淫之与正同乎心，雅、郑之体，亦足以观矣。

嵇康"乐之为体，以心为主"的主张，与他的"声无哀乐"理论并不矛盾，恰恰相反，"乐之为体，以心为主"正是"声无哀乐"论的理论根基。"乐之为体，以心为主"是嵇康对音乐的最高理想，"声无哀乐"则是对"乐之为体，以心为主"的音乐最高理想的具体实践。哀乐是首先应该排除的东西，是音乐最高理想实现的最大障碍。"无声之乐"是"和声无象"的最佳体现，也是道家"道冲，或用之不盈"的具体表象。

这里需强调的一点是，解释项不限于欣赏者，也包括创作者。如果用皮尔斯的连续主义学说来说，解释项也不限于人类头脑，而是包括了整个的"准心智"（quasi-mind）。

除了从形而上的本体论意义上论述音声的本质，嵇康也触及了形而下的音声的各色表现，并对作为音声载体的"八音会谐"提出了"中庸"的原则性要求。符号载体与符号不同。作为符号的音声，是一种看不见、摸不着的关系，是一种无影无踪的东西，"和声无象"最为形象地传达了这种不可见的关系；而作为符号载体的音声，则是音声的具体表现形式，"八音会谐"，淫正杂出。"夫音声和比，人情所不能已者也"，作为音声的解释项的人心，"情""欲"充塞其间，形形色色的"情""欲"正是积蓄于人心已久的在先的符号，每时每刻都蠢蠢欲动，试图冲破黑暗的牢笼。"妙音感人，犹美色惑志"，心志正是下一个符号产生的原动力。因此，产生什么样的新符号，端赖心志"为之检则"、为之驾驭。心哀则生哀，心乐则生乐，心淫则生淫，心正则生正。解释项真正实现"无为"，音声的玄妙才能发挥到极致。只有做到"无为""无情""无欲"，才能实现"心与理相顺，气与声相应"，达到音乐和人生双重的至上境界。虽则如此，作为音声载体的"八音会谐"还是不可随意妄为。"为可奉之礼，制可导之乐"是嵇康退而求其次的不得已之举，也是实现"自然"与"名教"合一的不二法门。"乐不极音"是嵇康为音乐设立的最高准则，这是在"揆终始之宜，度贤愚之中"的基础上，为实现"礼乐相须"的目的，有意舍弃"淫荒无度"的"情""欲"的诱惑，自觉承"先王用乐之意"的结果。"乐不极音"鲜明地体现了皮尔斯第三性的思想，值得我们深入探寻。"乐不极音"与"声音以平和为体"是一以贯之的音乐理念，目的在于摒弃"偏固之音""无主于哀乐""兼御群理，总发众情"，从而实现音乐艺术的最大限度的衍义，发挥其撼动人心的力量。

有趣的是，"声无哀乐"论绝非孤论，历史上秉持此观点的绝不止嵇康一人。《贞观政要·礼乐》云：

太常少卿祖孝孙奏所定新乐。太宗曰："礼乐之作，是圣人缘物设教以为撙节。治政善恶，岂此之由？"御史大夫杜淹对曰："前代兴亡，实由于乐：陈将亡也，为《玉树后庭花》；齐将亡也，而为《伴侣曲》。行路闻之，莫不悲泣，所谓亡国之音。以是观之，实由于乐。"太宗曰："不然，夫音声岂能感人？欢者闻之则悦，哀者听之则悲，悲悦在于人心，非由乐也。将亡之政，其人心苦，然苦心相感，故闻之则悲耳，何乐声哀怨能使悦者悲乎？今《玉树》、《伴侣》之曲，其声具存，朕能为公奏之，知公必不悲耳。"尚书右丞魏征进曰："古人称'礼云，礼云，玉帛云乎哉！乐云，乐云，钟鼓云乎哉！'乐在人和，不由音调。"太宗然之。（《贞观政要·礼乐》）①

李世民既是杰出的政治家，也是了不起的音乐家，李世民君臣的这一段问答，诚乎不失为嵇康《声无哀乐论》的活注脚。

总而言之，《声无哀乐论》深刻地揭示了第一性、第二性和第三性的现象学范畴内涵，阐明了符号在美感产生中的核心地位和作用。其理论深度不仅在中国美学史上几乎是前不见古人后不见来者，而且比皮尔斯与二元论决裂早了一千六百多年，诚为地地道道的中西美学史上的一大奇观。

---

① 《贞观政要·礼乐》，《四部备要》本《贞观政要》，选自于民主编：《中国美学史资料选编》，上海：复旦大学出版社，2008 年，第 192 页。

第六章　《坛经》与皮尔斯符号学

——《坛经》的符号学解释

第一节　菩提本无树与符号的表象功能

《南宗顿教最上大乘摩诃波若波罗密经六祖惠能大师于韶州大梵寺施法坛经一卷兼受无相戒弘法弟子法海集记》记述顿渐之争的原委，曰：

> 五祖忽于一日唤门人尽来，门人集记。五祖曰："吾向汝说，世人生死事大，汝等门人，终日供养，只求福田，不求出离死苦海。汝等自姓迷，福门何可救汝？汝惣且归房自看，有知惠者，自取本姓般若之知，各作一偈呈吾，吾看汝偈，若悟大意者，付汝衣法，禀为六代。火急急。"……秀上座三更于南廊中间壁上，秉烛题作偈，人尽不知。偈曰：
> 身是菩提树，心如明镜台；
> 时时勤拂拭，莫使有尘埃。
> ……惠能亦作一偈，又请得一解书人，于西间壁上题著：呈自本心，不识本心；学法无益，识心见姓，即悟大意。惠能偈曰：
> 菩提本无树，朋镜亦无台。佛姓常清净，何处有尘埃？
> 又偈曰：
> 心是菩提树，身为朋镜台；朋镜本清净，何处染尘埃？①

---

① 郭富纯、王振芬整理：《旅顺博物馆藏敦煌本六祖坛经》，上海：上海古籍出版社，2011年，第8、9、11、14、15页。

　　此为《旅顺博物馆藏敦煌本六祖坛经》有关顿渐之争的描述。《坛经》敦煌本除旅博本，还有《敦煌市博物馆藏敦煌本六祖坛经》《英国国家图书馆藏敦煌本六祖坛经》《中国国家博物馆藏敦煌本六祖坛经》《中国国家博物馆藏敦煌本六祖坛经残本》几个藏本。这五个藏本中，北本前部已残，北残本仅存五行，英本（又称"斯本"）、敦博本、旅博本首尾完整。这三部首尾完整的藏本，语言及细节上有小小的差异。比如这一节中，"朋"敦博本作"明"，"姓"敦博本作"性"，"清"斯本作"青"。敦煌本为存世《坛经》的最早版本，后出的惠昕本、契嵩本和宗宝本有所增益，也有所篡改，如字数从一万余增至两万余；如本节的"佛姓常清净"，到惠昕本就成了"本来无一物"，后世因之；"风幡"一节，敦煌本无，惠昕本始有，可能依据《历代法宝记》或《曹溪大师别传》增益之。① 本章目的并不在于比较版本的优劣，故为了论述的方便，只暂取通行版本，但要害处也须择善而从。

　　佛性作为符号，无论呈现为情感、意象、概念或者其他表象，都表现为一个不可分离的三位一体的符号过程。佛性的体认，即对佛性这一符号的翻译或解释。五世祖弘忍凭什么判定教师神秀"只到门外，未入门内"，而岭南獦獠惠能就入得法门？弘忍的法宝即在于符号关系的参悟与否。季羡林先生说："神秀和慧能的两偈，其区别一看便知：神秀悟空悟得不够。"② 对于季羡林先生的这种说法，学界存在争议，而且即使季先生说得不错，也只说出了其然，而尚未道出其所以然。对符号的表象功能的参悟与否，才是神秀与惠能争辩的焦点和枢纽。千年的风霜并没有使符号关系湮灭，时光的流逝反而将符号关系冲刷得更加璀璨夺目。

　　符号关系是一种客观存在，并非出于任何个人的玄思臆造。悠悠千载，中国的禅宗之所以能与西方的皮尔斯发生关联，是因为符号关系是人类的共通共识，而非某一个民族的专属专利。

　　皮尔斯对符号的定义是"符号是对某人来说表示另一物的物"。皮尔斯把符号的特性分成三个要素。首先，正如其他任何东西一样，它必须拥有属于它的特性，无论是否被看作符号。例如，一个印刷词是黑色的，由几个字母组

---

　　① 慧能著，郭朋校释：《坛经校释》，《序言》第1~16页，《八》之校释〔九〕"佛性常清净"条，《十二》之校释，北京：中华书局，2012年，第20~21页，第29~30页。

　　② 季羡林：《禅与文化与文学》《作诗与参禅》，北京：商务印书馆，1998年，第13页。

成，这些字母有着某种形状。符号的这些特性被皮尔斯称为"符号的物质性"。其次，符号必须与它所表示的东西有真正的联系，这样当对象呈现出来时，一如符号表示它是的样子，符号只能如此表示，舍此无他。皮尔斯举了几个实例来说明。风标是风的方向的符号。除非风使它旋转，否则它不能指示风向。每一个符号与它的对象之间均存在这样的物理联系。以肖像画为例。它是被画的人的符号。凭借与那个人相像，它成为那个人的符号；但这远远不够——不能说任何相像的两个东西之间，一个就是另一个的符号，但是这个画像是那个人的符号，因为它是照着那个人画的，再现了他。这里的联系是非直接的。那个人的外貌在画家心中产生了某种印象，并进一步作用导致画家如此这般地制作了一幅画像，因此画像的外貌正是它要画的那个人的外貌的效果。通过画家的头脑这一中介，这一个产生了另一个。拿有关事实所做的陈述为例。它由事实产生或决定。事实可以观察得到，以及接着由事实所产生的有关事实的观念，导致我们做出这样的陈述。然而也许事实并不是直接感觉到的，陈述也许是一个预言。在那种情形下，就不能够说随后的产生了先前的，预言，但是如果事件被预言，那么它是通过它的原因的某些知识，并且这同一原因既先于事件，也先于引起预言的头脑中的某种认知，因此在符号与表示的东西之间存在着真实的因果关系，尽管它不存在于一物是另一物的结果，但是存在于二者都是同一原因的结果。皮尔斯把符号的这种特性叫作符号的"纯指示用法"。第三，符号成为符号的必要条件是它必须被视为符号，因为只有对如此看待它的人它才成为符号，如果任何人都不将它视作符号，那么它就根本不是符号。那个人必须首先感知到它的物质性，同时也要感知它的纯指示用法。那个人必须感知到它与它的对象间真实的因果联系才能从符号推论出它所指示的东西。现在就让我们看看符号诉诸头脑的是什么。它在头脑里产生了某个理念，这个理念就是，它是它所指示的东西的符号。理念本身就是符号，因为理念是物，它再现了物。理念本身有它的物质性质，这就是思考时的感觉。例如红色和蓝色在纯粹的感觉里是不同的。这种不同与外在世界那些叫作红和叫作蓝的东西之间的区别毫无相似之处。那些东西的区别仅仅在于它们的粒子振动的速度不同。感官为了在这两种情形之间做出区分，在感觉里存在差异是必然的，但是就感觉的差异而言，它对产生特定感觉的振动是长是短根本漠不关心，比如红色的东西怎么样。看起来红色的可能看起来成蓝色的，或者反之亦然，再现对事实同等真实。因为纯粹的感觉仅仅是被视作符号的理念的物质性质。我们的理念与它们所再现的东西之间同样存在着因果联系，没有这种因果联系，就不存在真正的知识。在必然诉诸头脑方面理念与它们的符号相似，这一点乍看起来不十分清楚。"诉请将毫无结果，除非产生其他理念——第一个理念将被虚拟再生，按照精神概念惯例，一旦理念到达意识，关联就完成了。"（MS214，1873）①

　　皮尔斯描述的"符号"是现象学意义上的符号。皮尔斯将符号的性质分为不可分解、不可还原的三元关系。符号的性质有三：第一，符号的"物质品质"，考察与符号的表意功能无关的符号的物质载体的性质，是为符号的质或第一性；第二，符号的纯指示性应用，探究符号物质载体与对象的关系，是为符号的现实性或第二性；第三，符号的思想性，即任何符号要产生意义必须首先诉诸头脑，针对符号物质载体与解释项的关系，是为符号的翻译性或解释性或第三性。第一性和第二性均与符号的表象功能无关，因为第一性不依赖于任何现实性或中介性，第二性虽依赖第一性而存在，但可以不依赖第三性而独立存在。第三性即"理念性"或"思想性"，是将第一性和第二性连接起来的中介，是符号关系产生的必要条件，无之必不然。符号的物质品质与符号的纯指示性应用虽然与表象关系无关，但提供了符号的表象关系的发生学基础，舍此基础，符号的表象功能将沦为无源之水、无本之木。符号的物质品质与符号的纯指示性应用揭示了符号关系赖以产生的实在性原理，从而彻底根除了符号的任意性或武断性学说。符号的意义不是空中楼阁，否则就像索绪尔的封闭系统，将意义架空，切断与实在的血肉联系。这只是问题的一个方面。另一方面，在符号的三价关系中，思想性或理念性又是最为核心的要素。因为只有思想性或理念性才真正沟通了第一性和第二性，没有思想性或理念性，第一性的自由的质将无从显现，第二性的努力与阻力的现实性也无从彰显。第三性使得第一性的质和第二性的现实得以脱离幽深的死谷，现身于大光明之中。但思想或理念并非直觉的产物，并非内省的产物，而是必须经由对符号的物质品质和符号的纯指示性应用的双重感知，才能进一步推论出符号对对象的表象功能。但这种推论出来的表象功能已经全然不同于符号载体与对象原本具有的纯粹的

---

①　Peirce, C. S., *Writings of Charles S. Peirce*：1872 – 1878, *A Chronological Edition*, Volume 3, 1872 – 1878, p66 – 68, edited by Peirce Edition Project, Indiana University Press, Bloomington, 1986.

物理的真实的联系，而成为一种纯粹的符号关系或思想关系，是意识的直接对象，是符号本身，是在解释中获得意义的思想本身。

运用皮尔斯的符号定义及有关符号性质的解析，我们可以反观禅宗的符号观，犹如在天文观察中有了一架望远镜或在实验解剖中有了一台显微镜。"身是菩提树，心如明镜台。时时勤拂拭，勿使惹尘埃"①，身与心、菩提树与明镜台，这里当然已不再是纯粹物理的天然存在，而是充当了符号的角色，即一种代表他物的物。这里的"他物"，当然是指"佛性"或"菩提"，一种完全不同于身、心、菩提树、明镜台的东西。用皮尔斯的三价符号关系来分析，符号由三个部分组成，即符号、对象、解释项。身、心、菩提树、明镜台，作为符号，或者说作为符号关系的载体，必须具备不同于它所代表的对象的专属于它自身的特性，这就是符号的物质性。体悟佛性的身、心与一般的肉身并没有什么不同，一样五官、四肢齐备，一样七性六欲，一样安食人间烟火，一如菩提树就是枝叶扶疏的菩提树，明镜台就是可以正衣冠的明镜台。身与心、菩提树与明镜台，所代表的真正对象则是大慈大悲普度众生的佛，亦即五世祖弘忍所说的帮助众生"出离生死苦海"②的佛性。在符号与对象方面，五世祖弘忍与神秀看法相同，在解释项上，他们却分道扬镳，正所谓"嘉禾方合颖，秀麦已分歧"。在五世祖弘忍看来，佛性的了悟源于自性的觉悟，"取自本心般若之性"，佛性的正确解释出自"自性"，"自性若迷，福何可救？"神秀则认为，解释的发生虽与自性的觉悟有关，但更多依赖于对身心明镜台的"时时勤拂拭，勿使惹尘埃"，也就是时时刻刻摒弃非佛性的干扰，才是得见佛性的不二法门。

解释项的分歧其实还只是表面现象，真正的玄机则在于对符号的表象功能的看法迥异。符号是以一物代一物，符号与它所代表的对象并不是同一的，而总有某些方面不同，符号明显具有只属于它自身的特性，而与它的表象功能无关。身、心、菩提树、明镜台，与其所代表的佛性，并不是同一的；身、心、菩提树、明镜台，与其所代表的佛性，也总有某些方面是不同的；身、心、菩提树、明镜台，明显具有只属于它自身的特性，而与它的表象功能无关。身、心、菩提树、明镜台，只是符号关系的物质载体，而与符号表象功能无关。皮

---

① 陈秋平、尚荣译注：《金刚经·心经·坛经》，北京：中华书局，2007年，第 123～124 页。
② 陈秋平、尚荣译注：《金刚经·心经·坛经》，北京：中华书局，2007年，第 122 页。

尔斯把符号的这种只属于它自身的特性，叫作"符号的物质性"（material qualities）（5.287）①。他举例说，"man"这个词，由三个字母组成；一幅画，是平面的，无凹凸起伏，这些就是符号的物质性。符号的物质性与符号的表象功能无关，"正如从定义到定义域的推理中，逻辑学家们对于所定义的词如何发音或究竟包含多少个字母根本漠不关心"（5.291）②，因为所定义的词如何发音或究竟包含多少个字母归根结底只是符号的物质品质，而与符号的表象功能无关。"菩提本无树，朋（明）镜亦无台。佛姓（性）常清净，何处有尘埃？"③ 菩提、明镜，只是"佛性"这一符号关系的物质载体，"佛性"才是菩提、明镜所代表的真正对象，而解释项则是通过向佛者的身与心，体悟佛的智慧的符号解读过程。

那么，符号的表象功能（representative function）又是什么呢？符号的表象功能归根结底是一种思想性、理念性。皮尔斯说，符号，作为符号而言，具有三种指称：第一，对于解释它的某个思想而言，它是一个符号；第二，它是与其相当的思想对象的符号；第三，它是以某方面或某种质将其与其对象连接起来的符号。（5.283）④ 也就是说，思想——符号所指涉的三个相关物分别是：第一，解释项；第二，对象；第三，符号点（ground）。这里的解释项、对象、符号点均是在思想性的意义上对符号作为符号的进一步三分。

具体而言，解释项即在第一个符号的提示下，遵循精神联想的规律而产生的另一个符号，是思想之流自由流动的结果。皮尔斯说："这一规律没有例外：每一思想——符号都在随后的思想——符号中得以翻译或解释，除非在大限到

① Peirce，C. S.，*Collected Papers of Charles Sanders Peirce*，Volume Ⅰ－Ⅵ，edited by Charles Hartshorne and Paul Weiss，Cambridge，Harvard University Press，1931－1935；Volume Ⅶ－Ⅷ，edited by Arthur W. Burks，Cambridge，Harvard University Press，1958.

② Peirce，C. S.，*Collected Papers of Charles Sanders Peirce*，Volume Ⅰ－Ⅵ，edited by Charles Hartshorne and Paul Weiss，Cambridge，Harvard University Press，1931－1935；Volume Ⅶ－Ⅷ，edited by Arthur W. Burks，Cambridge，Harvard University Press，1958.

③ 郭富纯、王振芬整理：《旅顺博物馆藏敦煌本六祖坛经》，上海：上海古籍出版社，2011年，第15页。

④ Peirce，C. S.，*Collected Papers of Charles Sanders Peirce*，Volume Ⅰ－Ⅵ，edited by Charles Hartshorne and Paul Weiss，Cambridge，Harvard University Press，1931－1935；Volume Ⅶ－Ⅷ，edited by Arthur W. Burks，Cambridge，Harvard University Press，1958.

来时所有思想戛然而止。"（5.284）① 充当解释项的只能是人头脑里的思想，而不是作为思想的物质载体的人。

思想——符号所代表的对象又是什么呢？它给什么命名？什么是它的假定（Suppositum）？当一个真实的外在事物被思考时，无疑就是这个外在事物。但是，因为思想是由表示同一对象的在先的思想所决定的，它仅仅通过指示这个在先的思想而指称该事物。但凡后一思想总是指示前一思想所思考的对象（5.285）。②

最后，符号是在哪个方面代表对象的呢？思想——符号只在被思考的那个方面代表对象。更确切地说，这个方面在思想中是意识的直接对象。换句话说，它就是思想本身，或者至少是后一个思想中那个思想被当作是的那个东西，而对这后一思想而言，它是一个符号（5.286）。③

符号代表那个对象，但并不在所有方面，而仅仅在与某个理念相关的方面，皮尔斯有时把这种理念叫作"符号点"（the ground of the representamen）（2.228）。④ "符号点"其实并非皮尔斯的独创，中国古人早在两千年前就发现了"符号点"的存在。《韩非子·外储说左上》中有一则故事："郑县人卜子使其妻为裤，其妻问曰：'今裤何如？'夫曰：'象吾裤。'妻子因毁新，令如故裤。"⑤ 旧裤显然被临时抓来充当"裤子"的符号，但它显然不是在所有方面代表"裤子"，而只在"裤子"的形式方面代表"裤子"。卜子之妻之所以留下千古笑柄，就是因为没有真正领会旧裤子的"思想性"。悠悠千载，"符号点"在中国古典诗文及各门类艺术中更是有丰富而非凡的运用。"螓首蛾眉""芙蓉

① Peirce，C. S.，*Collected Papers of Charles Sanders Peirce*，Volume Ⅰ－Ⅵ，edited by Charles Hartshorne and Paul Weiss，Cambridge，Harvard University Press，1931－1935；Volume Ⅶ－Ⅷ，edited by Arthur W. Burks，Cambridge，Harvard University Press，1958.

② Peirce，C. S.，*Collected Papers of Charles Sanders Peirce*，Volume Ⅰ－Ⅵ，edited by Charles Hartshorne and Paul Weiss，Cambridge，Harvard University Press，1931－1935；Volume Ⅶ－Ⅷ，edited by Arthur W. Burks，Cambridge，Harvard University Press，1958.

③ Peirce，C. S.，*Collected Papers of Charles Sanders Peirce*，Volume Ⅰ－Ⅵ，edited by Charles Hartshorne and Paul Weiss，Cambridge，Harvard University Press，1931－1935；Volume Ⅶ－Ⅷ，edited by Arthur W. Burks，Cambridge，Harvard University Press，1958.

④ Peirce，C. S.，*Collected Papers of Charles Sanders Peirce*，Volume Ⅰ－Ⅵ，edited by Charles Hartshorne and Paul Weiss，Cambridge，Harvard University Press，1931－1935；Volume Ⅶ－Ⅷ，edited by Arthur W. Burks，Cambridge，Harvard University Press，1958.

⑤ 韩非著，《韩非子》校注组校注：《韩非子校注》，《外储说左上》，南京：江苏人民出版社，1982年，第386页。

如面柳如眉",当然无须"头面之上虫豸蠢动,草木纷披"①,因为"蟆首蛾眉""芙蓉如面柳如眉"也只取其意义之一端,而无须全盘照搬。比如"蟆",只取其"广而方"之一端,而不及其余。"芙蓉"也并非仅就"颜色"论"颜色",而是取其"娇艳欲滴"之普遍意义。在这一点上,诗歌与绘画雕塑同理,并非在诗歌中单纯的"写象范形"就无往而不利,在绘画雕塑中"坐实以作画像"就让人笑掉大牙,而是无论诗歌绘画雕塑均不能"直据""坐实",均不能"依样葫芦""写象范形"。"观感价值"或"情感价值"之所以能够传递,正在于其普遍性或思想性;"观感价值"或"情感价值"是共通的,不能割裂,因为无论是"观感价值"或"情感价值",只要是"价值",就是一种逻辑选择、逻辑推断,排除其他而只择其一端。正是在"思想性"中,符号包含符号、对象、解释项三种不可分离、不可还原的三价元素。在这种"思想性"中,符号不同于符号的物质载体,而仅仅指"符号点",对象也不同于物理存在的客观事实,解释项也不同于物质构成的人或其他,而是皮尔斯所言的"心智"或"准心智"。

神秀与惠能的分歧正在于对符号的表象功能或曰对符号的思想性的认识不同。神秀的"时时勤拂拭",是认识符号关系或符号表象功能的初阶,在符号解读过程中是必不可少的第一步,所以五世祖弘忍说"但留此偈,与人诵持。依此偈修,免堕恶道。依此偈修,有大利益",并"令门人炷香礼敬,尽诵此偈,即得见性"。但符号关系或符号表象又是完全不同于符号物质载体的,符号关系或符号表象归根到底是一种思想性或理念性,必须由符号链的前后相禅才能最终完成,所以五世祖弘忍又一再强调:"凡所有相,皆是虚妄。""相"即能为人所感知的种种物质事相,这是体悟"佛性"的初阶,但世间种种"相"是不真不实的,不是最终归宿。最终归宿是由有为法而入无为法,离因缘而入常住,了证无上菩提,皈依佛陀。五世祖弘忍开解神秀:"汝作此偈,未见本性,只到门外,未入门内。如此见解,觅无上菩提,了不可得。无上菩提,须得言下识自本心,见自本性。不生不灭,于一切时中,念念自见,万法无滞,一真一切真,万境自如如。如如之心,即是真实。若如是见,即是无上菩萨之自性也。"

惠能所说的"菩提本无树,明镜亦无台",也是强调符号关系或符号表象是

---

① 钱锺书:《管锥编》第一册《毛诗正义》第三三则,北京:中华书局,1991年,第106页。

一种超越物质羁绊的思想性或理念性；"佛性常清净，何处有尘埃"，是强调佛性的自性境界，强调佛性对世间万事万物种种幻象的解脱。"人虽有南北，佛性本无南北，獦獠身与和尚不同，佛性有何差别"，证明远在获传衣钵之前，惠能早已了悟佛性的符号表象功能与符号物质载体（人、身）的东周西雍此分涂。

> 时，祖师居曹溪宝林，神秀大师在荆南玉泉寺。于时两宗盛化，人皆称南能北秀，故有南北二宗顿渐之分。而学者莫知宗趣。师谓众曰："法本一宗，人有南北；法即一种，见有迟疾。何名顿渐？法无顿渐，人有利钝，故名顿渐。"（顿渐品第八，二五四）

"法本一宗""法即一种""法无顿渐"，"法"只有一种符号关系、一种理念、一种表象功能，"人有南北""见有迟疾""人有利钝"，只是符号的物质载体不同，最终能不能成就表象功能，成就佛缘佛性，这要看作为解释项的思想性有没有得到或迟或速的开掘。色身不是皈依，自性才是皈依。

> （丹霞天然）于慧林寺遇天大寒，取木佛烧火向，院主诃曰："何得烧我木佛？"师以杖子拨灰曰："吾烧取舍利。"主曰："木佛何有舍利？"师曰："既无舍利，更取两尊烧。"[①]

丹霞天然是惠能的四世法孙，丹霞天然的这一则逸事倒是从反面印证了符号的物质性和符号的表象功能之间的天壤之别。但值得注意的是，惠能远不像这些后世法孙们走得那么远。"生而不有，为而不恃，功成而弗居"[②]，可以视作符号的定义[③]。符号的物质载体一旦传递了符号的表象功能，符号的使命就

---

① 普济辑，朱俊红点校：《五灯会元》（点校本）卷第五《邓州丹霞天然禅师》，海口：海南出版社，2011年，第348页。

② （汉）严遵撰，樊波成校笺：《老子指归校笺》《道经第二章》，上海：上海古籍出版社，2013年，第235页。

③ 朱光潜：《朱光潜全集》第二卷《谈美》之七《"情人眼底出西施"——美与自然》，合肥：安徽教育出版社，1987年，第47页。朱光潜先生说："老子所说的'为而不有，功成而不居'，可以说是美感态度的定义。"按：老子的这句话原作"生而不有，为而不恃，功成而弗居"，朱先生可能限于条件，凭记忆写出。但老子的这句话，用作"美感态度"的定义倒未必妥帖，近年来学界对康德的无功利审美观已经做出了反思与匡正；但用作"符号"的定义则十分熨帖，无可挑剔。

算完成了，便自可功成身退。这与皮尔斯的"以一物代表另一物"（W3，66）[1]的定义一无二致，而且更突显了符号的动态实现过程。

第二节　仁者心动与第三性

> 一日思惟：时当弘法，不可终遁。遂出至广州法性寺，值印宗法师讲涅槃经。时有风吹幡动，一僧曰风动，一僧曰幡动，议论不已。
>
> 惠能进曰：不是风动，不是幡动，仁者心动。
>
> 一众骇然。[2]

这是一则妇孺皆知的佛教故事，也是惠能隐遁草莽十五载后初出茅庐的第一功。其实不只是法性寺一众骇然，历经几个世纪，看热闹者阗门，知音可设雀罗，至今仍是一众骇然。之所以只看到"风动""幡动"，而看不到"仁者心动"，根源在于二元论的根深蒂固以及机械论的盘根错节。二元论、机械论的症结在于人为切断了物质与意识的相通性，人为割裂了物质与意识的连续性，并人为阻隔了二者交流的可能性。

从皮尔斯的现象学观点来看，共有三种存在方式：第一性、第二性与第三性。第一性是一种质，一种可能性，一种潜在性。第一性可以不依赖于第二性而独立存在。第二性是一种现实性，一种存在性（existing），是一种阻力和努力、作用力与反作用力，一种关系。第二性必须依赖第一性而存在，但必须脱离第三性而存在。第三性则是联系第一性与第二性的中介，是一种心智性，一种未来性。第三性必须依赖第一性和第二性而存在，但第三性又超越一切第一性和第二性，超越一切可能性和现实性的总和。沉湎于二元分裂的笛卡儿主义者，或者是满足于机械论的唯物论者，往往忽略第三性的存在，忽略过程，忽略中介，忽略规律，忽略习惯。皮尔斯描述了第三性的无所不在：

---

① Peirce, C. S., *Writings of Charles S. Peirce*：1872－1878，*A Chronological Edition*，Volume 3，1872－1878，p. 66，edited by Peirce Edition Project，Indiana University Press，Bloomington，1986.

② 陈秋平、尚荣译注：《金刚经·心经·坛经》之《坛经》之《行由品第一》，北京：中华书局，2007年，第142页。

第三性，我指的是绝对起点与终点之间的媒介或联系纽带。起点是第一性，结点是第二性，中间就是第三性。目的是第二性，手段就是第三性。生命之线是第三性；命运之剪，就是第二性。岔路口是第三性，它假设了三条道路；直道，就其仅仅作为两个地点之间的连接而言，是第二性，但是就其暗示穿越中间地带而言，它是第三性。位置是第一性，速度或者两个连续地点之间的关系是第二性，加速度或者三个连续地点之间的关系就是第三性。但是速度就其是连续的而言也包含第三性。连续性几乎尽善尽美地代表了第三性。每一过程都服膺这一首脑。中庸是一种第三性。形容词的原级是第一性，最高级是第二性，比较级是第三性。所有夸张的语言，"至高无上""彻头彻尾""无出其右""连根带叶"，正是只想着第二性而遗忘了第三性的头脑的附属品。行动是第二性，但是指挥是第三性。法律作为有效的强制力是第二性，但是制度和立法是第三性。同情心，血肉之躯，我赖以感觉邻居的感情的东西，是第三性。(1.337)①

第三性本质上是一种创造性，一种进化性，一种生成性。"仁者心动"即第三性的最典型表现。"仁者心动"本质上是一种"意义"的创造，是风、幡、心三价关系最终完成的中介。"仁者心动"与唯心、唯物了无干系，其所强调的是连续性的要义。风、幡虽然各具特殊形态，但均具有一种只属于风或只属于幡的"质"，各具独一无二的第一性。风与幡的交接对抗是两个第一性之间的蛮力的碰撞，是瞬间的、一次性的，是风与幡纯粹的个体间的私事。正如"一个巴掌拍不响"，风与幡的交接也是非有两个第一性的同时参与则无以完成，是一种作用与反作用，是存在性、现实性，也只是不折不扣的第二性。皮尔斯说，当第二性因第一性的行为而发生了某些改变，并且依赖于它，第二性才是更为纯粹的。但是这种依赖不能够走得太远，以至于第二性仅仅是第一性的附庸或附属品；否则第二性就又退化了。纯粹的第二性忍受但仍抵抗，就像死物质，它的存在正在于它的惰性。但请注意，因为第二性拥有我们已然看到

---

① Peirce, C. S., *Collected Papers of Charles Sanders Peirce*, Volume Ⅰ－Ⅵ, edited by Charles Hartshorne and Paul Weiss, Cambridge, Harvard University Press, 1931－1935; Volume Ⅶ－Ⅷ, edited by Arthur W. Burks, Cambridge, Harvard University Press, 1958.

的属于它自身的不可变易性，它必须固定不动地为第一性所决定，其后依然固定不变，俾不可移易的不变性成为它的特性之一。（1.358）① 风动与幡动的关系亦然。风动与幡动均因另一个第一性的行为而发生了某些改变，并且依赖于它，但是这种依赖不能够走得太远，以至于第二性仅仅是第一性的附庸或附属品，也就是幡动不能够仅仅是风的吹动的附属品，风动亦不能够仅仅是幡的摆动的附属品。而是风动与幡动同时瞬息发生，不容片刻回想，不容强行分拆。这才是纯粹的第二性。只有经过了"仁者心动"，经过了"仁者"的解释，也就是所谓"心动"，风、幡与动才能联结为一个完整的思维过程，一个完整的符号过程，意义才能诞生，现出第一缕曙光。没有意义的诞生，第二性的现实性终将沦为虚空，而不成其为现实性；第一性的可能性也终将沦为混沌，而永远没有潜在性转化为现实性的可能。

"心动"即"意义"的诞生。惠能说："自性迷，佛即众生；自性悟，众生即是佛。"② "心动"即"悟"，即了证佛性。皮尔斯说，意义的理念不能被化简为质的理念或抵抗的理念。它依赖于两个重要的前提。第一个前提是每一个真正的三元关系都包含意义，而意义明显是一种三元关系。第二个前提是三元关系仅仅依靠二元关系无以表达。对于第一个前提，有两种不同的探究路径。第一条路径是，考察看似由成对微粒组成的物理的力。在物理学中任何三元关系都必须同时指向三个东西，有充足的证据表明，三元关系不能仅仅由二元的力的作用来产生。比如，你的右手是冲着东方的那只手，当你面朝东方，头朝极点。第二条探究路径是，你必须训练自己做关系的分析（the analysis ofrelations），首先从显著的三元关系入手，逐步推广到其他。这样你就将彻底说服自己，每一种三元关系都包含着思想或"意义"。比如"给"的关系，A 把 B 给了 C。这种关系不能由以下行为组成：A 把 B 扔掉，意外砸到了 C，就像海枣核砸中了吉尼（Jinnee）的眼睛③。那样的话，它就不是真正的三元关系，而是一个二元关系紧跟着另一个二元关系。没有给东西的动作。给予是

---

① Peirce，C. S.，*Collected Papers of Charles Sanders Peirce*，Volume Ⅰ－Ⅵ，edited by Charles Hartshorne and Paul Weiss，Cambridge，Harvard University Press，1931－1935；Volume Ⅶ－Ⅷ，edited by Arthur W. Burks，Cambridge，Harvard University Press，1958.

② 慧能著，郭朋校释：《坛经校释》《三五》，北京：中华书局，2012 年，第 82 页。

③ 吉尼（Jinnee），古代阿拉伯民间故事中能幻化成人形听人使唤的精灵。

物权的转移。权利是法律问题，而法律是思维与意义的问题。皮尔斯说，我把这一问题留给你自己思考，只是得强调一句，我尽管插入了"真正的"一词，但并不认为这有什么必要。我认为，即使退化的三元关系，也包含着某种类似思维的东西。(1.345)① 论据的第二个前提——真正的三元关系不能由二元关系或质的关系来构建——这很容易证明。星期一我看见一个人，星期二我看见一个人，我惊呼："天哪，这就是我星期一看见的那个人。"我们会说，毫厘不爽，我直接经验了同一性。星期三我看见了一个人，我说，"这就是我星期二看见的同一个人，因此也是我星期一看见的同一个人。"这里有三元同一性的认识，但是它只有作为从两个前提推出的结论才成立，结论本身也是一种三元关系。如果我同时看见两个人，我就不能以任何直接经验把他们二人与我以前见过的一个人识别出来。我只能这样认出他们来，即如果我把他们看作同一个人，并非绝对同一的，而是两种不同的表示。但是表示的理念就是符号的理念。符号是某种东西 A，表示某种事实或对象 B，对某种解释思想 C 而言。(1.346)② 皮尔斯说，观察这种现象是很有趣的：有三条尾的图表不能由两条尾或一条尾的图表构建起来，但是三条尾的图表的组合却足以构建起任何更高数目的尾的图表。分析将证明，每一个四元、五元或更高数目的关系，无非是三元关系的复合。因此发现，在现象中除第一性、第二性和第三性这三种元素之外，再也难以发现其他元素，这丝毫不足为奇。(1.347)③ "心动"是一种典型的三元关系，不能被简化为质的理念即风和幡的理念，也不能被简化为抵抗的理念即风吹和幡动的简单叠加，而是心灵即解释项的全新创造。惠能如何传授他的"心动"秘籍呢？就一个字：忍。"忍"即探究"心动"的不二法门。王维应惠能弟子神会之请托作《能禅师碑并序》："于是大兴法雨，普洒客尘。

---

① Peirce，C. S.，*Collected Papers of Charles Sanders Peirce*，Volume Ⅰ－Ⅵ，edited by Charles Hartshorne and Paul Weiss，Cambridge，Harvard University Press，1931－1935；Volume Ⅶ－Ⅷ，edited by Arthur W. Burks，Cambridge，Harvard University Press，1958.

② Peirce，C. S.，*Collected Papers of Charles Sanders Peirce*，Volume Ⅰ－Ⅵ，edited by Charles Hartshorne and Paul Weiss，Cambridge，Harvard University Press，1931－1935；Volume Ⅶ－Ⅷ，edited by Arthur W. Burks，Cambridge，Harvard University Press，1958.

③ Peirce，C. S.，*Collected Papers of Charles Sanders Peirce*，Volume Ⅰ－Ⅵ，edited by Charles Hartshorne and Paul Weiss，Cambridge，Harvard University Press，1931－1935；Volume Ⅶ－Ⅷ，edited by Arthur W. Burks，Cambridge，Harvard University Press，1958.

乃教人以忍曰:'忍者无生,方得无我。'始成于初发心,以为教首。"① 王维以"忍"为教首,可谓惠能知音也。葛兆光先生说:"'若识自性,一悟即到佛地'的背面,显然隐含了另一个命题,即若不识自性,则永远不能到达佛地。所以在六祖惠能这里,依然需要'授无相三归(皈)依戒',王维《六祖惠能碑》说他'以"忍"为教首',很多人把这一句话轻轻放过,其实,这一句中正包含了他思想的另一方面内涵,虽然说顿悟,却依然没有忘记苦修。"② 其实,顿悟与苦修,只是一体之两面,而不是两端。在惠能这里,心与物不是二分的,顿悟与苦修,只是符号过程的两面,而不是手段与目的。"忍"即苦修,"忍"即顿悟,"忍"即于苦修中顿悟,一言以蔽之,"忍"即"心动"。符号的物质载体与符号的表象功能是不能打成两橛的,它们只是一体之两面,所以《皮尔斯的符号理论》的作者 T. L. 肖特说:"'符号载体'就是符号",反对把它们分解为互不关联的三元。③ "心动"或"忍"是"三元关系的被关系者"(one relatum of a triadic relation)④,是一个不可分割的整体,不得以任何方式分解为互不关联的质的理念或抵抗的理念。心动是仁者创造的崭新的世界,区别于单纯的风或幡,也区别于风与幡的无理性对抗。

但是一般人为什么一向或者只看到风动,或者只看到幡动,并陶醉于此,而对心动熟视无睹甚至不无敌意呢?皮尔斯说,人们对承认"思想"作为真实世界的积极因素的普遍厌恶,一些原因很容易追溯。首先,人们被说服,发生在物质界的每一件事都是一种运动,完完全全被不可侵犯的力学法则所决定,并且不给任何其他影响留有余地。但是力学法则建立在与重力、弹力、电力以及诸如此类法则迥乎不同的原则之上。力学法则非常类似逻辑原理,如果不是恰如其分的话。它们只是说出了你说了力是什么之后物体将如何移动。它们允许任何力,因此也允许任何运动。只是,能量守恒原理要求我们通过关于分子等等的特殊假设来解释某种运动。于是,为了气体的黏度不服从那条法则,我们不得不假设气体具有某种特殊的分子构造。暂将力学法则放到一边,那么,

---

① 王维:《王维全集》卷二十五《能禅师碑并序》,上海:上海古籍出版社,1997 年,第 135 页。

② 葛兆光:《中国禅思想史:从六世纪到十世纪》(增订本),上海:上海古籍出版社,2008 年,第 251 页。

③ Short, T. L., *Peirce's Theory of Signs*, CAMBRIDGE UNIVERSITY, 2007, p. 19.

④ Short, T. L., *Peirce's Theory of Signs*, CAMBRIDGE UNIVERSITY, 2007, p. 19.

几乎不能作为积极的法则，而仅仅作为一种形式原则，我们只拥有重力、弹力、电力和化学定律。现在有谁会存心说，我们关于这些定律的知识足以使我们深信不疑，它们是绝对永恒的、不可改变的，并且已然逃脱了进化的伟大法则？每一个遗传性状都是一种法则，但是它服从于荣枯之道。个人的每一习惯也是一种规律，但是这些规律极易为自我控制行为所修正。最明显的事实是，理想与思想对于人类行为具有非常大的影响。真理和正义是世界上最强大的力量，这不是修辞格，而是显而易见的事实，理论必须将它们容纳进去。(1.348)① "心动"是除力学定律之外的又一定律，而无论力学定律还是心动定律都服从规律或习惯这一伟大的自然进化定律。"心动"是思想运行的规律，是意义诞生的母体，风动幡动，烦恼菩提，全在"心有灵犀一点通"。是觉是迷，佛陀众生，只在心之一颤之间。这心之一颤，不是世俗所谓"直觉"，而是符号关系的瞬间领悟，表象功能的刹那捕获，符号过程的霎时成就。这心之一颤，虽是瞬息间的爆发，却是长期坚持艰苦的心灵历练的结果，是符号无限衍义过程的一个暂时的节点。"佛，犹觉也。分为四门：开觉知见，示觉知见，悟觉知见，入觉知见"（《机缘品第七》，第219页），"开""示""悟""入"，是"觉"的四个阶级、四种境界，远非一蹴而就。天下之学者，孰不欲一蹴而造圣人之域？天下之学佛者，孰不欲一蹴而造极乐之境？然而，顿悟却是一个无比漫长而艰苦的思想修炼的过程，要想一朝开悟，光靠"口诵"是万万不行的。"口诵心行，即是转经；口诵心不行，即是被经转"，"心迷法华转，心悟转法华"，关键在于"心行"。何谓"心行"？"心行"就是自性的觉悟，自性的觉悟就是对"唯一佛乘"表象功能的了证。"经诵三千部，曹溪一句亡"，岂虚言哉？没有"心"的创造，一切意义皆黯淡无光、归于虚无；一旦扫除心灵上的乌云，一灯能除千年暗，一智能灭万年愚。"心行"是三元符号关系的实践，"遭难不退，遇苦能忍，福德深厚"②，是必经的符号过程。

① Peirce, C. S., *Collected Papers of Charles Sanders Peirce*, Volume Ⅰ－Ⅵ, edited by Charles Hartshorne and Paul Weiss, Cambridge, Harvard University Press, 1931－1935；Volume Ⅶ－Ⅷ, edited by Arthur W. Burks, Cambridge, Harvard University Press, 1958.

② 慧能著，郭朋校释：《坛经校释》《五七》，北京：中华书局，2012年，第137页。

第三节 世间觉与生命之道的戒律

惠能对第三性的把握有着非同一般的独家秘籍。惠能的思想或意义的追寻有着独具一格的路径，这就是"自性"的觉悟。惠能说："摩诃般若波罗蜜是梵语，此言大智慧到彼岸。此须心行，不在口念。口念心不行，如幻、如化、如露、如电。口念心行，则心口相应。本性是佛，离性无别佛。何名摩诃？摩诃是大，心量广大，犹如虚空，无有边畔，亦无方圆大小，亦非青黄赤白，亦无上下长短，亦无嗔无喜，无是无非，无善无恶，无有头尾。诸佛刹土，尽同虚空。世人妙性本空，无有一法可得。自性真空，亦复如是。"（般若品第二，一五一）自性的觉悟首在一个"空"字，这个"空"是"心量广大"，并非一无所有，并非"无记空"。"莫闻吾说空，便即著空。第一莫着空；若空心静坐，即著无记空。"（般若品第七，一五一）"空"是心量广大，广大到不仅容得高山大川，容得纤尘毫芒，更容得一切现实性之外的可能性。所以才能无有边畔，无方圆大小，亦非青黄赤白，亦无上下长短，亦无嗔无喜、无是无非、无善无恶、无有头尾。与"心量广大"相反的则是"无记空"，空无所有，小大不容，不要说一切的可能性，就连一切的现实性也容不下，更不要提一切的思想性、意义性、心智性、进化性。"自性"是思想的沃土，一切的可能性、现实性、未来性均可以在此生根发芽，枝繁叶茂，结出硕果；而"无记空"则是思想的沙漠，一切的可能性、现实性、未来性都将在此枯萎凋零，颗粒无收。

自性觉悟须三无：无念、无相、无住，"无念""无相""无住"并非不要符号过程，而是符号过程的实现不粘不执。

师自黄梅得法，回至韶州曹侯村，人无知者。有儒士刘志略，礼遇甚厚。志略有姑为尼，名无尽藏，常诵大涅槃经。师暂听，即知妙义，遂为解说。尼乃执卷问字。师曰："字即不识，义即请问。"尼曰："字尚不识，焉能会义？"师曰："诸佛妙理，非关文字。"（机缘品第七，二一三）

好一个"诸佛妙理，非关文字"！"诸佛妙理"，非关"文字"，但却关乎

"符号"。因为"诸佛妙理"归根结底只是一种符号关系、一种思想、一种意义,"文字"则只是"符号"的千千万万可感知的物质载体之一,舍此之外,"诸佛妙理"尚有恒河沙数的实现途径。"文字"之外,尚有手势、表情、体态、动作等无数种人工的语言;人工的语言之外,尚有一草一木、一花一沙、一云一石等数不胜数的非人工语言。世尊拈华示众①,岂在偶然?

禅宗提倡"不立文字",用心并不在书面语与口头语之别,也不在私密与公开之分野,而首在破除我执、破除语障、破除义障。"不立文字"才能迅速从"小我"跳出来,跃入"大我";从"小符号"跳出来,跃进"大符号"。"小我"即私我,即人类小我,"大我"即芸芸众生,万仞八荒;"小符号"即索绪尔所说的语言或言语,"大符号"即宇宙万象,甚至超越宇宙万象而及于一切的可能性、现实性与规律性。惠能说:"世人外迷着相,内迷着空。若能于相离相,于空离空,即是内外不迷。"(机缘品第七,二一八至二一九)所谓"迷",即为符号所拘挛,而不得自由;"外迷着相",即外为现实性所拘执,妄作非为;"内迷著空",即内为理念性所禁锢,愚痴贪嗔。

"不立文字"只是破除迷障的手段之一,与此相仿,"不坐禅"则是破除迷障的表现形式之一。为什么要打破坐禅的陋习?无他,只因坐禅是糊弄老实人的伪符号。打破坐禅的陋习,就是要打掉假符号,还原真符号。"不立文字"也好,"不坐禅"也好,最终都是为了自性的迷途知返。志诚禀命,曹溪听法,"师曰:住心观静,是病非禅。长坐拘身,于理何益?听吾偈曰:生来坐不卧,死去卧不坐;一具臭骨头,何为立功课?"(顿渐品第八,二五四至二五五)什么是"理"?"理"即佛性,即觉悟了的自性。而"理"的参悟与否显然与坐卧了无干系。因为"理"是一种思想性,坐卧则与思想风马牛不相及。"师曰:汝师戒定慧接大乘人,吾戒定慧接最上乘人,悟解不同,见有迟疾。汝听吾说,与彼同否?吾所说法,不离自性。离体说法,名为相说,自性常迷。须知一切万法,皆从自性起用,是真戒定慧法。听吾偈曰:心地无非自性戒,心地无痴自性慧,心地无乱自性定,不增不减自金刚,身去身来本三昧。"(顿渐品第八,二五七)"心地"才是思想成长的土壤,一旦戒除"非""痴""乱"等

---

① 普济辑,朱俊红点校:《五灯会元》(点校本)卷第一《七佛》之《释迦牟尼佛(贤劫第四尊)》,海口:海南出版社,2011年,第13页。

非佛性的东西，万法就念念自见，"戒""慧""定"真法直接最上乘人，极乐世界立现眼前。

自性的觉悟是一种符号过程。这一符号过程不同于黑格尔的理念，也不同于世所公认的直觉，而是一种活生生的体验。同皮尔斯符号一样，惠能的符号也是建立在符号、对象、解释项三价关系之上的动态生成过程，是现象学的第三性显现的范畴，而不是以往先验哲学的理念论的翻版。正如詹姆斯·屈波在《皮尔斯论符号》一书的导言中所明确指出的：

> "理念"与"符号"的区分占据皮尔斯符号学的核心。一个理念也许产生了，用笛卡儿的术语，"清楚而明晰地"出现在头脑里。因为这一理念在头脑里被内省地感知到了，它的意义是直觉的，或立即领悟的。"符号"，如皮尔斯使用这一术语的方式，也是思想，但是它区别于"理念"之处在于它的意义不是不证自明的。符号通过后续思想或行为的解释来取得意义。比如，街角"stop"标志，起初被感知为一个写着 S-T-O-P 字母的八角形。它当且仅当与后续思想——皮尔斯叫作解释项——发生关系时，符号才获得了意义。意义并不存在于感知，而是存在于将感知解释为一个"停"的符号，或者，更理想的，存在于"停下来"的行动中。皮尔斯坚持认为，就像对一个交通标志"stop"的领会一样，每一个思想都是一个符号，除非经由下一个思想——解释项——的解释，否则不会产生意义。因此，每一个思想的意义都是通过三价关系构建起来的，即思想被解释为一个由对象决定的符号。结果证明，根本不存在这样的东西，像洛克认为的那样，其意义是直接的，直觉感知或经验的。
>
> 当然人们往往感觉他们一下子就理解了许多思想，但是皮尔斯指出，这种感觉"并没有阻止得了人们对于哪种认知是直觉的激烈争论"。许多一度被认为是直觉的信念，后来证明源头上是推论。在巴克利论想象的书出版之前，例如，三维空间是直觉的，没有东西较之更为不证自明的了，但是巴克利却证明它是推理的结果。既然一些知识是直觉的感觉经常被证明是错误的，既然感觉是直觉的唯一证据，那么就不存在直觉信仰的基础。"只有通过外在事实思想才能被了解"，因之产生了革命性的结论，即"因此，所有思想，必然存在于符号之中"。思想不是直接的感知，或者内

在于自我的不可否认的理念经验。思想存在于符号中，通过三价关系获得意义：

对象　符号　解释[①]

自性的觉悟是中道，是无二之性，是一种特殊的符号，是一种若即若离的符号，准确地说，是一种独一无二的脱离了两边的体验。"有一童子，名神会，襄阳高氏子。年十三，自玉泉来参礼。师曰：知识远来艰辛，还将得本来否？若有本则合识主，试说看！会曰：以无住为本，见即是主。师曰：这沙弥争合取次语！会乃问曰：和尚坐禅，还见不见？师以拄杖打三下，云：吾打汝痛不痛？对曰：亦痛亦不痛。师曰：吾亦见亦不见？神会问：如何是亦见亦不见？师云：吾之所见，常见自心过愆，不见他人是非好恶，是以亦见亦不见。汝言亦痛亦不痛如何？汝若不痛，同其木石；若痛，则同凡夫，即起恚恨。汝向前见、不见是两边，痛、不痛是生灭。汝自性且不见，敢尔弄人？"（顿渐品第八，二六五至二六六）脱离两边的"度"看来不好拿捏。稍不留意，即滑向两边，永堕深渊。"同其木石"即受制于现实性而遗落心智性，"同凡夫"，则滥用了心智性而遮蔽了可能性，二者同样都肢解了体验的完整性、圆满性和生成性。

脱离两边就是既不执着于理念，也不拘执于现实，而是脱离了二元思维，坚持三元关系的不可还原。还有一则有关神会的逸闻颇有意味。"一日，师告众曰：吾有一物，无头无尾，无名无字，无背无面，诸人还识否？神会出曰：是诸佛之本源，神会之佛性。师曰：向汝道无名无字，汝便唤作本源佛性。汝向去有把茆盖头，也只成个知解宗徒。"（顿渐品第八，二六六）神会为何只做得个"知解宗徒"？只因他仍然难以彻底脱离两边，确切地说，只因他仍然过于拘执于理念，以佛性证佛性，从而不自觉使佛性沦为虚空。

自性是弥合诸宗分歧的不二法宝。自性就是现世觉，就是活生生的体验。"师见诸宗难问，咸起恶心，多集座下，愍而谓曰：学道之人，一切善念恶念，应当尽除。无名可名，名于自性；无二之性，是名实性。于实性上建立一切教

---

① Peirce, C. S., *Peirce on Signs：Writings on Semiotic*, James Hoopes, ed., University of North Carolina Press，1991.

门，言下便须自见。"（顿渐品第八，二六七）自性就是心的彻悟，就是智慧的通达，就是思想的和畅，就是意义的了明，就是三元的玄化。"师曰：道由心悟，岂在坐也？"心机一动，万境了然；枯坐参禅，佛法明灭。"师曰：烦恼即是菩提，无二无别。"并非世间即烦恼，西方即菩提，而是"佛法在世间，不离世间觉；离世觅菩提，恰如求兔角"（般若品第二，一六八），世间即极乐，世间即菩提，离世无极乐，离世无佛法。真正自性觉悟者，世间的风卷云舒、沧海桑田，不会令他们如嗔如痴，如癫如狂，如醉如醒，而是不生不灭，不垢不净，不增不减，不来不去，色不异空，空不异色，色即是空，空即是色，无明，亦无无明，亦无无明尽，乃至无老死，亦无老死尽，无苦集灭道，无智亦无得，无挂无碍。"师曰：明与无明，凡夫见二；智者了达，其性无二。无二之性，即是实性。实性者，处凡愚而不减，在贤圣而不增；住烦恼而不乱，居禅定而不寂。不断不常，不来不去，不在中间，及其内外。不生不灭，性相如如，常信不迁，名之曰道。"（护法品第九，二七三页）明与无明，世间与极乐，烦恼与菩提，只要还原其活生生的体验本质，还原其第一性、第二性和第三性的完整圆融的存在方式，佛法弹指立见。佛法的要义即在能出能入，既了悟意义，又不为意义所拘；符号过程为我所用，而非我为符号过程所困。"师曰：此三十六对法，若解用，即道贯一切经法，出入即离两边。"（付嘱品第十，二八〇页）离两边，守中道，三性自如如。"自性动用，共人言语，外于相离相，内于空离空。若全著相，即长邪见。若全执空，即长无明。执空之人有谤经，直言不用文字。既云不用文字，人亦不合语言；只此语言，便是文字之相。又云：直道不立文字，即此不立文字，亦是文字。见人所说，但即谤他言著文字，汝等须知自迷犹可，又谤佛经；不要谤经，罪障无数。"（付嘱品第十，二八二页）离相，离空，离无记空，不为现实性所拘执，也不为习惯性所迷惑；"不立文字"目的在直指心源，但文字并非心源的蔽障，而是心源的催化剂和澄清剂。"但依法修行无住相法施"（付嘱品第十，二八二页），"二道相因，生中道义"（付嘱品第十，二八二页），"以明显暗，以暗显明，来去相因，成中道义"（付嘱品第十，二八二页），只要笃定无念、无相、无住的符号解读密码，沉酣中道，无染无杂，便睹弥陀。王维《能禅师碑并序》谓："无有可舍，是达有源。无空可住，是知空本"①，诚为知道者也，惠能"不立文字"之本心亦在无有可执，无空可住，出入无碍。

皮尔斯与惠能秉持着惊人相似的宗教观，尽管二人归信有别。皮尔斯认为，宗教观念从未形成精神体格的经与纬，像社会观念那样。它们极易招致怀疑，对各种质疑毫无招架之力，症结即在，宗教现象是零散的（sporadic），而不是连续的（incessant）。（6.437）② 这引起了宗教的退化，从知觉到信赖，从信赖到信仰，信仰日益抽象化。宗教成为公共事务之后，争辩蜂起，为解决争辩，格言造作出来了。这件事落入神学家的手中：神学家的理念明显不同于一般教会的理念。他们陷宗教于虚妄的逻辑争辩之中。于是对日益狭隘的教义范围锱铢必较，对宗教活生生的本质的关注与日偕亡，直到《亚大纳西信经》（symbolum quodcumque）宣称每一个个体的拯救完完全全彻头彻尾地依赖于他怀有正确的神性形而上学之后，灵感的生命火花终于完全灰飞烟灭。（6.438）③ 但是说宗教仅仅是信仰却是荒谬绝伦的。你不妨把社会叫作信仰，或把政治叫作信仰，或把文化叫作信仰。宗教是生命，当且仅当信仰是一种活生生的信仰，宗教才可能与信仰同一——生之而非道之或思之。（6.439）④ 正是在这一意义上，皮尔斯父子甚至呼吁宗教与科学的联姻。

可以毫不夸张地说，惠能毕生的努力即在于挽狂澜于既倒，遏止佛教的退化，推动佛教的蜕变与新生。"人有两种，法无两般，迷悟有殊，见有迟疾。迷人念佛求生于彼；悟人自净其心。所以佛言：随其心净即佛土净。使君东方人，但心净即无罪。虽西方人，心不净亦有愆。东方人造罪，念佛求生西方；西方人造罪，念佛求生何国？凡愚不了自性，不识身中净土，愿东愿西；悟人在处一般。所以佛言：随所住处恒安乐。"（疑问品第三，一七六）惠能此言，

① 王维：《王维全集》卷二十五《能禅师碑并序》，上海：上海古籍出版社，1997年，第134页。

② Peirce，C. S.，*Collected Papers of Charles Sanders Peirce*，Volume Ⅰ－Ⅵ，edited by Charles Hartshorne and Paul Weiss，Cambridge，Harvard University Press，1931－1935；Volume Ⅶ－Ⅷ，edited by Arthur W. Burks，Cambridge，Harvard University Press，1958.

③ Peirce，C. S.，*Collected Papers of Charles Sanders Peirce*，Volume Ⅰ－Ⅵ，edited by Charles Hartshorne and Paul Weiss，Cambridge，Harvard University Press，1931－1935；Volume Ⅶ－Ⅷ，edited by Arthur W. Burks，Cambridge，Harvard University Press，1958.

④ Peirce，C. S.，*Collected Papers of Charles Sanders Peirce*，Volume Ⅰ－Ⅵ，edited by Charles Hartshorne and Paul Weiss，Cambridge，Harvard University Press，1931－1935；Volume Ⅶ－Ⅷ，edited by Arthur W. Burks，Cambridge，Harvard University Press，1958.

闻名之如露入心，共语似醍醐灌顶。惠能痛恨宗教的脱离人生、脱离现世，从知觉到信赖，从信赖到信仰，日益抽象，热切期望禅宗能匡正宗教的迷失，回归正道，还原活生生的体验，激发生命的灵感，唤醒生命的自我救赎。惠能一生，反对"坐却白牛车，更于门外觅三车"（机缘品第七，二二二页），启示凡夫大众"唯一佛乘"即在自性的自体自证自觉自悟。惠能临终，仍谆谆教诲弟子："自性若悟，众生是佛；自性若迷，佛是众生"，"我心自有佛，自佛是真佛。自若无佛心，何处求真佛？"，"不见自性外觅佛，起心总是大痴人"，"但识自本心，见自本性，无动无静，无生无灭，无去无来，无是无非，无住无往"（付嘱品第十，二九五，二九六，二九七页），自性觉悟，符号过程自如驾驭，佛祖活在心田。"悟"，即符号的解悟、思想的解悟、意义的解悟；"悟"，即说明"佛"既非完全"我固有之也"，也非完全"由外铄我也"，而是内外双修，可能性、现实性、未来性刹那齐现永恒、暗昧齐曝光明的结果。

皮尔斯将人类救赎的全部希望寄托于基督教，他认为："基督教，如果它有任何与众不同之处，——完全不必羡慕宗教发展的每一条道路的必然归宿，——以其有关生命之道的戒律（its precept about the Way of Life）区别于其他宗教"（6.440）[1]，"对爱的法则的信仰就是基督教的信仰"（6.441）[2]。我们要说，基督教并非人类救赎的唯一希望，更非人类救赎的唯一道路。禅宗也包含了有关"生命之道"与"死亡之道"的戒律，并且禅宗并不主张于涅槃中求大乐，更不主张往西天求净土，而是主张于现世中求极乐，于自性中求觉悟，于中道中求解脱，心在佛常在，自性即真佛。基督教强调对爱的法则的信仰，禅宗代之以对"自性"的信仰，自性的觉悟则依赖于对"中道"的修行，离迷离觉，除真除妄，皈依自性三宝——觉、正、净，于自色身，皈依一体三身自性佛。（忏悔品第六，二〇四）

惠能的现世觉或生命之道是一条特殊的救赎之道。惠能终其一生，力图恢复佛教的天真、佛教的淳朴，力图恢复一种儿童般的宗教感受力。禅宗正是宗

---

① Peirce，C. S.，*Collected Papers of Charles Sanders Peirce*，Volume Ⅰ－Ⅵ，edited by Charles Hartshorne and Paul Weiss，Cambridge，Harvard University Press，1931－1935；Volume Ⅶ－Ⅷ，edited by Arthur W. Burks，Cambridge，Harvard University Press，1958.

② Peirce，C. S.，*Collected Papers of Charles Sanders Peirce*，Volume Ⅰ－Ⅵ，edited by Charles Hartshorne and Paul Weiss，Cambridge，Harvard University Press，1931－1935；Volume Ⅶ－Ⅷ，edited by Arthur W. Burks，Cambridge，Harvard University Press，1958.

教界的儿童，葆有最原始、最蓬勃的生命力，这正是人类救赎的通天大道：

> 儿童，由于它对语言的决胜的天才，生来就把世界看作首先由思想来统治；因为思想和表达是一致的。正如华兹华斯由衷赞叹，儿童灵性最高，他是
>
> "盲瞽中的明眸，
>
> "真理就栖居在你的心头，
>
> "人们穷其一生苦苦索求。"
>
> 但是当他一天天长大，他丧失了这种能力；他的整个儿童时代，被填满了一箩筐的谎言，这些谎言被父母习惯于认为是给孩子的最好的营养——因为他们不考虑他的未来——他带着对他儿童时代所有观念的最大蔑视开始了他的现实人生，思想在宇宙中所具有的内在力量这一伟大真理连同那些谎言被一起扔掉。我提出这种假设的解释，因为，如果对于视思想为真正力量的普遍厌恶，或者视思想为纯粹异想天开的虚构，果真是天生的话，它将使得思想被公认为真正力量的驳论拥有不少力量。(1.349)①

皮尔斯说，世界是由思想统治的，而儿童是思想的天才。华兹华斯说，上帝是我们的家园，尘世是我们的保姆。惠能说，现世是我们的家园，自性是我们的栖居地。现世觉即儿童觉，即恢复成人久已被尘世污染遮蔽的童真的心灵，而不是如柏拉图或华兹华斯所说的对前世灵魂的回忆。但在一点上，这些伟大的心灵又是相通的，这就是还原宗教的生命，还原儿童般的知觉，还原人类的生气勃勃的存在，使宗教成为苦难人生的一冽甘泉。

---

① Peirce，C. S.，*Collected Papers of Charles Sanders Peirce*，Volume Ⅰ－Ⅵ，edited by Charles Hartshorne and Paul Weiss，Cambridge，Harvard University Press，1931－1935；Volume Ⅶ－Ⅷ，edited by Arthur W. Burks，Cambridge，Harvard University Press，1958.

第七章　郭熙的符号三角

第一节　符号三角的发现

为了溯清源流，我们不妨先从中国符号三角的发现谈起。钱锺书先生是第一个发现皮尔斯及其追随者的符号三角理论①与中国古典哲学美学的内在联系的人，但似乎应者寥寥。钱学虽然被热炒过一阵，但钱先生寂寞依旧。《管锥编》第三册一三八则《全晋文卷九七》论曰：

> "恒患意不称物，文不逮意。"按"意"内而"物"外，"文"者、发乎内而著乎外，宣内以象外；能"逮意"即能"称物"，内外通而意物合矣。"意"、"文"、"物"三者析言之，其理犹墨子之以"举"、"名"、"实"三事并列而共贯也。《墨子·经》上："举、拟实也"；《经说》上："告、以之名举彼实也"；《小取》："以名举实，以词抒意。"《文心雕龙·镕裁》以"情"、"事"、"辞"为"三准"，《物色》言"情以物迁，辞以情发"；陆贽《奉天论赦书事条状》："言必顾心，心必副事，三者符合，不相越踰"；均同此理。近世西人以表达意旨（semiosis）为三方联系

---

①　有关皮尔斯对 "semiosis" 的论述，可参阅 EP2.411，Peirce，C. S.，*THE ESSENTIAL PEIRCE*：*Selected Philosophical Writings*，Volume 2（1893－1913），edited by the Peirce Edition Project，Indiana University Press，Bloomington AND INDIANAPOLIS，1998，或者 CP5.484，Peirce，C. S.，*Collected Papers of Charles Sanders Peirce*，Volume Ⅰ－Ⅵ，edited by Charles Hartshorne and Paul Weiss，Cambridge，Harvard University Press，1931－1935；Volume Ⅶ－Ⅷ，edited by Arthur W. Burks，1958，Cambridge，Harvard University Press，1958.

皮尔斯身后不乏追随者，最著名的要数奥登与瑞恰兹，符号三角图见于二人合著的《意义之意义》一书第一章第11页，Ogden C. K. & Richards I. A.，*The Meaning of Meaning*，New York：Harcourt，Grace Janovich，1989，p. 11.

（trirelative），图解成三角形（the basic triangle）："思想"或"提示"（interpretant，thought or reference）、"符号"（sign，symbol）、"所指示之事物"（object，referent）三事参互而成鼎足。"思想"或"提示"、"举"与"意"也，"符号"、"名"与"文"也，而"所指示之事物"则"实"与"物"耳。英国一诗人咏造艺谓，缘物生意（the thing shall breed the thought），文则居间而通意物之邮（the mediate word），正亦其旨。"文不逮意"，即得心而不应手也；韩愈《答李翊书》："当其取其心而注于手也，汩汩然来矣"，得心而应手也，"注手汩汩"又与《文赋》之"流离于濡翰"取譬相类。徐陵《孝穆集》卷一《让五兵尚书表》："仲尼大圣，犹云'书不尽言'；士衡高才，尝称'文不逮意'"，撮合最工。《全唐文》卷三七八王士源《孟浩然集序》："常自叹为文不逮意也"；汪中《述学·别录·与巡抚毕侍郎书》："所为文恒患意不逮物，文不逮意"；皆本陆机语。参观《老子》卷论第一章。①

从 1176 页至 1207 页，足足 30 页有余。可见钱先生用心之深。但从以上引证的内容来看，钱先生对符号的理解与皮尔斯存在相当大的距离。首先，从皮尔斯的符号定义而言，符号是对某个人来说代表某物的东西，在这一三价关系中，对象决定符号，符号决定解释项，解释项在与符号等价或发展的意义上代表对象，这一三价关系是不可逆的。陆机在论述"物""意""文"的关系时，立场非常明确，物决定意，意决定文，这种关系也是不可逆的，钱先生显然也看到了这一点，所以才有下文"陆《赋》则似激发文机，惟赖观物，相形殊病疎隘，殆亦徵性嗜之偏耶"之讥，但钱先生对"物""意""文"的解释以及将之与皮尔斯符号学的对照却谈不上到位。陆机这段话，如果从符号链来解释，那么很明显"物"是符号，是第一性，而"意"与"文"只是"物"的解释项和再解释项；如果从符号三角来解释，那么"物"是对象，"意"是符号，"文"是解释项。"得心"即"意"，"应手"即"文"。而钱先生却将"文"与"符号"对举，显然完全错会了陆机和皮尔斯的原意，因为这里"文"是尚待

① 钱锺书：《管锥编》第三册一三八则《全晋文卷九七》，北京：中华书局，1991 年，第 1177～1178 页。

激发的东西。陆机这里谈的是创作过程，而非欣赏或批评过程。而创作过程、欣赏过程、批评过程或理论过程，是艺术过程的迥然不同的三个阶段。在这三个阶段中，对象、符号、解释项三者均处于变动不居的符号过程或符号链之中，决不可一概视之。其次，在皮尔斯看来，并不存在绝对的"内""外"之分，意义不是头脑里先在的、自在的，对象也不是纯天然物理存在，意义与对象是连续的。符号的作用在于充当"形式"交流的中介，在还原对象的同一过程中生成意义，因此符号、对象、解释项三者从本质上讲均具有"准心智"的性质，均是一种思想或符号。而钱先生则释"意"为"内"，释"物"为"外"，释"文"为"发乎内而著乎外"。再次，皮尔斯所理解的"符号"，是最宽泛的符号，世间无事无物不可入，不限于人工符号，而是遍及大自然形形色色的符号，但钱先生似乎只属意于艺术。最后，即便退缩至人工符号，符号也不等同于"理念"，皮尔斯的符号、对象、解释项也不等同于名、实、举。皮尔斯的符号三价关系与奥登和瑞恰兹的符号三角理论并不能完全画等号，对于这一点可能钱先生并没有细心揣摩。

又于"悲落叶于劲秋，喜柔条于芳春"二句后评价曰：

> 子显《自序》尚及"送归"，《诗品·序》更于兴、观、群、怨，"凡斯种种"足以"陈诗"者，遍举不遗；陆《赋》则似激发文机，惟赖观物，相形殊病疏隘，殆亦征性嗜之偏耶？①

平心而论，钱先生以"疏隘""性嗜之偏"责备陆机不太公允。萧子显、钟嵘只是因袭旧说，陆机则真正反映了魏晋时代的新精神。自然美的发现是魏晋时代最为了不起的发现，陆机《文赋》正贴切地宣告了自然美符号的自觉。

赵毅衡先生把陆机所提出的"文""意""物"关系视作符号表意三距离，即三种不在场方式（时间距离、空间距离、解释距离）之一：

---

① 钱锺书：《管锥编》第三册一三八则《全晋文卷九七》，北京：中华书局，1991年，第1182页。

解释距离：

三个意义不一致是常态：陆机《文赋》"恒患意不称物，文不逮意。盖非知之难，能之难也"。

"文不逮意"的原因并不是"知"，而是"能"：人很难保证这三者一致。

相同，则无表意。①

赵毅衡先生对"文""意""物"的理解与皮尔斯符号三分说就不再隔膜了，不仅把握了皮尔斯符号学的精髓，而且更从理论上生发开去。其实中国历史上有众多很明确的有关符号三角的描述，远远不止于钱先生所提到的几处。最著名的莫过于《晏子春秋》"二桃杀三士"的典故，这一故事正印证了皮尔斯的符号三角关系的真理性：符号与对象是不同的两个东西，没有解释项的参与就不会产生意义。但这里似乎还有超出皮尔斯符号定义的东西，这就是：稀缺产生意义。如果是三个桃子给三个勇士，故事就没有再发展下去的可能，正是稀缺产生了意义。正好比奥运会的冠军只设置一个，运动员们才能个个奋不顾身；送给最美女神的金苹果只有一个，才能让三位女神个个分外眼红，没有稀缺就没有意义。皮尔斯的符号是开放的，如果有意将符号设置为封闭的，那么意义的产生似乎就演变为另一种景观。

第二节　郭熙《林泉高致·山水训》的符号三角

郭熙在西晋文学家陆机"恒患意不称物，文不逮意"② 和唐代画家张璪"外师造化，中得心源"③ 的理论基础上，提出了"身即山川而取之"的崭新的美学命题。

---

① 赵毅衡：《2014 年符号学第二讲》PPT，http：//www. Semiotics. Net. cn。

② 陆机：《文赋》，《文选》，中华书局影印本，引自于民主编：《中国美学史资料选编》，上海：复旦大学出版社，2008 年，第 127 页。

③ 《历代名画记》卷十，上海人民美术出版社，引自于民主编：《中国美学史资料选编》，上海：复旦大学出版社，2008 年，第 225 页。

学画花者，以一株花置深坑中，临其上而瞰之，则花之四面得矣。学画竹者，取一枝竹，因月夜照其影于素壁之上，则竹之真形出矣。学画山水者，何以异此，盖身即山川而取之，则山水之意度见矣。①

"身即山川而取之"是美符号三角关系的典型陈述。用现象学的术语来表达，"身"与"山川"各为第一性；"即"为"身"与"山川"的直面碰撞，为第二性；"取"则为居间勾通第一性与第二性的第三性，"取"的第一步是得见"山水之意度"，第二步则是得成水墨之杰构。用符号学的术语来表达，"山川"为"对象"，"身"为由对象而产生的"符号"，但"身"并不能直接成为"符号"，而必须经由目、心的里应外合，才能实现符号化的功能，即苏轼所说的"成竹于胸中"或"其身与竹化"②，王履所说的"吾师心，心师目，目师华山"③，亦即郑板桥所说的"眼中之竹""胸中之竹"④。郑板桥说："意在笔先者，定则也，趣在法外者，化机也，独画云乎哉！"⑤，所谓"意"，即郭熙所说的"身"，是符号化的"身"，而非单纯的肉身。最后成就的画作则为这一符号过程的"解释项"。这就是最终的"手中之竹"，是竹非竹，而是"趣在法外"，超以象外，得其圜中。

一、真山水——对象的诞生

艺术作品中的"对象"，并非外在的物质实体。一座方圆几百里的大山或绵亘数千里的山脉，不可能直接搬到诗里或画面上，亦不可能直接作为艺术作品的"对象"。外在的自然界要成为艺术作品中的"对象"，必须具备一个前提条件，这就是转化为符号，转化为可囿于方寸之内的思维性符号。

---

① 郭熙著，周远斌点校纂注：《林泉高致》，济南：山东画报出版社，2010 年，第 26 页。
② 《苏东坡集》前集卷三十二《文与可画筼筜谷偃竹记》，卷十六《书晁补之所藏与可画竹三首》，北京：商务印书馆，1958 年重印本，引自于民主编：《中国美学史资料选编》，上海：复旦大学出版社，2008 年，第 286 页。
③ 《中国画论类编》，中国古典艺术出版社，引自于民主编：《中国美学史资料选编》，上海：复旦大学出版社，2008 年，第 329 页。
④ 《题画》，《郑板桥集》中华书局上海编辑所，引自于民主编：《中国美学史资料选编》，上海：复旦大学出版社，2008 年，第 508 页。
⑤ 《题画》，《郑板桥集》中华书局上海编辑所，引自于民主编：《中国美学史资料选编》，上海：复旦大学出版社，2008 年，第 508 页。

艺术作品中的"对象",与外在的物质自然并非一一对应。原因是符号自身作为第三性具有极大的"一般性、无限性、连续性、渗透性、生成性以及智能性"(1.340),虽然依赖于第一性和第二性而存在,但已是不同于第一性和第二性的另外一种全新的质,否则第三性就完全没有存在的必要。第三性是在第一性和第二性基础之上的理性或规律性或习惯性。

艺术作品中的"对象",也不是单一的某个对象,而是一个对象整体。

皮尔斯对符号三角关系中"对象"的整体性特性有着无比深刻的洞察。1909年2月26日,皮尔斯在给威廉·詹姆士的信中说,符号被一个不同于它自身的东西所决定(即限定),这个东西就是它的对象。皮尔斯举了一例子。符号是一个句子——"该隐杀死了亚伯",在这个符号里,该隐与亚伯均为"部分对象"(Partial Objects)。也许这样说更为方便:决定符号的是"部分对象"(Partial Objects)的"对象综/对象控/对象结"(Complexus),或者"对象整体"(Totality)。在每一种情形下,对象准确地说都是一个"全域"(Universe),特殊的对象只是分子或部分(C. P. 8 - 177 ou NEM Ⅲ/2 p. 839)。1910年,皮尔斯再次提到这个例子,把"杀死"作为第三个对象,并认为这一组对象应该被视作共同构成了"一个对象综/对象控/对象结"(one complex Object)(1910 - C. P. 2 - 230 - Meaning)[①]。

艺术作品中的"对象",准确地说应该是一个"对象整体",这个"对象整体"不是一加一等于二的机械组装,而是一种"关系整体",是一种一加一大于二的格式塔(Gestalt)式的组合。

郭熙对山川的理解淋漓尽致地体现了艺术作品中"对象"的特殊性。

　　画山水有体,铺舒为宏图而无余,消缩为小景而不少。看山水亦有体,以林泉之心临之则价高,以骄侈之目临之则价低。

　　山水,大物也,人之看者,须远而观之,方得见一障山川之形势气象。

　　真山水之川谷,远望之以取其势,近看之以取其质。真山水之云气,

---

　　① Peirce,C. S.,*Collected Papers of Charles Sanders Peirce*,Volume Ⅰ - Ⅵ,edited by Charles Hartshorne and Paul Weiss,Cambridge,Harvard University Press,1931 - 1935;Volume Ⅶ - Ⅷ,edited by Arthur W. Burks,1958,Cambridge,Harvard University Press,1958.

四时不同：春融洽，夏蓊郁，秋疏薄，冬黯淡。尽见其大象而不为斩刻之形，则云气之态度活矣。真山水之烟岚，四时不同：春山淡冶而如笑，夏山苍翠而如滴，秋山明净而如妆，冬山惨淡而如睡。画见其大意，而不为刻画之迹，则烟岚之景象正矣。真山水之风雨，远望可得，而近者玩习，不能究错纵起止之势。真山水之阴晴，远望可尽，而近者拘狭，不能得明晦隐见之迹。

　　山，近看如此，远数里看又如此，远十数里看又如此，每远每异，所谓山形步步移也。山，正面如此，侧面又如此，背面又如此，每看每异，所谓山形面面看也。如此，是一山而兼数十百之形状，可得不悉乎？山，春夏看如此，秋冬看又如此，所谓四时之景不同也。山，朝看如此，暮看又如此，阴晴看又如此，所谓朝暮之变态不同也。如此，是一山而兼数十百山之意态，可得不究乎？[①]

郭熙提出"真山水"的美学范畴，是对美符号三角关系中"对象"的美学概括。"真山水"的美学内涵有三：第一，真山水是符号化的山水，不同于物质性的自然存在；真山水不在于一木一石的刻画摹写，而在于其"大势""大象""大意"，即符号关系的综合和提炼，所以需要"远"望。第二，"真山水"是第一性的美，是质的美，是整体的美，虽有无穷多样的组成部分和变化形态，却恒具一种绝对单纯不可分解的质。"一山而兼数十百之形状""一山而兼数十山之意态"，不惧"步步移""面面看"，不厌时时看，整体是一种绝对单纯的"质"，所以需要"饱游饫看"。第三，"真山水"是美的山水，是"可居可游"的灵魂栖息地，所以首先需要澡雪精神，以"林泉之心"观之，否则美将被"芜杂""混浊"所戕害。

二、林泉之心——符号的助产士

"身即山川而取之"，这里的"身"当然不只是肉身，而更重要的是能够尽"思想"之职的"心"与"目"，即"林泉之心"。

---

① 郭熙著，周远斌点校纂注：《林泉高致》，济南：山东画报出版社，2010年，第14、15、26页。

肉身只是产生第一个符号关系的物质载体，并不能成为真正的符号。只有经过画家眼睛和心灵过滤、沉淀和提炼的最后结晶，即"意"，才能具备充当美符号三角的符号的资质。画家脑中的符号即"意"或"意象"，才是产生解释项即最后的画作的前提和基础。首先须牢记在心的一点就是：在创作美符号三角的过程中，符号并非画家的肉身，而是画家的"胸中之竹"，是画家头脑中的符号，是一种客观的美的符号。

那么作家头脑里的符号诞生的前提条件是什么呢？这包括以下几个方面：首先是饱游饫看；其次是所养欲扩充，所览欲淳熟，所经欲众多，所取欲精粹；再次是精神严重恪勤；最后也最重要的一点是，必取可居可游之品，以林泉之心临之，目不见绢素，手不知笔墨，解衣磅礴，胸中宽快，意思悦适。

> 画山水有体，铺舒为宏图而无余，消缩为小景而不少。看山水亦有体，以林泉之心临之则价高，以骄侈之目临之则价低。
>
> 山水，大物也，人之看者，须远而观之，方得见一障山川之形势气象。若士女人物，小小之笔，即掌中几上，一展便见，一览便尽。此看画之法也。
>
> 世之笃论，谓山水有可行者，有可望者，有可游者，有可居者。画凡至此，皆入妙品。但可行可望，不如可居可游之为得。何者？观今山川，地占数百里，可游可居之处十无三四，而必取可居可游之品。君子之所以渴慕林泉者，正谓此佳处故也。故画者当以此意造，而鉴者又当以此意穷之。此之谓不失本意。①

在美符号三角的符号一项上，郭熙提出"以林泉之心临之则价高"的美学命题，直探美学秘府。"身即山川而取之"，这里的"身"其实指的是"林泉之心"，"林泉之心"贯穿美学符号过程始终。"以林泉之心临之则价高"揭示了符号对对象的反作用，所谓"价"，即对象的审美价值，或曰对象的审美空间；所谓"高"，则指对象通过"林泉之心"的中介作用而得到了进一步的发展、

---

① 郭熙著，周远斌点校纂注：《林泉高致》，济南：山东画报出版社，2010年，第14、15、16页。

丰富、扩大和提高，成为另一个"发展了的符号"，即解释项（2.228）。[①]"林泉之心"并不等于"意象"，而只是"意象"得以产生的必要条件。"林泉之心"并非强调作家、画家、观赏者的主观能动性，强调人为的因素，恰恰相反，而是强调要"去芜杂""去混浊"，去社会性、去主观性、去人为性，还原"林泉之志""烟霞之侣"。"林泉之心"，简言之，即"以林泉为心"。对"林泉之心"的美学内涵的挖掘是美学史上永恒的核心主题。"林泉之心"的要义有三：一是视林泉为林泉，不以社会美或伦理美或文化美或风俗美等外物来取代自然美本身的无上价值。二是"林泉之心"就是无为之心，涤除玄览之心，虽有头脑却类似于无头脑，虽有心智却类似于无心智，虽对对象做出解释却又似乎没有解释，即仿佛没有濡染任何人为的因素，而保持对象天然的素朴，即苏轼所说的"岂独不见人，嗒然遗其身"。三是"林泉之心"隐含的哲学基础是连续主义（6.169）[②]。"林泉之心"把山水自然视作像人一样具有"心智"或"准心智"的符号，林泉自具思维与表意的本能，林泉自身就拥有一套完善的符号系统。这套符号系统与人类的人工符号系统或曰思维符号系统是相通的，而不是二元分裂的，所以无须人类意识的分外努力，无须人为造作，而只需顺其自然即万事大吉。所以获得"林泉之心"的要诀是"饱游饫看"，是"历历罗列于胸中"，身与竹化，物我两忘，自然符号与人符号融为一体，不辨彼此。

三、画——解释项

绘画初看是一种象征符号，因为它包含了太多约定俗成的东西，不仅是技法问题，还包含太多文化方面的因素。所以中西画境各有洞天，欣赏趣味也仁智互见。文学艺术亦然，因为文学艺术对语言的依赖性更大。但无论绘画或文学，本质上都是第一性的东西，只追求绝对的质，而不问现实对应性有几许。所以绘画或文学，本质上都是像似符号，而非象征符号，虽则不得不假借象征

①　Peirce, C. S., *Collected Papers of Charles Sanders Peirce*, Volume Ⅰ－Ⅵ, edited by Charles Hartshorne and Paul Weiss, Cambridge, Harvard University Press, 1931－1935；Volume Ⅶ－Ⅷ, edited by Arthur W. Burks, 1958, Cambridge, Harvard University Press, 1958.

②　Peirce, C. S., *Collected Papers of Charles Sanders Peirce*, Volume Ⅰ－Ⅵ, edited by Charles Hartshorne and Paul Weiss, Cambridge, Harvard University Press, 1931－1935；Volume Ⅶ－Ⅷ, edited by Arthur W. Burks, 1958, Cambridge, Harvard University Press, 1958.

符号以传达像似符号。

宗炳《画山水序》尝言："竖划三寸，当千仞之高；横墨数尺，体百里之迥"①，乃真得绘画符号之神趣者也。何也？画在神似，不在形似，山水之势，要在关系的像似，何关乎"三寸"或"数尺"乎？

郭熙深得宗炳的真传，对绘画符号的第一性和第三性的特质洞若观火：

> 山欲高，尽出之则不高，烟霞锁其腰则高矣。水欲远，尽出之则不远，掩映断其派则远矣。②

郭熙提出"山欲高，尽出之则不高；水欲远，尽出之则不远"的美学命题，虽然是在谈论具体而微的绘画技法问题，实则揭示了绘画艺术的符号学真谛。"高""远"是绘画所追求的艺术境界，是艺术的终极目标。这种艺术境界或终极目标的实现，必须依赖符号的作用，即符号的概括作用和生成作用。

> 一些典型的第三性观念，由于它们在哲学和科学中异乎寻常的重要性，需要做深入的研究，即一般性、无限性、连续性、渗透性、生成性以及智能性。(1.340)③

绘画符号虽然是一些水墨线条，并以像似性为旨归，但在像似性的基础上，则诞生了无穷的一般性、无限性、连续性、渗透性、生成性以及智能性，产生了无限的以实生虚、以有生无、以有限生无限的符号空间。

> 春山烟云连绵人欣欣，夏山嘉木繁阴人坦坦，秋山明净摇落人肃肃，冬山昏霾翳塞人寂寂。看此画令人生此意，如真在此山中，此画之景外意也。见青烟白道而思行，见平川落照而思望，见幽人山客而思居，见岩扃

---

① 宗炳：《论画山水》，引自于民主编：《中国美学史资料选编》，上海：复旦大学出版社，2008年，第144页。

② 郭熙著，周远斌点校纂注：《林泉高致》，济南：山东画报出版社，2010年，第56页。

③ Peirce, C. S., *Collected Papers of Charles Sanders Peirce*, Volume Ⅰ-Ⅵ, edited by Charles Hartshorne and Paul Weiss, Cambridge, Harvard University Press, 1931-1935；Volume Ⅶ-Ⅷ, edited by Arthur W. Burks, 1958, Cambridge, Harvard University Press, 1958.

泉石而思游。看此画令人起此心，如将真即其处，此画之意外妙也。[1]

这种"景外意""意外妙"产生的根源在于绘画不仅是一种像似符号，同时也是一种指示符号，可以由画内指向画外，复由画外指向画内，循环往复，无有尽时，同时也是一种象征符号，可以给予山水多重的文化象征身份。

绘画本身作为符号，是一种第三性的东西，一种连接此物与彼物的中介或媒介。对象产生或限定了某种意向观念，符号则把这种意向观念输送给头脑（1.339）[2]。皮尔斯认为符号"倾向于产生一种精神效果"，从而使解释项产生"联想"（association）。这种"联想"具有一种"精神习性"，而不必包括联想性暗示所产生的行动或效果（MS676）。符号的精神中介作用被皮尔斯归纳为诸如"影响"（affect）（MS670）、"指示"（indicate）（1907，*MS 277*，*The Prescott Book*）、"集中注意力"（Narrowing the attention）（1911，*MS 849*）、"吁请"（Appeal to）、"召唤"（call for）、"施加影响"（exert a force）、"激发"（Excite）（1911，*MS 854*）等不同形态[3]。皮尔斯所关注的重心在认知性符号，而不是情感符号或祈使符号。他所说的"联想"也不同于艺术联想，而类似于逻辑推理。但这并不妨碍我们在皮尔斯符号定义的基础上再做进一步的推衍。

绘画本身不仅是一种第三性的东西，更是一种第一性的东西。作为第三性的绘画，是一种约定俗成的象征符号；作为第二性的绘画，则是作家心灵与烟云嘉木相触的瞬间以及作家挥毫落墨于绢素的一刹那定格，是象征符号、指示符号与像似符号的浑成；作为第一性的绘画，则是一种像似符号，以自身的相似性指向对象，而无论对象存在与否。"景外意""意外妙"的产生，也许离不开更大程度上作为知性概念（intellectual conception）的指示符号与象征符号，但绘画的要核则在于第一性的质，这是绘画艺术和所有其他艺术的共同和唯一的归宿，也是我们上下求索的美的本质。

---

① 郭熙著，周远斌点校纂注：《林泉高致》，济南：山东画报出版社，2010年，第26、27页。

② Peirce，C. S.，*Collected Papers of Charles Sanders Peirce*，Volume Ⅰ－Ⅵ，edited by Charles Hartshorne and Paul Weiss，Cambridge，Harvard University Press，1931－1935；Volume Ⅶ－Ⅷ，edited by Arthur W. Burks，1958，Cambridge，Harvard University Press，1958.

③ http：//www. Iupui. edu/~arisbe/resources/76DEFS/76defs. HTM.

皮尔斯把美学视为研究第一性的科学，美学研究的对象是"目的包含着情感的质的事物"（5.129）①。

> 设想事物有那么一种完美状态：不拘它会带来什么，遑论有任何隐秘的原因，总是极好的或极佳的。（5.36）②

"美学即有关美（beauty）的理论"，这一定义严重损害了这一科学。"美"（beauty）的概念仅仅是这一科学的产物，是企图抓住美学想要闹明白的东西的一次非常不够好的尝试。伦理学追问所有的努力应该指向什么目的。这一问题的解答明显依赖于另一个问题，这就是：抛开努力不谈，我们会喜欢怎样的体验。但是为了说清楚纯粹的美学问题，我们应该把它排除掉——不单单是有关"努力"的一切思虑，而且是有关"作用"与"反作用"的一切思虑，包括我们所接受的"欢愉"的一切思虑，一言以蔽之，属于**"自我"**与**"非我"**的对抗的一切东西。我们的语言中还找不到一个合格的词来概括。希腊语｛kalos｝，法语"beau"，只是勉强凑合，远未直击要害。"Fine"则是蹩脚的替代。"Beautiful"则更坏；因为存在（being）的一种方式即｛kalos｝本质上依赖于一种根本不美的质。然而，也许，"不美之美"的措辞算不上糟糕透顶。而且，"beauty"太肤浅了。如果使用｛kalos｝一词，美学的问题是这个样子的：在呈现的瞬间，｛kalos｝是一种什么样的质？（2.199）③

其实岂止西方语言中找不到一个合适的词，中国语言中也寻不出一个熨帖的词来形容美学研究的对象。"美"太小，"善"又太大。其他的词各偏一隅，也难以敷用。这里皮尔斯所强调的是第一性的独立性，排除一切第二性和第三

---

① Peirce, C. S., *Collected Papers of Charles Sanders Peirce*, Volume Ⅰ－Ⅵ, edited by Charles Hartshorne and Paul Weiss, Cambridge, Harvard University Press, 1931－1935；Volume Ⅶ－Ⅷ, edited by Arthur W. Burks, 1958, Cambridge, Harvard University Press, 1958.

② Peirce, C. S., *Collected Papers of Charles Sanders Peirce*, Volume Ⅰ－Ⅵ, edited by Charles Hartshorne and Paul Weiss, Cambridge, Harvard University Press, 1931－1935；Volume Ⅶ－Ⅷ, edited by Arthur W. Burks, 1958, Cambridge, Harvard University Press, 1958.

③ Peirce, C. S., *Collected Papers of Charles Sanders Peirce*, Volume Ⅰ－Ⅵ, edited by Charles Hartshorne and Paul Weiss, Cambridge, Harvard University Press, 1931－1935；Volume Ⅶ－Ⅷ, edited by Arthur W. Burks, 1958, Cambridge, Harvard University Press, 1958.

性的干扰，才能获得纯粹的第一性。"自我"与"非我"的对抗属于第二性的东西。"比德"之类当然属于第三性的东西。无论第二性或第三性的东西，都无一例外会污染第一性的纯粹性。所以，第二性和第三性虽是我们接近或抓住第一性的不得已的不二途径，但我们愈要接近或抓住纯粹的第一性的一刹那，愈要断然抛弃第二性和第三性。反过来，我们愈要接近或抓住纯粹的第一性，愈要不厌千万次地品尝第二性和第三性的执拗和冷酷。循环往复，周流不已。这看似是一个悖论，实则是一个辩证的真理。绘画的第一性即在于这幅画本身独一无二的神韵。这种独一无二的神韵是这幅画之所以是这幅画而不是其他画作的独一无二的身份标志，是这幅画的唯一性、不可替代性的表征，它完全单纯，没有部分，只意味着自身存在方式，绝不依傍他物。所有的饱游饫看，所有的结构布置，所有的恪勤取舍，所有的斡淡、皴擦、渲、刷、捽、擢、点、画，乃至去昏去惰，涵养林泉之心，胸中宽快，意思悦适，都只为成就这一个独一无二的质。

第三节　"远"的符号学解释

郭熙还提出"三远"说，这一观点在中国古典美学史上影响深远。

> 山有三远。自山下而仰山颠（巅），谓之高远。自山前而窥山后，谓之深远。自近山而望远山，谓之平远。高远之色清明，深远之色重晦，平远之色有明有晦。高远之势突兀，深远之色重叠，平远之意冲融而缥缥缈缈。其人物之在三远也，高远者明了，深远者细碎，平远者冲澹。[①]

"远"首先是一种像似符号，这种像似符号不是简单的模形范物的形似，而更重要的是一种关系的相似（2.279-282）[②]，这就是苏轼所强调的"论画以形似，见与儿童邻"的真义之所在。所谓"山下山颠""山前山后""近山远

---

① 郭熙著，周远斌点校纂注：《林泉高致》，济南：山东画报出版社，2010年，第51页。

② Peirce, C. S., *Collected Papers of Charles Sanders Peirce*, Volume Ⅰ－Ⅵ, edited by Charles Hartshorne and Paul Weiss, Cambridge, Harvard University Press, 1931－1935；Volume Ⅶ－Ⅷ, edited by Arthur W. Burks, 1958, Cambridge, Harvard University Press, 1958.

山"，正是一种"关系"的表现。

其次"远"还是一种指示符号。画面的"有"除了具有自身的像似性，还充当另一重功能，这就是"指示"：由画面的"有"指示画外的"无"，由"眼前"指示"极目"，由"有形"指示"无形"，由"有限"指示"无限"，由"实"指示"虚"。这是一种由"现实性"转向"可能性"的中介符号。正如郭熙所言：

> 盖山尽出，不惟无秀拔之高，兼何异画礁嘴？水尽出，不惟无盘折之远，何异画蚯蚓？

"无限性"或曰"可能性"才是艺术的最高境界。

最后"远"还是一种象征符号。"远"不仅是自然山水的象征，更是"林泉之志""烟霞之侣"的象征，是"逍遥游"的象征，是中国士大夫阶层的身份象征，是"得道"的象征。

"远"从符号学意义上来阐释，可以发掘出其他方法或角度难以深入企及的内涵，从而坐收釜底抽薪之效。用皮尔斯的术语来表述，思维即符号过程的无尽衔接，"远"即美符号过程的无尽绵延。郭熙"三远"说是绘画意境的画龙点睛之笔，深得诗家三昧，从符号学角度解析，其美学意义更为豁人耳目、略无凝滞、亘古常新。

结　论

几部经典的辨析，严格说来只是中国古典美学以三为体的质的探究的第一步，是皮尔斯之于中国古典美学研究的滥觞，既深且广的工作尚有待于几代人的持续努力。所以现在写所谓的"结论"其实有些太过匆忙。退一步说，在中国古典美学的阐释上，似乎并不存在终结性的最终解释项，每一代人的努力也许仅仅标志了一个小小的驿站，何处是归程，长亭连短亭，也许永远只能无限接近，而不可最终索解。这不仅是中国古典美学的宿命，也是整个存在的围城。

即便如此，还是要啰嗦几句。当然也并非纯为无的放矢。

回到皮尔斯。回到皮尔斯，不仅仅是为了超越笛卡儿的二元分裂哲学，不仅仅是为了超越索绪尔的语言符号学，不仅仅是为了实现"一般符号学"的共同目的；回到皮尔斯，不是为皮尔斯而皮尔斯、为回而回，不是为了单纯向皮尔斯致敬，而是为了我们自身的生存，为了子孙后代的发展，为了中国古典美学的传承，为了整个人类的思维重建，为了人类与宇宙的和谐，为了未来家园的设计。

回到以三为体。以三为体，是中国古典哲学及美学的真面目，是中国人的思维方式，是中国文化的密码。以三为体，为古义之渊薮，最直截了当地阐明了中国古典美学易简、变易、不易的现象学特质。易简即自然，变易即生生，不易即规律，世间万事万物无时无刻不在上演这一恢宏的交响曲。

回到同心/大通（Commens）。世间不只有孤独个体的存在，更有休戚相关、周流一气的共同体的存在。为了彻底打破二元论的统治，结束机械论的凝滞状态，恢复思维的生气，皮尔斯在1906年春写给韦尔比夫人的信中提出"Commens"的概念。

存在着意向解释项，它是发出者心灵的决定物；效果解释项，它是解释者心灵的决定物；以及交流解释项，或者叫作共同解释项，它是这种心灵决定物：发出者心灵和解释者心灵必须熔入（fused）其中，以便交流得以发生。这种心灵，不妨称之为同心（commens）。它由发出者和解释者良好沟通所然和所必然的一切要素构成，开端，为了讨论中的符号能够发挥它的功能。这一点我会做进一步解释。

任何对象将得不到表示除非将之置入与同心对象的关系之中。一个人，跟跄于疲惫而孤独的旅途中，偶遇一个举止乖张的人，那个人说："墨伽拉有火灾。"如果这种事发生在美国中部，那么很可能是叫作墨伽拉的地区的某个小村庄。或许，它也许指的是一个叫作墨伽拉的古代城市，甚至纯属虚构。而且时间是完全模糊的。简而言之，等于什么也没有传达，直到听话的旅人问道："哪儿？"——"噢大概半英里远。"指着他来的方向。"什么时候？""当我路过时。"现在一条信息被传达了，因为它被表述为一种相对广为人知的公共经验。于是这种被传达的"形式"始终是同心的动态对象的决定物。（EP 2：478，1906）①

"Commens"是皮尔斯的新铸词，是"common"与"mens"两个词的结合体。"common"源于拉丁文"communis"，意思是"公共的"；"mens"源于拉丁文，相当于英文的"mind"，意思是"心""心智""精神"，所以这个合成词可以译为"同心""共同心智""共同精神"或"大通"（庄子语）。皮尔斯有时又使用"Universe"一词，可译为"经验领域""经验整体""经验全域"。哲学研究的神圣使命首先就在于找出这种"同心"，亦即找出符号得以广为传达的土壤、基础、媒介、条件和规律，这样才能实现"交流"或达成"共识"（Common ground），找出古今之争、中西之辩融合会通的契合点。需要强调指出的是，这种同心是一种现象学的过程，而不是抽象的先验的理念本质。美学有没有这样的"同心"呢？答案显然是肯定的。虽然大家孜孜以求而

---

① Peirce, C. S., *The Essential Peirce*：*Selected Philosophical Writings*，Volume 1（1867－1893），Nathan Houser and Christian J. W. Kloesel, eds., Indiana University Press, Bloomington and Indianapolis, 1992；Volume 2（1893－1913），Peirce Edition Project, eds., Indiana University Press, Bloomington and Indianapolis, 1998.

往往无功而返，但热情并没有稍减。广而言之，不仅人与人之间需要寻觅"同心"，人与大自然之间同样也需要寻觅这种"同心"。换言之，宇宙万象皆为解释项，宇宙万象皆在参与符号创造过程。宇宙一体，物我同心。

具体而言，皮尔斯现象学和符号学对于中国古典美学的研究到底有哪些价值和意义呢？

其一，恢复第一性的完满与生气，这正切合中国古典美学泛美的特质。皮尔斯认为，"美"的概念太偏狭，｛kalos｝只是勉强凑合。｛kalos｝是存在（being）的一种方式，即质的可能性的存在。｛kalos｝本质上依赖于一种根本不美的质。皮尔斯在科学分类中，把第一性赋予了美学，因为第一性关乎新鲜、生命、自由等概念①，而与美否无关。中国古典美学所孜孜以求的是"道"，"道"是一种最大限度的可能性，所以合不合乎"道"才是中国古典美学的核心价值观念。在庄子那里，厉与西施，道通为一，世俗的美丑，无碍于心。这不是相对主义，也不是后世命名的"美学"或"丑学"，而是一以贯之的质的任性的自由，可能性的充分舒展，第一性的如其自身而在。

其二，恢复第二性的执着与严酷，这正可以扭转孟子以降对"心"的过分痴迷，转而关注铁的现实。皮尔斯曾经批评黑格尔耽于臆想，而遗忘了外在的现实，忘记了还存在一个真实世界，那里有着真实的作用与反作用。事实上，中国古代的哲学家们，大多走的是与黑格尔相同的路，沉醉于自我哲学大厦的构筑，而不闻窗外的风云雷霆，从孟夫子的"万物皆备于我"，到张载的"为天地立心"，到朱熹的"存天理，灭人欲"，再到王守仁的"夫万事万物不外于吾心"，无不严重忽略了第二性的事实。中国古典美学很早就失却了《易经》及孔子的光明的道统，长久以来只是出入于理学心性之间，真义不得伸张。海德格尔屡屡求助古希腊语源，以正"存在"之名，这种正本清源的执拗精神是值得我们效法的。

其三，恢复第三性的生成与创造，这正可以唤醒沉睡，沟通今古，弥合中外。两千年来，中国的造圣运动窒息了中国人的创造力。原道、征圣、宗经，规范了士大夫们的一举一动，他们只知亦步亦趋，从不敢越雷池半步，更别说

---

① Peirce, C. S., *Collected Papers of Charles Sanders Peirce*, Volume Ⅰ－Ⅵ, edited by Charles Hartshorne and Paul Weiss, Cambridge, Harvard University Press, 1931－1935；Volume Ⅶ－Ⅷ, edited by Arthur W. Burks, Cambridge, Harvard University Press, 1958.

离经叛道。但其实这些只是假象，越是受压抑，越是身在曹营心在汉，口中念念有词，七魂六魄早已游走天外，所以经越念越歪，道越学越坏。第二性的隔膜，原本就是知识分子的痼疾，第三性的扭曲更使得他们的境况雪上加霜。第三性的生成和创造，不是凭空得来的，而是源于第一性的质和第二性的现实。这就需要我们深入现实，深入生活，深入观察，深入冷暖，深入风雨，这是第三性的生成和创造的基础和前提。第三性的生成和创造，虽源于第一性的质和第二性的现实，但又超脱于第一性的质和第二性现实，远远大于第一性的质和第二性的现实的总和，因为它包含了思想的连接与创造。思想是开辟鸿蒙的力量，全新的宇宙是在全新的思想中孕育和诞生的。有了第三性的力量，有了思想的力量，我们才永远不会被未来抛弃。

和氏璧，使玉人相之，必曰："石也"；和氏璧，必待和氏出方其为璧。世有和氏，然后有和氏璧，和氏璧常有，而和氏不常有。没有楚人和氏的刖足而泣之以血，和氏璧就只是石，而不是璧；同样，没有皮尔斯的贫病交迫与世隔绝而上下求索，也不会成就今天的符号学，而没有皮尔斯的符号学，中国古典美学的深幽之光也难以重见天日。皮尔斯现象学和符号学所发挥的正是第三性的生成和创造之功。没有皮尔斯现象学和符号学的助推，中国古典美学也许永远不得其门而入；有了皮尔斯现象学和符号学的催化，中国古典美学的堂奥将豁然呈现。

把皮尔斯的现象学范畴用于中国古典美学研究是一项无比艰苦的工作，光有敏锐的判断力还不够，还需要极大的耐心，外行不容易理解，内行也不能做到尽善尽美。皮尔斯说："也许把这些范畴叫作概念是不恰当的，它们是如此莫测高深，毋宁叫作概念的音调或色调。……范畴在想象中不能彼此分离（dissociate），也不能与其他观念分离。'第一'的范畴可以与'第二''第三'分割（prescind），'第二'可以与'第三'分割。但是'第二'不能与'第一'分割，'第三'不能与'第二'分割。我相信，这些范畴可以与任何其他一个观念分割，但是不能与某一个甚至多个要素分割。除非'第一'是某种确定的东西和或多或少被确定地设想过，否则'第一'难以设想。最后，尽管很容易将三个范畴彼此区分（distinguish），但是要把一个与其他观念区分开来，使之处于纯粹的状态又拥有完满的意义，却又难于上青天。"（1.353）① 哪怕付出百倍的努力，任你使出浑身解数，纯而又纯的"第一""第二""第三"范畴的完璧都几乎是不可得的。这是客观存在使然，非人力可为。

皮尔斯逝世已逾百年，而皮尔斯符号学的研究从各个层面来讲都还刚刚起步，有待于志士仁人共同努力，以形成一个名副其实的"皮尔斯探究界"。

翻译亲力亲为乃不得已而为之，因为皮尔斯作品的中文翻译太少，又往往不太准确；同时，翻译亲力亲为也是有意着力而为之，因为皮尔斯生前最在意术语伦理，所以为了尽可能保证术语的精确性和科学性，只能依原文字斟而句酌之。清代崔述《考信录提要》卷一云："有二人皆患近视，而各矜其目力不相下。适村中富人将以明日悬匾于门，乃约以次日同至其门，读匾上字以验之。然皆自恐弗见，甲先于暮夜使人刺得其字，乙并刺得其旁小字。暨至门，甲先以手指门上曰：'大字某某。'乙亦用手指门上曰：'小字某某。'甲不信乙之能见小字也，延主人出，指而问之曰：'所言字误否？'主人曰：'误则不误，但匾尚未悬，门上虚无物，不知两君所指者何也？'嗟乎！数尺之匾有无不能知也，况于数分之字安能知之？闻人言云云遂而云云，乃其所以大误也。"毕竟，要形成一个名副其实的"皮尔斯探究界"，先把皮尔斯术语和原典搞清楚应该是根本之根本、原初之原初吧。无须讨论，合抱之木，生于毫末，原典的地位永远无可替代。

将皮尔斯现象学和符号学用于中国古典美学的解析，你会真切地感受到，古人的思维方式并不像我们粗率地认为的那样原始、素朴、直观、孤寂、抽象。单纯从思维方式或符号的意义上而言，古今是一贯的，中外是一体的，自然与人类是相通的。人类并不比自然更重逻辑，自然也并不比人类更缺乏思想；中国并不比西方更重直觉，西方也不比中国更具理性。问渠哪得清如许，为有源头活水来。皮尔斯和中国古典美学，从来都不是过往的尘烟，也不是金矿的富矿，因为它们从来就不曾逝去，从来就不会因枯竭而废弃，而是永远与我们同在，与未来同在，永远奔腾不息，一往无前。还是那句话：离了符号，无以思维；离了"三"，无以变化；离了符号，离了以三为体，自然和人类均

① Peirce, C. S., *Collected Papers of Charles Sanders Peirce*, Volume Ⅰ－Ⅵ, edited by Charles Hartshorne and Paul Weiss, Cambridge, Harvard University Press, 1931－1935; Volume Ⅶ－Ⅷ, edited by Arthur W. Burks, 1958, Cambridge, Harvard University Press, 1958.

无以生存，精彩更无由呈现。《三字经》为蒙学第一书，岂在偶然？老百姓至今喜欢评点孩子"识数"或"不识数"，说孩子尚不识数，并非纯粹责骂之意，反倒有无限的爱怜在里面，只是颠顸顽皮、天真无赖、萌态可掬的另一种说法。古往今来，"数"之时义大矣哉。而起始即在这"三"，一以贯之也在这"三"，薪火相传也在这"三"，异彩纷呈也在这"三"。

参考文献

鲍桑葵，B，2010. 美学史［M］. 张今，译. 北京：中国人民大学出版社.

柏拉图，2007，柏拉图文艺对话集［M］. 朱光潜，译. 合肥：安徽教育出版社.

布伦特，约瑟夫，2008. 皮尔士传（增订版）［M］. 邵强进，译. 上海：上海人民出版社.

曹旭，1983. 诗品集注［M］. 上海：上海古籍出版社.

丁福保，1994. 历代诗话续编（全三册）［M］. 北京：中华书局.

陈鼓应，1983. 庄子今注今译（全三册）［M］. 北京：中华书局.

陈秋平，尚荣，2007. 金刚经·心经·坛经［M］. 北京：中华书局.

陈桐生，2013. 国语［M］. 北京：中华书局.

陈植，1981. 园冶注释［M］. 北京：中国建筑工业出版社.

成玄英，2011. 庄子注疏［M］. 北京：中华书局.

程俊英，1985. 诗经译注［M］. 上海：上海古籍出版社.

程树德，2014. 论语集释（2版）［M］. 北京：中华书局.

达内西，马塞尔，2012. 香烟、高跟鞋及其他有趣的东西：符号学导论［M］. 李璐茜，译. 成都：四川教育出版社.

戴明扬，2014. 嵇康集校注［M］. 北京：中华书局.

迪利，约翰，2012. 符号学基础（第六版）［M］. 北京：中国人民大学出版社.

丁四新，2011. 楚竹书与汉帛书周易校注［M］. 上海：上海古籍出版社.

董光璧，1997. 易学与科技［M］. 沈阳：沈阳出版社.

杜勤，1999. "三"的文化符号论［M］. 北京：国际文化出版公司.

段玉裁，1981. 说文解字注［M］. 上海：上海古籍出版社.

樊波成，2013. 老子指归校笺［M］. 上海：上海古籍出版社.

冯志伟，2006. 术语命名中的隐喻［J］. 科技术语研究（6）.

高亨，1979. 周易大传今注［M］. 济南：齐鲁书社.

葛兆光，2008. 增订本中国禅思想史：从六世纪到十世纪［M］. 上海：上海
    古籍出版社.

古德曼，纳尔逊，2013. 艺术的语言：通往符号理论的道路［M］. 彭锋，译.
    北京：北京大学出版社.

古添洪，2001. 普尔斯［M］. 台北：东大图书公司.

管仲，1995. 管子［M］. 北京：北京燕山出版社.

郭富纯，王振芬，2011. 旅顺博物馆藏敦煌本六祖坛经［M］. 上海：上海古
    籍出版社.

郭鸿，2004. 索绪尔语言符号学与皮尔斯符号学的两大理论系统的要点［J］.
    外语研究（4）.

郭鸿，2008. 现代西方符号学纲要［M］. 上海：复旦大学出版社.

郭沫若，1996. 十批判书［M］. 北京：东方出版社.

郭朋，2012. 坛经校释［M］. 北京：中华书局.

海德格尔，马丁，1987. 存在与时间［M］. 陈嘉映，王庆节，译. 北京：生
    活·读书·新知三联书店.

海德格尔，马丁，1996. 形而上学导论［M］. 熊伟，王庆节，译. 北京：商
    务印书馆.

韩非子校注组，1982. 韩非子校注［M］. 南京：江苏人民出版社.

韩愈，1991. 韩昌黎全集（影印本）［M］. 北京：中国书店.

黑格尔，ＧＷＦ，1979. 美学（第一卷）［M］. 朱光潜，译. 北京：商务印
    书馆.

黑格尔，ＧＷＦ，1959. 哲学史讲演录（第一卷）［M］. 贺麟，王太庆，译.
    北京：商务印书馆.

胡塞尔，埃德蒙德，1992. 纯粹现象学通论：纯粹现象学和现象学哲学的观
    念，第一卷［M］. 李幼蒸，译. 北京：商务印书馆.

胡塞尔，埃德蒙德，2006. 逻辑研究（修订本）第二卷［M］. 倪梁康，译.
    上海：上海译文出版社.

胡塞尔，埃德蒙德，2007. 现象学的观念［M］. 倪梁康，译. 北京：人民出版社.

胡煦，2008. 周易函书附卜法详考等四种（全四册）［M］. 北京：中华书局.

皇侃，2013. 论语义疏［M］. 北京：中华书局.

纪昀，2000. 四库全书总目提要［M］. 石家庄：河北人民出版社.

季海宏，2011. 皮尔斯符号学思想探索［D］. 南京：南京师范大学.

季羡林，1998. 禅与文化与文学［M］. 北京：商务印书馆.

蒋寅，2014. 原诗笺注［M］. 上海：上海古籍出版社.

金景芳，吕绍纲，2005. 周易全解（修订本）［M］. 上海：上海古籍出版社.

荆门市博物馆，1998. 郭店楚墓竹简［M］. 北京：文物出版社.

黎靖德，1986. 朱子语类（全八册）［M］. 北京：中华书局.

李零，2007. 丧家狗——我读《论语》［M］. 太原：山西人民出版社.

李水海，2014. 帛书老子校笺译评［M］. 西安：陕西人民出版社.

李学勤，2005. 周易溯源［M］. 成都：巴蜀书社.

李泽厚，2004. 论语今读［M］. 北京：生活·读书·新知三联书店.

梁思成，1999. 石栏杆中国建筑艺术图集（上、下）［M］. 天津：百花文艺出版社.

廖名春，2001 年.《周易》经传与易学史新论［M］. 济南：齐鲁书社.

廖名春，2005. 中国学术史新证［M］. 成都：四川大学出版社.

廖名春，2004. 周易经传十五讲［M］. 北京：北京大学出版社.

刘宝楠，1990. 论语正义（全二册）［M］. 北京：中华书局.

刘纲纪，2006. 周易美学：新版［M］. 武汉：武汉大学出版社.

刘涛，2013. 钱锺书语言本体论研究［D］. 济南：山东大学.

楼宇烈，1980. 王弼集校释（全二册）［M］. 北京：中华书局.

鲁迅，2005. 鲁迅全集［M］. 北京：人民文学出版社.

中共中央马克思恩格斯列宁斯大林著作编译局，1979. 马克思 1844 年经济学哲学手稿［M］. 北京：人民出版社.

南怀瑾，1990. 论语别裁（上下）［M］. 上海：复旦大学出版社.

欧阳永叔，1986. 欧阳修全集（上下）（影印本）［M］. 北京：中国书店.

庞朴，2003. 一分为三论［M］. 上海：上海古籍出版社.

庞朴，1995．一分为三——中国传统思想考释［M］．深圳：海天出版社．

皮尔斯，李斯卡，2014．皮尔斯：论符号；李斯卡：皮尔斯符号学导论［M］．赵星植，译．成都：四川大学出版社．

皮锡瑞，1959．经学历史［M］．北京：中华书局．

普济，2011．五灯会元（点校本）［M］．海口：海南出版社．

钱穆，2012．论语新解［M］．北京：生活·读书·新知三联书店．

钱穆，2014．庄子纂笺（第2版）［M］．北京：生活·读书·新知三联书店．

钱穆，2011．先秦诸子系年［M］．北京：九州出版社．

钱锺书，1986．管锥编［M］．北京：中华书局．

裘锡圭，2000．帛书《要》篇释文校记［M］．北京：生活·读书·新知三联书店．

裘锡圭，1988．文字学概要［M］．北京：商务印书馆．

阮元，1980．十三经注疏（全2册）［M］．北京：中华书局．

桑原武夫，1991．文学序说［M］．孙歌，译．北京：生活·读书·新知三联书店．

沈家煊，1993．句法象似性问题［J］．外语教学与研究（1）．

释印顺，2010．中国禅宗史［M］．北京：中华书局．

司马迁，1959．史记（全10册）［M］．北京：中华书局．

苏轼，1986．苏轼文集（全六册）［M］．北京：中华书局．

涂纪亮，2006．从古典实用主义到新实用主义——实用主义基本观念的演变［M］．北京：人民出版社．

涂纪亮，2007．美国哲学史（全三卷）［M］．北京：社会科学文献出版社．

涂纪亮，2006．皮尔斯文选［M］．北京：社会科学文献出版社．

瓦尔，科尼利斯，2014．皮尔士［M］．郝长墀，译．北京：中华书局．

汪胤，2011．本质与起源：对皮尔士《实用化主义问题》的现象学诠释［M］．杭州：浙江大学出版社．

汪胤，2008．理念论之后：作为情感主义和快乐主义的皮尔士哲学［M］．上海：上海人民出版社．

王夫之，2009．诗广传［M］．北京：中华书局．

王明居，1999．叩寂寞而问音：《周易》符号美学［M］．合肥：安徽大学出版社．

王维，1997. 王维全集［M］. 上海：上海古籍出版社.

王先谦，1988. 荀子集解（全二册）［M］. 北京：中华书局.

王先谦，1987. 庄子集解［M］. 北京：中华书局.

吴俊，1998. 鲁迅学术论著［M］. 杭州：浙江人民出版社.

徐瑞，2013.《周易》符号学概论［M］. 上海：上海科学技术文献出版社.

许慎，1963. 说文解字［M］. 北京：中华书局.

许维遹，1985. 吕氏春秋集释（全二册）（影印本）［M］. 北京：中国书店.

亚里士多德，2011. 范畴篇·解释篇［M］. 方书春，译. 上海：上海三联
　书店.

杨伯峻，1990. 春秋左传注（修订本）（全四册）［M］. 北京：中华书局，

杨义，2011. 老子还原［M］. 北京：中华书局.

杨义，2015. 论语还原［M］. 北京：中华书局.

杨义，2011. 庄子还原［M］. 北京：中华书局.

叶朗，1985. 中国美学史大纲［M］. 上海：上海人民出版社.

伊格尔顿，特里，1988. 当代西方文学理论［M］. 王逢振，译. 北京：中国
　社会科学出版社.

于民，2008. 中国美学史资料选编［M］. 上海：复旦大学出版社.

于省吾，2009. 甲骨文字释林［M］. 北京：中华书局.

于省吾，2009. 双剑誃尚书新证；双剑誃诗经新证；双剑誃易经新证［M］.
　北京：中华书局.

曾枣庄，金成礼，1993. 嘉祐集笺注［M］. 上海：上海古籍出版社.

张晶，2010. 禅与唐宋诗学［M］. 北京：新星出版社.

张晶，2006. 美学的延展［M］. 北京：商务印书馆.

张留华，2012. 皮尔士哲学的逻辑面向［M］. 上海：上海人民出版社.

张留华，2011. 数学、指号学与实用主义：皮尔士哲学的逻辑面向［D］. 上
　海：华东师范大学.

张政烺，2008. 马王堆帛书《周易》经传校读［M］. 北京：中华书局.

张之洞，2001. 书目答问补正［M］. 上海：上海古籍出版社.

赵翼，1963. 陔余丛考（全3册）［M］. 北京：中华书局.

赵毅衡，2012. 符号学［M］. 南京：南京大学出版社.

赵毅衡，2012. 中国符号学六十年 [J]. 四川大学学报（哲学社会科学版）（1）.

周远斌，2010. 林泉高致 [M]. 济南：山东画报出版社.

朱光潜，1987. 朱光潜全集第二卷 [M]. 合肥：安徽教育出版社.

朱建民，1999. 普尔斯 [M]. 台北：东大图书公司.

朱良志，2004. 中国美学名著导读 [M]. 北京：北京大学出版社.

朱谦之，1984. 老子校释 [M]. 北京：中华书局.

朱熹，1987. 四书集注 [M]. 长沙：岳麓书社.

朱熹，2009. 周易本义 [M]. 北京：中华书局.

祝东，2014. 先秦符号思想研究 [M]. 成都：四川大学出版社.

宗白华，2008. 宗白华全集 [M]. 合肥：安徽教育出版社.

宗白华，2009. 宗白华中西美学论集 [M]. 南京：南京大学出版社.

Brent, Joseph, 1993. *Charles Sanders Peirce: A Life* [M]. Bloomington: Indiana University Press.

Deledalle, Gerard, 2000. *Charles S. Peirce's Philosophy of Signs: Essays in Comparative Semiotics* [M]. Bloomington: Indiana University Press.

Eco, Umberto, 1976. *A Theory of Semiotics* [M]. Bloomington: Indiana University Press.

Eco, Umberto, 1984. *Semiotics and Philosophy of Language* [M]. Bloomington: Indiana University Press.

Fisch, M. H., 1986. *Peirce, Semeiotic, and Pragmatism: Essays by MaX H. Fisch* [M]. Edited by Kenneth Laine Ketner and Christian J. W. Kloesel. Bloomington: Indiana University Press.

Forster, Paul, 2011. *Peirce and the Threat of Nominalism* [M]. Cambridge: Cambridge University Press.

Fung You-Lan, 1933. *Chuang Tzu: A New Selected Translation with an Exposition of the Philosophy of Kuo Hsiang* [M]. Shanghai: The Commercial Press.

Graham A. C., 1981. *The Seven Inner Chapters and Other Writings from The Book Chuang Tzu* [M]. London: George Allen & Unwin.

Greenlee, Douglas Arthur, 1967. *The Sign Theory of C. S. Peirce* [D].

New York: Columbia University.

Johansen, Jorgen Dines, 1993. *Dialogic Semiosis: an Essay on Signs and Meaning* [M]. Bloomington: Indiana University Press.

Ketner, Kenneth Laine, 1998. *His Glassy Essence: an Autobiography of Charles Sanders Peirce* [M]. Nashville and London: Vanderbilt University Press.

Kevelson Roberta, 1999. *Peirce and the Mark of the Gryphon* [M]. New York: St. Martin's Press.

Kevelson, Roberta, 1996. *Peirce, Science, Signs* [M]. New York: Peter Lang Publishing, Inc.

Ku Hung-Ming, 1898. *The Discourses And Sayings of Confucius: A New Special Translation, Illustrated With Quotations From Goethe And Other Writers* [M]. Shanghai: Kelly & Walsh, Ltd.

Lakoff George and Johnson Mark, 1980. *Metaphors We Live By* [M]. Chicago: Chicago University Press.

Legge, James, 1891. *The Sacred Books of China: The Texts of Taoism* [M]. Oxford: Oxford University Press.

Minsky, Marvin, 2007. *The Emotion Machine: Commonsense Thinking, Artificial Intelligence, and the Future of the Human Mind* [M]. New York: Simon & Schuster.

Moore, Edward C., Robin, Richard S., 1994. *From Time and Chance to Conciousness: Studies in the Metaphysics of Charles Peirce* [C]. Papers from the sesquicentennial Harvard Congress, edited and with an introduction by Edward C. Moore and Richard S. Robin, Berg, Oxford/ Providence, USA.

Ogden, C. K. & Richards I. A., 1989. *The meaning of Meaning* [M]. New York: Harcourt, Grace Janovich.

Parret, Herman, 1994. *Peirce and Value Theory: on Peircian Ethics and Aesthetics* [M]. Amsterdam: John Benjamins Publish.

Peirce, C. S., 1931—1935, 1958. *Collected Papers of Charles Sanders Peirce* [M]. Volume I-VI, edited by Charles Hartshorne and Paul

Weiss. Cambridge: Harvard University Press; Volume Ⅶ－Ⅷ, edited by Arthur W. Burks, Cambridge: Harvard University Press.

Peirce, C. S., 1982, 1984, 1986, 1986, 1993, 2000, 2010. *Writings of Charles S. Peirce a Chronological Edition* [M]. Volume 1－6, 8, by Peirce Edition Project, Bloomington and Indianapolis: Indiana University Press.

Peirce, C. S. and Victoria Welby, 1977. *Semiotic and Significs: The Correspondence between C. S. Peirce and Victoria Lady Welby* [M]. edited by Charles S. Hardwick with the assistance of James Cook, Bloomington and Indianapolis: Indiana University Press.

Peirce, C. S., 1991. *Peirce on Signs: Writings on Semiotic* [M]. James Hoopes ed. Chapel Hill: University of North Carolina Press.

Peirce, C. S., 1923. *Chance, Love, and Logic: Philosophical Essays by Charles S. Peirce* [M]. edited with an Introduction by Morris R. Cohen, With a Supplementary Essay on the Pragmatism of Peirce by John Dewey, First published in 1923 by Kegan Paul, Trench, Trubner & Co. Ltd., Reprinted in 2000 by Routledge, London.

Peirce, C. S., 1986. *Philosophical Writings of Peirce* [M]. Selected and Edited With an Introduction by Justus Buchler. New York: Dover Publications, Inc.

Peirce, C. S., 1992, 1998. *The Essential Peirce: Selected Philosophical Writings* [M]. Volume 1 (1867—1893), Nathan Houser and Christian J. W. Kloesel, eds. Bloomington: Indiana University Press; Volume 2 (1893—1913), Peirce Edition Project, eds. Bloomington: Indiana University Press.

Peirce, C. S., 1958. *Charles S. Peirce: Selected Writings (values in a universe of chance)* [M]. edited with an introduction and notes by Philip P. Wiener. New York: Dover Publications, Inc.

Peirce, C. S., 76 *definitions of the sign* [DB]. collected by Robert Marty, U. of perpignan, France.

Petrilli, Susan, 2010. *Sign Crossroads in Global Perspective: Semioethics and Responsibility* [M]. New Brunswick (U. S. A) and London (U. K.):

Transaction Publishers.

Romanini Vinicius and Fernández Eliseo，2014. *Peirce and Biosemiotics: A Guess at the Riddle of Life* [M]. Berlin：Springer.

Russell，Bertrand，1945. *The History of Western Philosophy* [M]. New York：Simon & Schuster.

Saussure，F. D. ，1959. *Course in General Linguistics* [M]. edited by Charles Bally and Albert Sechehaye，in collaboration with Albert Reidlinger，translated from the French by Wade Baskin. New York：The Philosophical Library，Inc.

Sheriff John K. ，1989. *The Fate of Meaning: Charles Peirce，Structuralism，and Literature* [M]. Princeton：Princeton University Press.

Short，T. L. ，2007. *Peirce's Theory of Signs* [M]. Cambridge：Cambridge University Press.

Spinks，C. W. ，1991. *Semiosis，Marginal Signs and Trickster: A Dagger of the Mind* [M]. London：Macmillan.

Stumpf，Samuel Enoch，1993. *Socrates to Sartre: A History of Philosophy* [M]. New York：McGraw-Hill，Inc.

Waal，Cornelis De，2001. *On Peirce* [M]. Indianapolis：Indiana University-Purdue University Indianapolis.

West，Donna E. ，2014. *Deictic Imaginings: Semiosis at work and at play* [M]. Berlin：Springer.

跋

威廉·戈尔丁说："除非你做的事是连自己都怀疑做不到或是你确信别人从未尝试过的事，否则写小说便毫无意义。写两本相似的书是毫不足取的。"

将皮尔斯理论用之于莎士比亚，用之于塞万提斯，用之于普鲁斯特，乃至用之于音乐，用之于绘画诸研究，早已不是新鲜事。但将皮尔斯理论全面用于中国古典美学，尚没有人做过。而我也确乎不能肯定自己到底能不能做好。

本书意在从逻辑上而不是从经验上论证皮尔斯与中国古典美学的相通性，而不是任何一方的价值垄断性、唯我独尊性。

能让皮尔斯直接开口的，就径直让皮尔斯现身说法；能让中国古人开口的，就径直还古人说话的机会，尽量不打断、不插嘴。这导致有时候引用原话过多，比如说《诗》的那篇，比如说禅的那篇，读者如有心，自可分辨。

有关三性的译名问题。皮尔斯有时把三性直呼为"一""二""三"或"第一""第二""第三"，有时又增加了一个名词性的后缀。在现代汉语中，"第一""第二""第三"，听起来像是纯粹的序数词，而不大像是名词，所以不得已加上了一个名词性的后缀，成了"第一性""第二性""第三性"，其实大可不必。

美学是哲学。哲学没有极限，只有无穷的兴趣作为终极推动力。只有对人的无尽关怀才能作为丰沃的土壤。

论嵇康与《易经》二篇，曾经在《符号与传媒》2015年春季号和2016年春季号发表，几处明显的错误业已改正。

论《易经》、孔子、庄子、禅宗四篇，脱胎于我的博士论文。衷心感谢我的导师、中国传媒大学资深教授张晶，感谢北京师范大学李春青教授、中国艺术研究院李新风教授、北京第二外国语学院李瑞卿教授、北京大学彭锋教授、中国传媒大学隋岩教授、中国传媒大学杜寒风教授、中国传媒大学杨杰教授、中国传媒大学李有兵教授、中国传媒大学张国涛教授，感谢他们审阅论文，肯定论文具有重大的学术价值和理论价值，并提出具体的指导意见。感恩所有在我的论文写作过程中给予无私帮助的高德贤达。

江水绿且明，茫茫与天平。承蒙不弃，本书即将收录四川大学出版社出版的《中国符号学丛书》，诚挚感谢赵毅衡先生及四川大学符号学－传媒学研究所唐小林老师等诸位师长的厚爱、督促与鼎力相助。此时，眼前泠然一派蜀江，澄碧幽眇，不可胜记。

自我是错误和无知的存身所，从四大金刚（易、孔、庄、禅）到七星北斗（易、诗、孔、庄、嵇、禅、郭），书稿的修改过程让我好好领教了其中深味。说到底，将自我融身于公共的皮尔斯探究界，才是唯一的自我救赎之道吧。世间好言语，永远道不尽。皮尔斯与中国古典美学尚有广阔的开拓空间，本书只能算作一个引子吧。殷殷属望于高明。

是为记。

王俊花
戊戌年正月初十